移动端UI设计

严磊 著

電子工業出版社
Publishing House of Electronics Industry
北京·BEIJING

内 容 简 介

本书从移动端UI设计视觉审美的角度，重点讲解了移动端App界面设计中的版式布局与形式美原则；情感化设计与视知觉原理；色彩设计与心理效应。本书结合教学优选实用案例，主要从图标的创意设计、流行元素设计案例和主题式UI创作案例研究三个方面进行了深入讲解。本书还配有详细的文字说明及制作步骤图示，以帮助读者加强理解并供其设计借鉴。

本书适合大中专院校相关专业、培训机构使用，是广大UI设计师与UI设计爱好者提高自身界面设计审美水平的专业用书。

图书在版编目（CIP）数据

移动端UI设计 / 严磊著 . —北京：电子工业出版社，2021.11

ISBN 978-7-121-38332-8

Ⅰ . ①移… Ⅱ . ①严… Ⅲ . ①移动电话机—人机界面—程序设计 Ⅳ . ① TN929.53

中国版本图书馆CIP数据核字（2020）第012091号

责任编辑：关雅莉
印　　刷：中国电影出版社印刷厂
装　　订：中国电影出版社印刷厂
出版发行：电子工业出版社
　　　　　北京市海淀区万寿路173信箱　邮编　100036
开　　本：787×1 092　1/16　印张：16.5　字数：422.4千字
版　　次：2021年11月第1版
印　　次：2022年4月第2次印刷
定　　价：68.00元

凡所购买电子工业出版社图书有缺损问题，请向购买书店调换。若书店售缺，请与本社发行部联系，联系及邮购电话：（010）88254888，88258888。

质量投诉请发邮件至zlts@phei.com.cn，盗版侵权举报请发邮件至dbqq@phei.com.cn。

本书咨询联系方式：（010）88254550，zhengxy@phei.com.cn。

随着信息技术的快速发展，智能手机、平板电脑、笔记本电脑等已成为人们工作、学习和生活中必备的工具。移动设备的屏幕越来越大，其界面所承载的信息量越来越多。在繁复的界面信息中，界面装饰元素过于复杂是界面设计中一个突出的问题，同时也增加了用户操作成本，使其容易产生审美疲劳。如何提高用户视觉审美体验，让界面更易用、更好用，是当下 UI 设计亟待解决的问题。

本书的特点是通过大量的成功案例，站在 UI 设计视觉审美的角度，探寻 UI 设计中的美感形式与审美规律。UI 设计本身属于视觉之美，本书从界面视觉元素构成中找寻能用眼看到的“版式之美”、能用心感受到的“形色之美”、能用脑分析和理解的“感知之美”、能用手制作体验的“实用之美”，通过可见、可感、可知、可用四个纬度，全面讲解 UI 设计中的视觉美感与审美规律。

在本书的编写过程中得到了北京印刷学院新媒体学院杨虹教授、严晨教授、吴徐君副教授、付琳副教授的指导，在此深表谢意！本书还选取了部分学生的优秀作品作为案例展示，在此一并表示感谢！

本书受北京印刷学院设计艺术学院学科建设项目（2010）资助，在此表示衷心感谢！本书也是校级教学改革与课程建设项目《交互图标设计》（编号：22150117086）的科研成果。

由于本人水平有限，书中难免有疏漏和不足之处，恳请广大读者及专家不吝赐教。

作者

第 1 章　UI版式布局与形式美

第 2 章　UI情感化设计与视知觉原则

第 3 章　UI色彩设计与心理效应

第 4 章　图标的创意设计

第 5 章 流行元素设计案例

第 6 章　主题式UI创作案例研究

第 7 章 优秀作品展示

第 1 章

UI 版式布局与形式美

1.1 导航设计

导航在界面设计中起着视觉装饰与交互主导的作用，良好的导航设计不仅能让界面看起来更美观、舒适，让主题更突出，也能增强应用的易用性，提升用户的体验度。

主导航设计的主要模式有以下 7 种：跳板式、列表菜单式、陈列馆式、仪表式、超级菜单式、图标轮盘式、图片式。

1.1.1 跳板式

跳板式导航，又称宫格式导航，有“快速启动板”之称，其特点是界面中的菜单可以作为进入应用或界面的起点。

它的优点是导航不受网格布局限制，提供的自定义功能可根据需要任意放大入口。

它的缺点是无法灵活地实现各导航入口之间的跳转，因此不适合多个任务或复杂的内容。如图 1-1-1 所示、图 1-1-2 所示，界面采用了跳板式导航的设计方法，充分将各类应用整齐地排在一起，疏密有致，空间舒适合理。

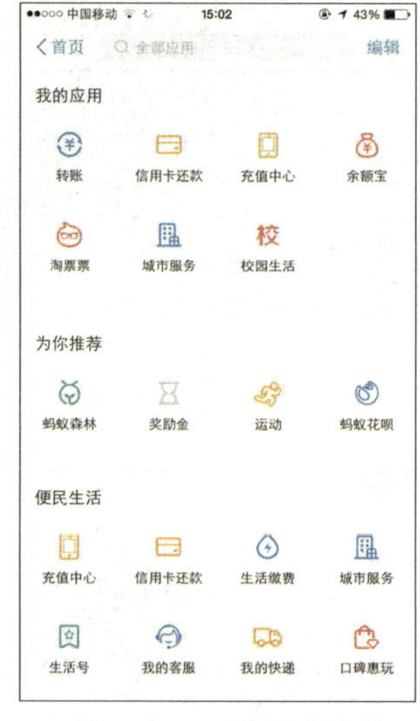

图 1-1-1　跳板式导航界面设计 1

图 1-1-2　跳板式导航界面设计 2

当跳板式导航与其他导航模式搭配使用时，常被用于次级导航，如图 1-1-3 和图 1-1-4 所示，其主导航都是最底部的 4 栏，跳板式设计被排放在主导航中充当次级导航。

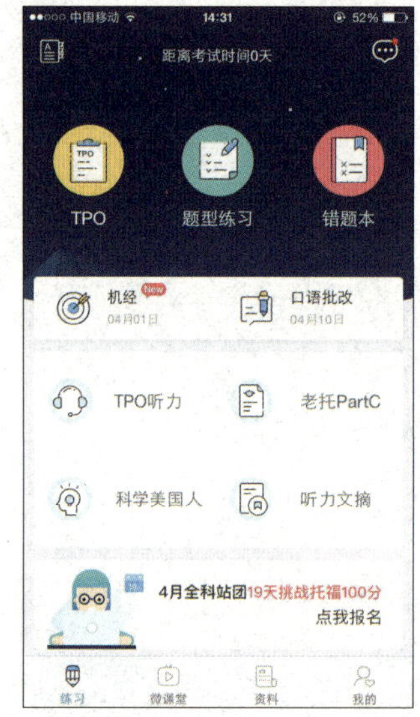

图 1-1-3　次级导航界面设计 1

图 1-1-4　次级导航界面设计 2

1.1.2 列表菜单式

列表菜单式导航是最常见的主导航模式之一，可以使主导航展现更多层次的内容，并便于用户快速找到需要的内容，从而大大提高操作效率，如图 1-1-5 和图 1-1-6 所示。

它的优点是每栏中都设置有图标，以便用户快速理解所示内容，大大节省了寻找操作按键的时间。

它的缺点是由于可展示内容较长，因此排版缺乏灵活性，容易让用户在浏览时产生疲劳感。

图 1-1-5　列表菜单式导航界面设计 1

图 1-1-6　列表菜单式导航界面设计 2

1.1.3 陈列馆式

陈列馆式导航采用平面方式显示内容，常见的显示内容有菜谱、照片、产品等。

它的优点是展示直观，方便浏览，用户能够很好地频繁浏览、更新其所搜内容。如图 1-1-7 所示，界面中的信息内容整齐，便于浏览。

在如图 1-1-8 所示的陈列馆式导航界面中，将符合用户个性的运动训练课程放在第一位，以便用户更快捷地找到适合自己的课程，节省了用户筛选的时间，从而大大提升了用户的应用体验感。

图 1-1-7　陈列馆式导航界面设计 1

图 1-1-8　陈列馆式导航界面设计 2

1.1.4 | 仪表式 |

仪表式导航最大的优势是信息表达清楚，它大多应用在营销、市场、商业分析等领域，可为用户提供准确的数据。

如图 1-1-9 和图 1-1-10 所示均采用了仪表式导航设计方法，将大量信息清晰地罗列在各项数据中，通过色彩、图形设计让用户更直观地了解数据，在短时间内快速掌握要点和整体趋势，从而大大节省了用户的时间，提高了工作效率。

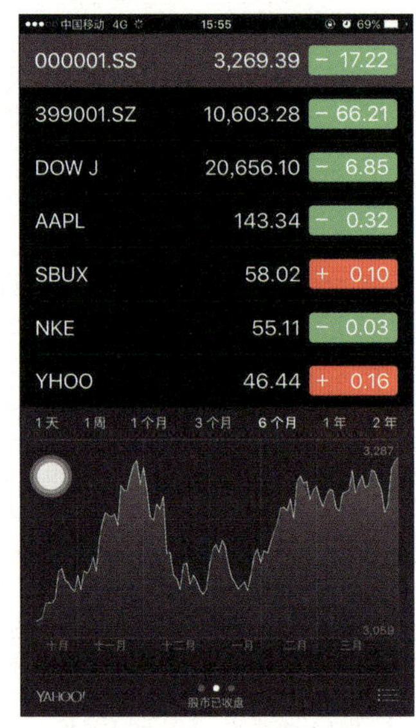

图 1-1-9　仪表式导航界面设计 1

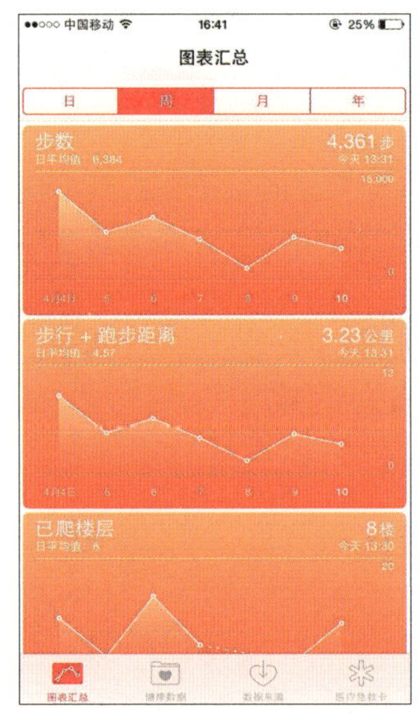

图 1-1-10　仪表式导航界面设计 2

1.1.5 | 超级菜单式 |

超级菜单式导航一般用于次级导航，大多应用于美食、旅游、服装类界面的内容筛选。因为其在一个界面中已将定义的模块分好组，所以可以进行更精细的分类和检索。这种导航一般在 PC 界面中比较多见，而在 App 中应用较少。

如图 1-1-11 所示，通过超级菜单式导航设计，将用户对美食的需求进行分类，以帮助用户更快地通过筛选找到满意的餐馆。

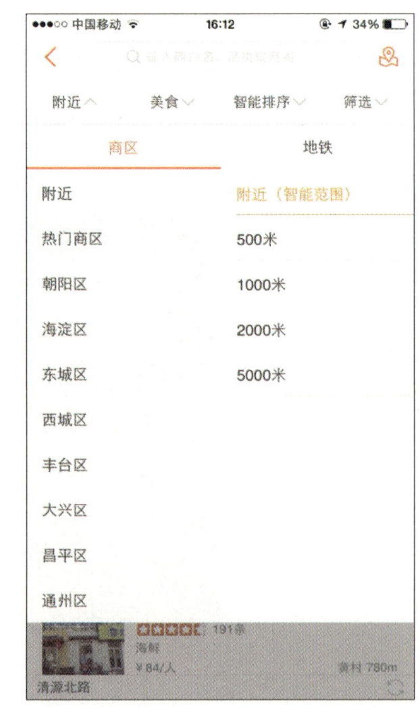

图 1-1-11　超级菜单式导航界面设计 1

1.1.6 | 图标轮盘式 |

图标轮盘式导航的造型类似二维轮盘造型，并且具有旋转功能，大多应用在商业活动等相关内容的界面设计中。用户可通过正、逆时针滑动轮盘来切换内容，如图 1-1-12 所示。这样导航不仅易于操作，也提高了用户的使用兴致，同时能清楚地显示内容。缺点是不能显示过多其他内容，也不便于用户跳跃性地查看更多内容。

如图 1-1-13 所示的界面利用轮盘式导航很好地为用户提供了金融服务的详细信息，大大提升了用户的体验感。

图 1-1-12　轮盘式导航界面设计 1

图 1-1-13　轮盘式导航界面设计 2

1.1.7 图片式

图片式导航利用图片作为背景，能够给用户带来耳目一新的感觉，增加视觉的简洁性，突出主要标题。在如图 1-1-14 和图 1-1-15 所示界面都采用了图片式导航设计，将主题清楚简洁地显示在图片中，大大提升了用户对应用的理解。其缺点是当图片与文字色彩关系处理得不好时，会使用户眼花缭乱。

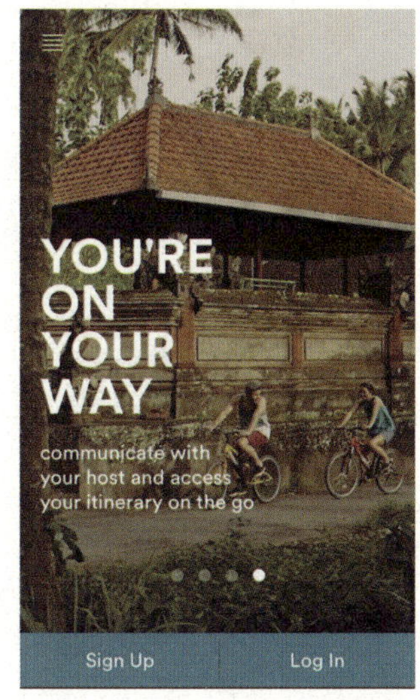

图 1-1-14　图片式导航界面设计 1

图 1-1-15　图片式导航界面设计 2

1.2 界面布局设计

受限于屏幕尺寸，移动端一次性展示的信息远少于 PC 端，为了清晰、有效地向用户传递信息，需要对界面信息组合形式进行布局设计，形成科学合理的布局。本节将介绍一些常用的界面布局模板，通过了解这些界面布局模板来学习如何进行界面布局设计。

1.2.1 | 竖排列表 |

竖排列表界面布局是最为常见的一种界面布局方式。模块在界面布局中竖排排列，文字横排显示，如图 1-2-1 所示。

这种界面布局常用于并列元素的展示，包括目录、分类、内容等，如图 1-2-2 所示。其优点是列表长度没有限制，可以容纳大量信息，且竖排列表整齐美观，视觉效果好。

图 1-2-1　竖排列表界面布局

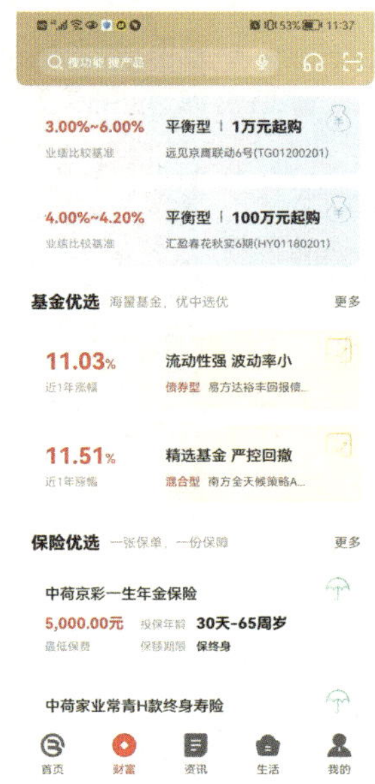

图 1-2-2　竖排列表界面布局示例

1.2.2 | 横排方块 |

横排方块界面布局是一种比较常见的界面布局方式，如图 1-2-3 所示。横排方块界面布局能够显示的模块数量较少，可以通过左、右滑动屏幕或点击界面中的按钮查看更多信息，但这样一来，信息的展示就不够直观了。因此，横排方块布局适合展示模块中信息量较少的情况，如图 1-2-4 所示。

图 1-2-3　横排方块界面布局

图 1-2-4　横排方块界面布局示例

1.2.3 | 九宫格 |

九宫格界面布局是一种非常经典的界面布局。模块在界面布局中呈现为工整的阵列，如图 1-2-5 所示。这种展示形式简单明了、工整美观，但有时会给用户带来呆板的感觉。

九宫格界面布局中的模块数量基本固定为 8、9、12、16 四种情况，有时也有一行两格的形式，如图 1-2-6 所示。

图 1-2-5　九宫格界面布局

图 1-2-6　九宫格界面布局示例

1.2.4 | Tab |

Tab 界面布局是将模块横排分布于界面的顶部或底部，用户点击模块时会出现相应的内容，如图 1-2-7 所示。这种布局可以提高用户操作效率，减少点击次数，使界面之间的层级跳转变得更加简单，适用于界面中各模块之间需要频繁切换的情况，如图 1-2-8 所示。

图 1-2-7　Tab 界面布局

图 1-2-8　Tab 界面布局示例

1.2.5 | 多面板 |

多面板界面布局很像竖屏排列的 Tab 布局，如图 1-2-9 所示。这种界面布局同样是一种操作效率较高的布局形式。相较于 Tab 界面布局，它可以展示更多的信息，适用于模块分类和内容较多的情况，但这种布局会使界面显得拥挤，如图 1-2-10 所示。

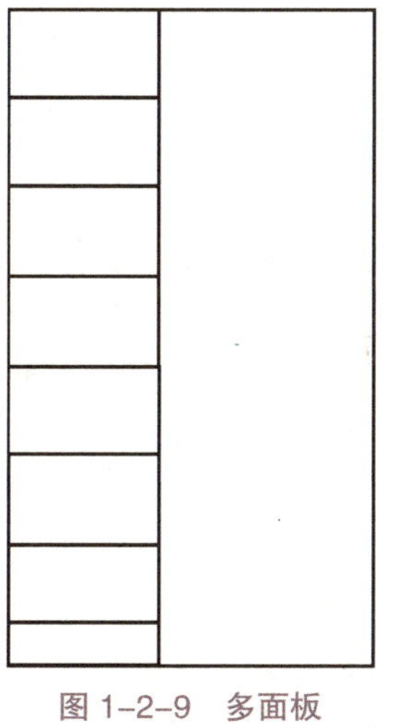

图 1-2-9　多面板界面布局

图 1-2-10　多面板界面布局示例

1.2.6 手风琴

手风琴界面布局是一种折叠式界面布局。在这种界面布局中，首级按元素的顺序排列，点击按钮时可展开显示二级内容，不用时，二级内容可隐藏，如图 1-2-11 所示。这种界面布局能够承载大量信息，同时保持界面整洁。手风琴界面布局能够减少界面跳转次数，提高操作效率，多用于浏览器导航、历史记录、下载管理等，如图 1-2-12 所示。

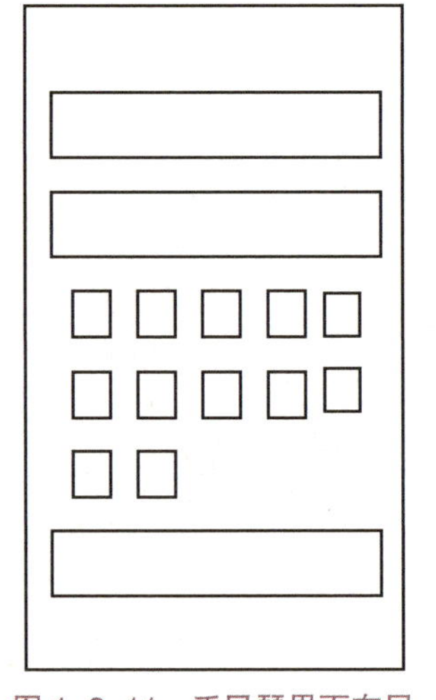
图 1-2-11　手风琴界面布局

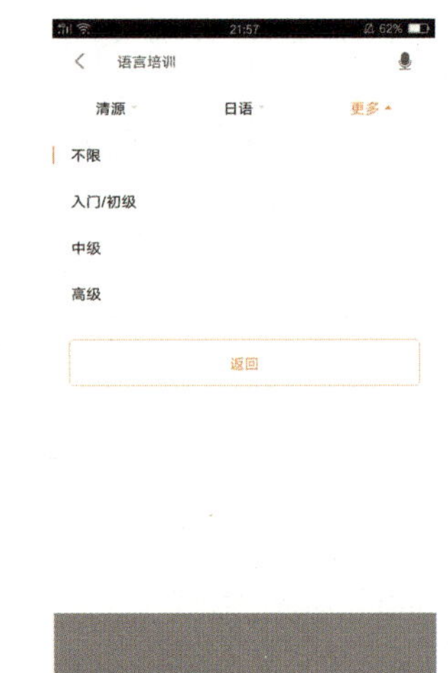

图 1-2-12　手风琴界面布局示例

1.2.7 弹出框

弹出框界面布局将内容隐藏起来，仅在需要时才会弹出，弹出后不必跳转界面，操作十分连贯，如图 1-2-13 所示。这种界面布局能够节省屏幕空间，也能避免用户操作的失误。弹出框多用于安卓系统，如进行删除操作时的界面布局，iOS 系统则使用相对较少，如图 1-2-14 所示。

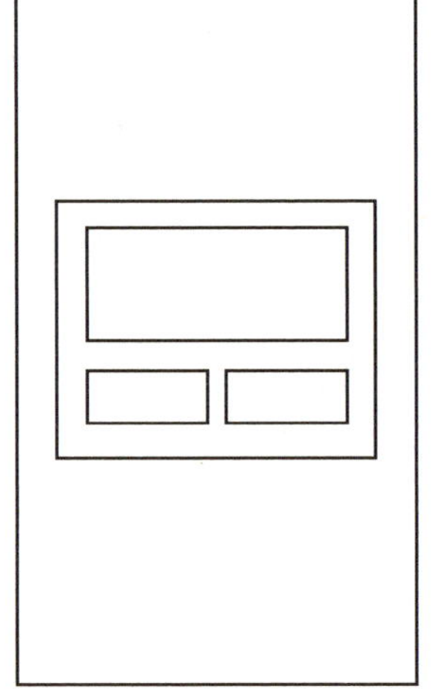
图 1-2-13　弹出框界面布局

图 1-2-14　弹出框界面布局示例

1.2.8 侧边栏

侧边栏界面布局会先将一部分内容隐藏起来，需要时通过滑动屏幕或点击特定按钮展开，如图 1-2-15 所示。侧边栏可以从屏幕的四边拉出，也称为“抽屉”。这种界面布局的优点是能够节省界面展示空间，并能将用户的注意力集中于当前界面。

它的缺点则是隐藏了部分内容后，界面操作变得不够直观。因此，这种界面布局适用于不那么需要频繁切换界面内容的应用，如图 1-2-16 所示。

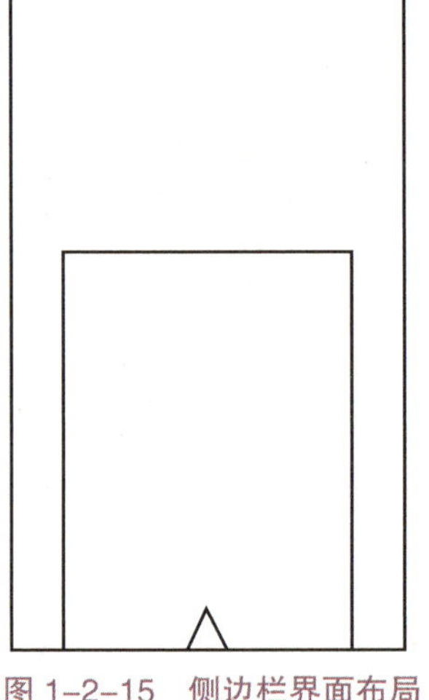
图 1-2-15　侧边栏界面布局

图 1-2-16　侧边栏界面布局示例

1.2.9 | 标签式 |

在标签式界面布局中，模块大小相等或不相等地、规则或不规则地分散于界面中，如图 1-2-17 所示。标签式界面布局不同于常见的工整的界面布局方式，更具动感和趣味性，但容易造成信息分布混乱。这种界面布局适用于搜索界面和分类界面，如图 1-2-18 所示。

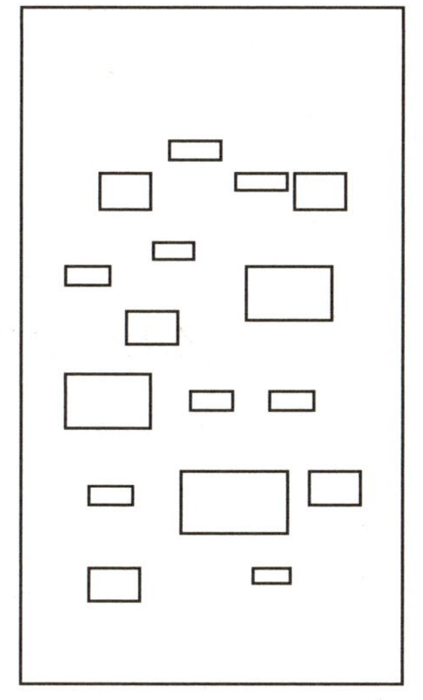

图 1-2-17　标签式界面布局

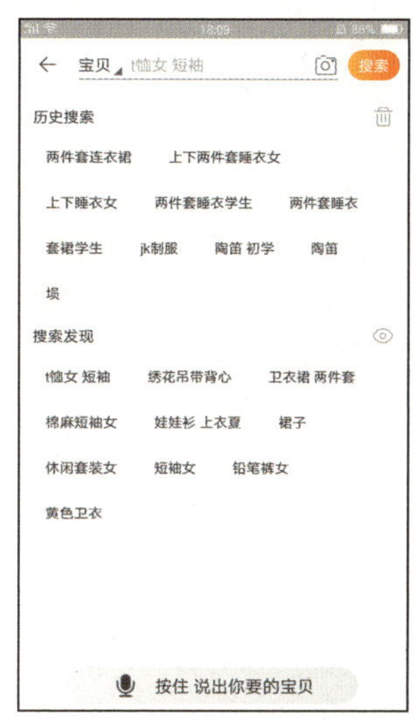

图 1-2-18　标签式界面布局示例

上述 9 种界面布局是最基础的界面布局模式。在进行界面布局设计时，可以根据实际需要，以上述布局模板为基础进行变体设计，也可以将多种布局模式进行整合。

1.3　界面设计的形式美法则

在界面设计中，形式美法则贯穿于精美界面设计的整个过程，是对美的形式规律的经验总结和形象概括，其主要包括重复与近似、渐变与节奏、对比与调和、比例与适度、变化与统一、虚实与留白 6 种方式。本节将从讲解形式美法则出发，将形式美法则更好地运用到界面设计中，表现美的内容，并使美的形式与界面设计完美结合，创造出精美的界面设计。

1.3.1 | 重复与近似 |

重复与近似是指在界面设计中，用相同或相似的基本图形进行编排，且编排的形状、方向、大小一致，以产生安定、整齐、规律的美感，增强界面的整体感，如图 1-3-1 所示。

在界面设计过程中，要注意避免完全相同的基本图形过多重复地出现，否则容易令人觉得单调无趣、枯燥无味。所以，在重复中要注意方向、大小、色彩上的细微变化，以获得律动的效果。

图 1–3–1　体现重复与近似的界面设计示例

富有创意的重复变化，比单一、乏味的重复在视觉上有更好的效果。有时用一些外形近似的基本图形进行编排，利用方向、色彩、形状上的大致相同及细微差别，可以构成形式丰富的近似界面，比起单纯的重复来说更显生动活泼。

1.3.2 渐变与节奏

渐变与节奏的概念来自音乐，节奏是一种重复的循环，比如形状的渐变、长短的渐变等。大自然中很多现象都有节奏，比如日出日落、四季轮回，节奏的重复使单纯的更显单纯、统一的更显统一。

节奏与韵律不是孤立存在的，当节奏产生变化时就形成了韵律。韵律是比节奏更高一层的旋律，韵律比节奏更轻松、优雅。当界面中的图形、文字、色彩在组织上符合某种旋律时，用户在心理和视觉上就会产生舒适的感觉。

韵律可以给界面带来生气和活力，甚至可以让界面信息充满魅力，从而吸引用户。韵律是通过节奏的变化产生的，但必须要把握好变化的度。如图 1–3–2 所示的界面就体现了界面设计中的渐变与节奏。

图 1–3–2　体现渐变与节奏的界面设计示例

1.3.3 对比与调和

对比是对差异性的强调。对比的因素存在于相同或相异的性质之间，也就是把相对的两要素互相比较，产生大小、明暗、黑白、强弱、粗细、疏密、高低、远近、软硬、曲直、浓淡、动静、锐钝、轻重的对比。调和是指适合、舒适、安定、统一，是对近似性的强调，使两者或两者以上的要素具有共性。

对比与调和是相辅相成的。在界面构成中，一般整体界面设计宜调和，局部界面设计宜对比，如图 1-3-3 所示的界面体现了矩形与圆形的形状对比，并运用了 3 个圆形的位置都居中的调和方式，减弱了视觉中的对比反差，巧妙地运用了形式美法则。

图 1-3-3　体现对比与调和的界面设计示例

1.3.4 | 比例与适度 |

比例本是一个数学术语，这里指界面中整体与部分、部分与部分之间的一种比例。在界面设计中，设计师通常会利用黄金比例来确定页面中的整体版式分割的面积、大小、位置。黄金比例公式：h（设计尺寸）× 0.618= 黄金比例分割线，如图 1-3-4 所示。适度是界面的整体或局部与人的生理或心理的某些特定标准之间的大小关系，也就是界面构成要从视觉上适合用户的视觉心理。比例与适度通常具有秩序、明朗的特性，给人一种清新、自然的感觉，如图 1-3-5 所示。

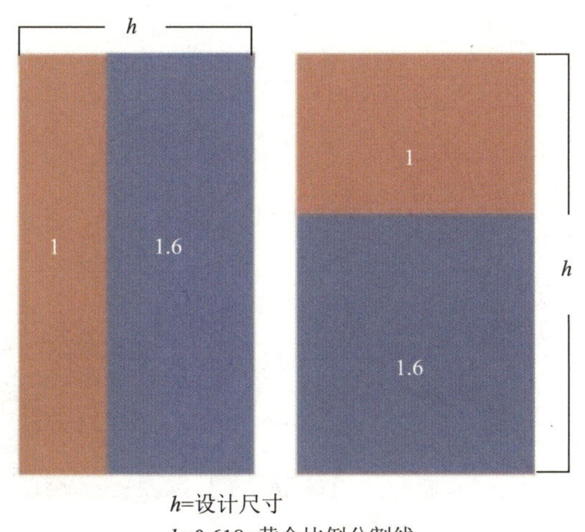

图 1-3-4　黄金比例公式

图 1-3-5　应用黄金比例的界面设计示例

1.3.5 | 变化与统一 |

变化与统一是形式美的总法则，是对立统一基本规律的应用。界面是由文字、图形、色彩三元素组合而成的一个整体。所谓有变化指在一个整体界面中寻找各部分元素的差异、区别、统一的内在联系、共同点或共有特征。缺乏变化则指界面从布局到元素单调乏味和缺少生命力。没有统一则界面设计就会显得杂乱无章、缺乏和谐与秩序。变化与统一两者的完美结合是界面构成的最根本的要求，也是体现艺术表现力的因素之一，如图 1-3-6 所示。

图 1-3-6　界面设计中的变化与统一

1.3.6 | 虚实与留白 |

留白指界面中未放置任何图文的空间，它是“虚”底的特殊表现手法，其形式、大小、比例决定着界面设计的质量。留白给人的感觉是放松，其最大的作用是引人注意。中国传统美学上有“计白守黑”的说法。界面中编排的内容，即文字、图形或色彩为“黑”——编排的实体，而图与图、文字段落之间的空隙却是或虚或实的“白”了。在界面设计中，巧妙地留白、讲究空白之美，是为了更好地衬托主题、集中视线和打造版面的空间层次，如图 1-3-7 所示的界面中就留有大量的空白。

图 1-3-7　界面设计中的虚实与留白

练习题

1．针对某个短视频客户端，分析移动媒体界面的功能与布局，以及信息结构图。

2．自命题一个移动客户端，按照其需要的功能设计界面布局，并根据形式美法则，设计图片与文本的版式位置。

第2章

UI 情感化设计与视知觉原则

2.1 UI 中的情感化设计

2.1.1 何为情感化设计

“情感化设计”一词由 Donald Norman 在其同名著作中提出。而在《*Designing for Emotion*》一书中，作者 Aarron Walter（亚伦·沃尔特）将情感化设计与马斯洛的人类需求层次理论联系了起来。生理、安全、爱与归属、自尊和自我实现是人类需求的 5 个层次，如图 2-1-1 所示。用户需求也可以被划分为有用性、易用性和愉悦感 3 个从低到高的层面，而情感化设计则处于最上层的“愉悦感”层面中，如图 2-1-2 所示。

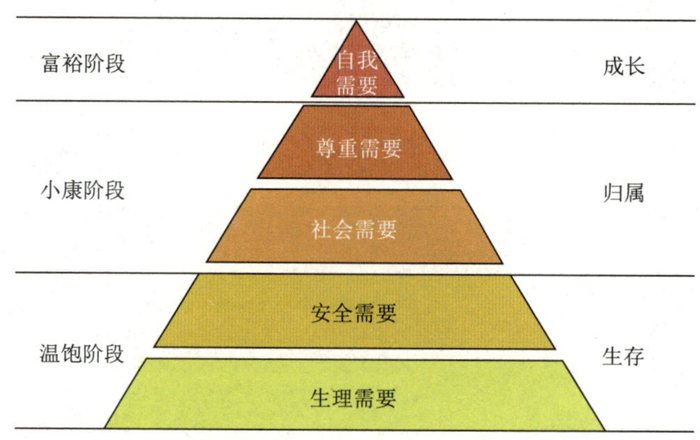

图 2-1-1 马斯洛的人类需求层次理论

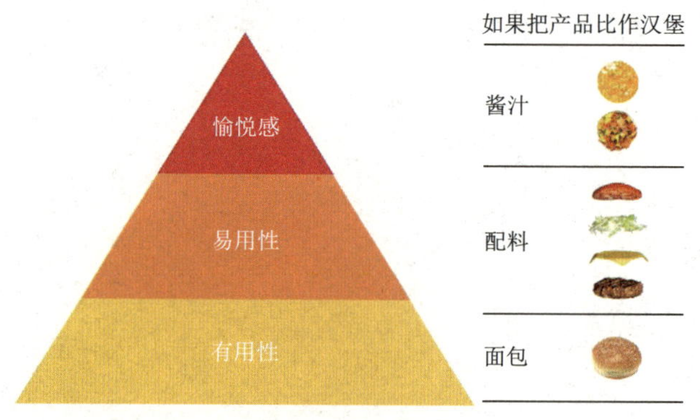

图 2-1-2 用户需求的 3 个层面

2.1.2 苹果公司 UI 设计的情感化之路

1. 麦金塔电脑的诞生

起初，苹果公司的设计并不是很出众，创始人乔布斯深受包豪斯设计理念的影响，一直追求简洁、友好桌面设计的工业化风格，经典设计案例是麦金塔（Macintosh）电脑的诞生，如图 2-1-3 所示。在此之前，苹果公司的所有产品的设计只能说是中规中矩，并没有十分出众的地方。虽然产品在造型上运用了圆弧线条，但特征不鲜明，与其他公司 PC 产品放到一起很难在视觉上区分开来。而麦金塔电脑在设计上有着独到而鲜明的特色，整体桌面的设计采用了图形界面概念（GUI），这也是世界上第一款将图形用户界面成功商业化的产品设计，如图 2-1-4 所示。

图 2-1-3　麦金塔电脑

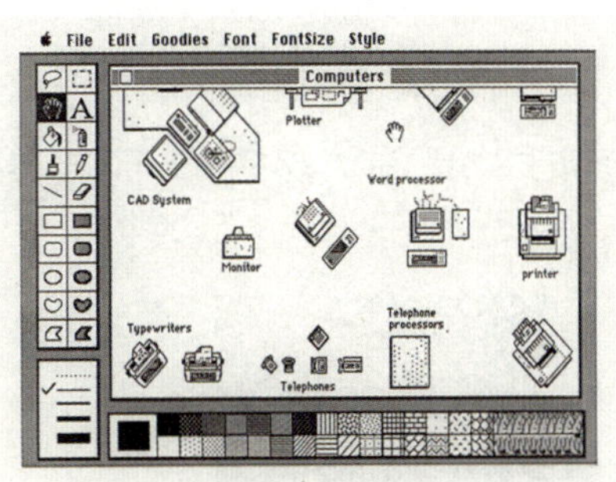

图 2-1-4　麦金塔电脑界面

2. 从浪漫主义到理性主义

1998 年，iMac G3 发布，这标志着苹果公司浪漫主义时期的到来，同时标志着苹果公司设计时代真正意义上的开始，设计师在产品形态中加入了浪漫的情感化因素。利用产品的特有形态来表达产品的不同美学特征及价值取向，让用户从内心与产品产生共鸣，让形态打动消费者的情感需求。用漂亮的外形、精美的界面提升产品的外在魅力，并传递视觉方面的各种信息。例如，iMac G3 色彩浪漫的蓝色、半透明的外壳、曲线流畅的机身，给用户提供了全新的电脑视觉感受，电脑的审美功能、文化功能得到空前的提升，如图 2-1-5 所示。之后苹果电脑推出了一系列机身色彩鲜艳、曲线造型的产品，如图 2-1-6 所示。

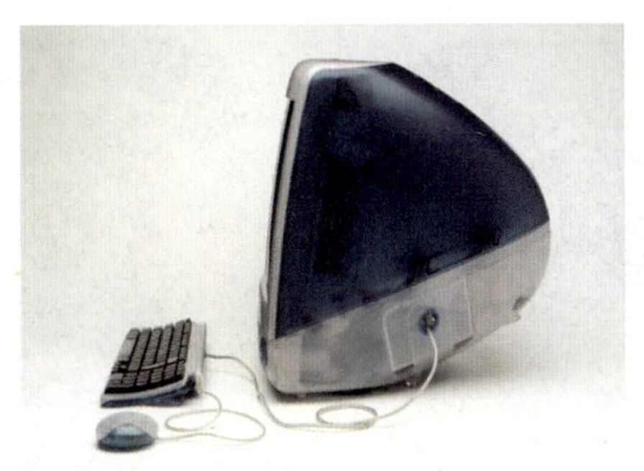

图 2-1-5　iMac G3

图 2-1-6　iMac 系列产品

苹果公司设计师乔纳森设计了一系列 iMac 系列产品，这些设计一改 20 世纪 90 年代台式机电脑与笔记本电脑的工业化呆板风格，充满浪漫主义气息的半透明外壳的一体机将曲线与鲜亮色彩汇聚于一身，由此开始的这个时期称为苹果的“浪漫主义时期”。

2003 年，两个铝金属外壳产品的发布，表明苹果公司已经全面进入了“理性主义时期”。

这一时期将回归工业时代的特质，产品外观设计更为稳重、简洁，更加注重实用。铝金属作为外壳材料的大量应用，凸显出产品的外观质感和高贵气质。“理性主义”的设计理念也在不断进化，很长一段时间内，硬朗的线条和锋利的直角被大量使用。从 2008 版本的 iMac 开始，苹果公司推出了 MacBook Air，如图 2-1-7 所示；MacBook Pro 的边缘也设计成了“刀锋”边缘，如图 2-1-8 所示。用户得到一个全铝外壳的 iMac 的同时，也得到了一个锋利的“刀锋”边缘，这让笔记本电脑在合起的状态下显得更加严密和稳固。

图 2-1-7　MacBook Air

图 2-1-8　MacBook Pro

3. 从拟物化到扁平化

苹果产品中的情感化设计起着很重要的作用，当然，也有乔布斯本人性格的影响——对 Windows 的强烈排斥，以至于想强烈地展现彼此的区别。比如：苹果的鼠标箭头是黑色的，而 Windows 的是白色的；苹果的关闭按钮是圆形的，在窗口的左上角，而 Windows 的是方形的，在窗口的右上角。但是 iOS 7 作为第一个没有受到乔布斯影响的苹果系统，仍旧采用了情感植入设计，iPhone 图标不再用拟物的植入，而采用扁平化绚丽多彩的植入。iOS 7 中图标的圆角采用数学曲率变化过渡，图标的图案采用了大量几何分割原理，直接植入 iPhone X 的界面设计中，这种改变显然没有功能上的原因，纯粹是视觉美学的缘故。从 iOS 7 到现在的 iOS 14，整体 UI 风格一直没有发生太大的变化，更多的是图标细节的更新及功能性的改进，这也使得 iOS 6 成为最后一代拟物化设计的 iOS 系统，如图 2-1-9 所示。

图 2-1-9　新旧相机图标对比（从拟物化到扁平化）

2.1.3 | 情感化设计在 UI 设计中的作用 |

1. 带入情境

带入情境是指通过设计中图像、动画、音乐的使用，为用户营造出符合其当时行为和感知的情境，从而引导用户情绪。如图 2-1-10 所示为“双 11”购物节的主题界面——以漂亮精美、夸张简约的卡通形象做视觉主体，用有效衬托主题的场景元素做背景渲染，结合活动的主题、操作详情等元素，达成在用户体验上清晰便捷，在视觉上有冲击力和感染力的

UI，很容易将用户带入欢乐的购物情绪当中。

图 2-1-10　带入情景的界面设计

2. 引发回忆

通过引发用户和产品的共同回忆，可以将用户对回忆的正面情感转化成对产品的情感，从而提升用户对产品的认同感。然而，每一年龄阶段的用户群都有其独特的时代记忆，如图 2-1-11 所示界面中的所有元素都是 20 世纪 80 年代初期中国家庭常见的生活日用品。如果用户是“80 后”，一定会十分熟悉这个界面中的场景，从而喜欢上这个产品。

图 2-1-11　引发回忆的界面设计

3. 拟人化

通过卡通拟人化的设计，将功能图标本身的工业感变得更加温暖体贴，让产品模拟人的情绪、行为和语言，赋予产品性格。让用户在使用产品时，产生享受愉悦的感觉，对产品产生情感上的好感，如图 2-1-12 所示。

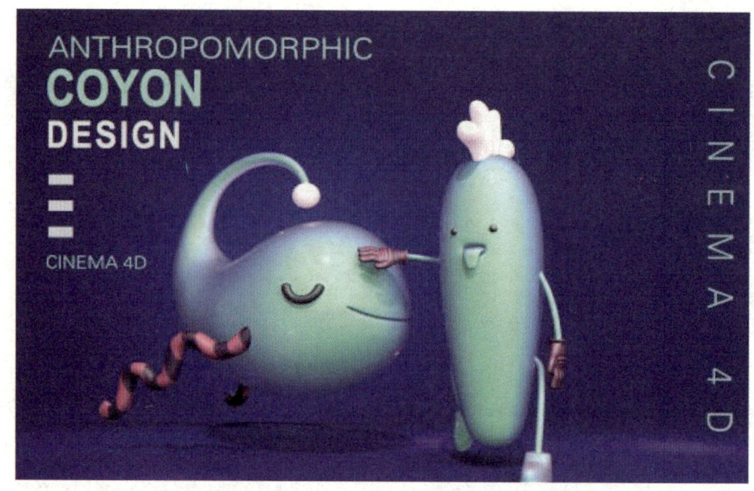

图 2-1-12　拟人化界面设计

2.2　格式塔视知觉原则

格式塔理论的五条最常用的原则是：相似性、接近性、连续性、闭合性、图形与背景。

2.2.1 相似性

相似性是指彼此相似的元素在一起时较易感知为一个整体。人的视觉系统很容易关注那些外表相似的物体，其中包括材料、色彩、形状或质感等方面的相似，在一定范围内产生整体性的视觉感知效果，如图 2-2-1 所示。

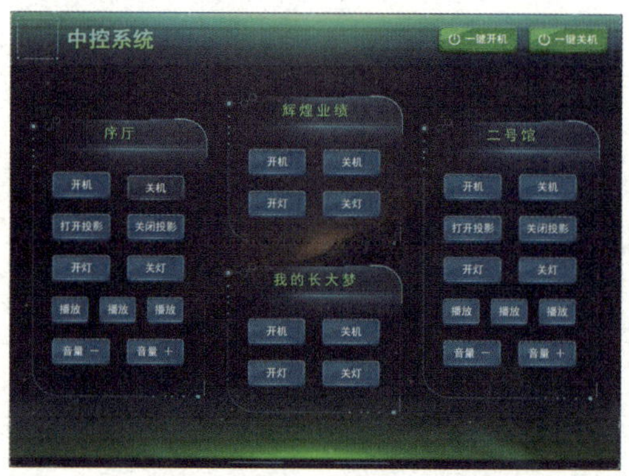

图 2-2-1　体现相似性原则的界面设计

2.2.2 接近性

接近性是指物体之间的相对距离会影响人们对空间中的物体是否组织在一起及如何组织在一起的感知。相比较而言，互相靠近的物体看起来属于一组，而那些距离较远的物体看起来就会有距离感。如果单个视觉元素之间无限接近，视觉上就会形成一个较大的整体，然而单个视觉元素的个性也会减弱。

利用接近性原则，信息组之间用留白区分，页面元素会更简洁，阅读信息时的干扰也会更少，相近信息的关联也更显紧密，如图 2-2-2 所示。

图 2-2-2 体现接近性原则的界面设计

2.2.3 连续性

连续性是指如果一个图形的某些部分可以被看作连接在一起的，那么这些部分就易于被人们感知为一个整体。人的视觉系统会追随一个方向的延续，以便把元素连接在一起，使它们看起来是连续向着特定的方向的，如图 2-2-3 所示。

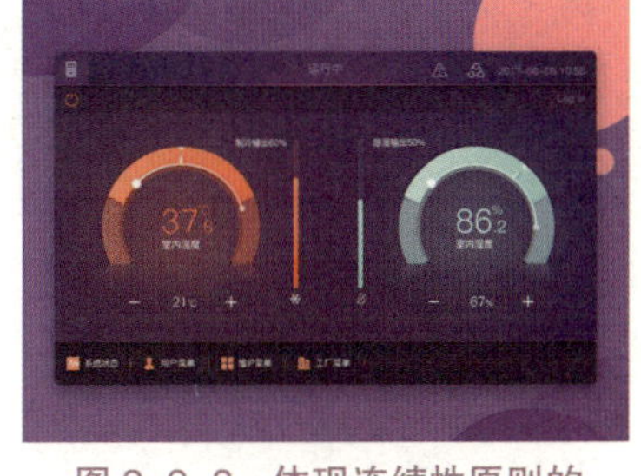

图 2-2-3 体现连续性原则的界面设计

2.2.4 闭合性

与连续性原则相关的是闭合性原则，它是指人的视觉系统自动地尝试将敞开的图形封闭起来，从而将其感知为完整的物体而不是分散的碎片。人们在观察熟悉的视觉形象时，会把不完整的局部形象当作一个整体的形象来感知，如图 2-2-4 所示。

图 2-2-4 体现闭合性原则的界面设计

2.2.5 图形与背景

图形与背景是指由两者的关系产生的视觉效果，人的视觉系统在感知事物的时候，总是自动地将视觉区域分为主体图形和背景。一旦图像中的某个部分符合作为背景的特征，人的视觉感知系统就不会把它作为主体焦点。因此在设计用户界面时，设计师可以将图像中的某些部分变暗或变成背景，以显示更多的信息或者使用户的焦点集中。

如图 2-2-5 所示，可将当前图例的内容变暗，将其转换为背景，之后弹出文字绿灯效果，使用户的视觉焦点集中在这条文本上。

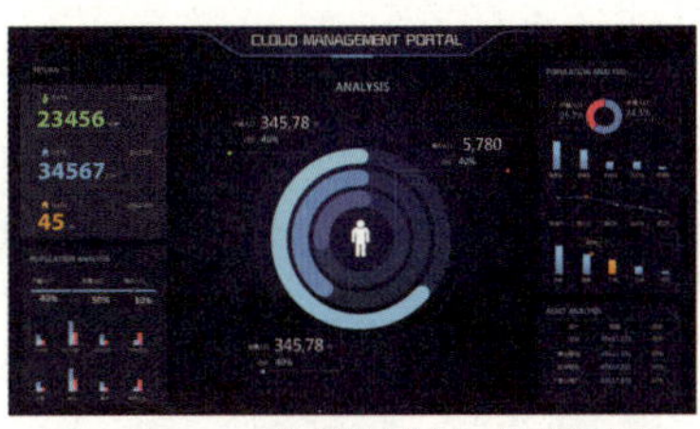

图 2-2-5 体现图形与背景原则的界面设计

练习题

1．理解情感化设计理论的核心思想，并尝试用自己的话描述。

2．比较扁平化设计与拟物化设计的异同。

3．运用情感化设计的原则之一——拟人化，设计一个图标，要求视觉形象有拟人化特征，视觉造型生动，能够明确表达图标的功能。

第3章

UI 色彩设计与心理效应

3.1 色彩原理

本节将要介绍的是设计中的重要元素——色彩，色彩在表达情感、创造视觉效果方面具有重要意义，因此，了解色彩、学习色彩搭配技巧是 UI 设计中的重要环节。了解色彩，就要了解色彩的概念、色彩的基本属性、色彩的视觉效果、色彩的心理效应等。学习色彩搭配，不仅要学习如何利用色彩创造良好的视觉效果，还要了解色彩使用中的规则和不同文化背景下的色彩禁忌。

3.1.1 | 色彩的概念 |

了解色彩，首先要知道色彩是什么。

色彩是光的视觉表现，不同的色彩实际上对应不同波长的电磁波。不同波长的电磁波能刺激人眼的视觉神经，形成不同的视觉效果。人通过眼、脑和生活经验来辨识色彩。图 3-1-1 展示了人眼可见光的波长范围（400 ～ 700nm）。

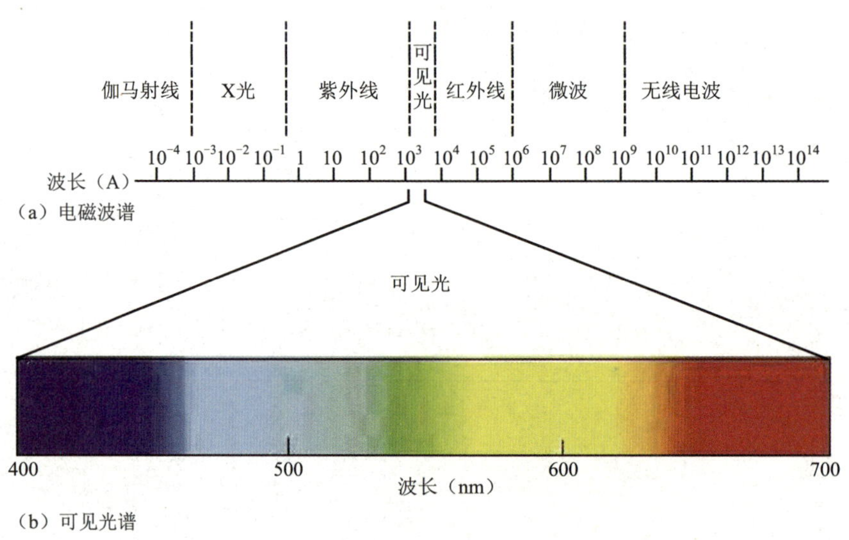

图 3-1-1 可见光的波长范围

色彩分为有彩色和无彩色两大类。光谱中可见光部分的所有颜色均为有彩色，统称为彩调。与此相反，无彩色是指没有彩调的颜色，即没有色相。例如，黑色、白色、灰色属于无彩色，而红色、黄色、蓝色、绿色等则属于有彩色。

1. 原色

色彩中不能再分解的基本色称为原色，所有颜色的源头被称为三原色。光学三原色是指红、绿、蓝，如图 3-1-2 所示。

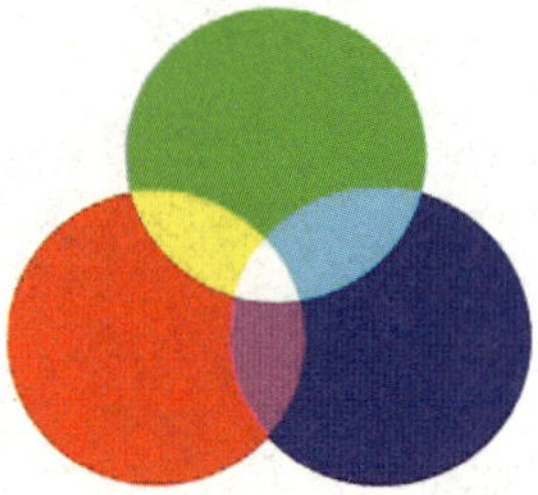

图 3-1-2 光学三原色

2. 间色

将红色和绿色、绿色和蓝色、蓝色和红色均匀混合，就会得到三种间色：黄色、青色和紫色。

3. 三级颜色

三级颜色来源于间色与原色的混合，主要有红紫色、蓝紫色、蓝绿色、黄绿色、橙红色和橙黄色。

3.1.2 | 色彩的属性 |

色彩的基本属性包括色相、明度和纯度，它们是色彩中最重要、也是最稳定的3个要素，它们之间相对独立，但又相互关联、相互制约。

色相即色彩的相貌，基本色相分为红色、橙色、黄色、绿色、青色、蓝色、紫色，如图 3-1-3 所示。色相是区分色彩的主要依据，对黑色、白色、灰色则不考虑色相的概念。

明度即色彩的明暗，如图 3-1-4 所示。如白色亮，说明白色明度高。

纯度即饱和度色彩中包含的单种标准色成分的多少，如图 3-1-5 所示。不同色相所能达到的纯度不同，其中红色纯度最高，绿色纯度相对低些，其余色相居中，同时明度也不相同。

图 3-1-3　色相

图 3-1-4　明度

图 3-1-5　纯度

3.1.3 | 数字色彩 |

数字色彩，顾名思义，是色彩在数字化设备中的表现形式。它通过色彩显示器呈现出来，与传统的光学色彩和艺术色彩既有区别，又有内在联系。

1. 数字色彩与数字图形的关系

（1）点阵图的色彩。

点阵图是由一定数目的像素组成的图像，点阵图放大后，可以看到组成图像的基本点，如图 3-1-6 所示。一个点阵图是否精致、色彩是否丰富，取决于组成图像的像素的多少。一个点阵图包含的像素越多，所表现的颜色就越丰富，图形文件也就越大。

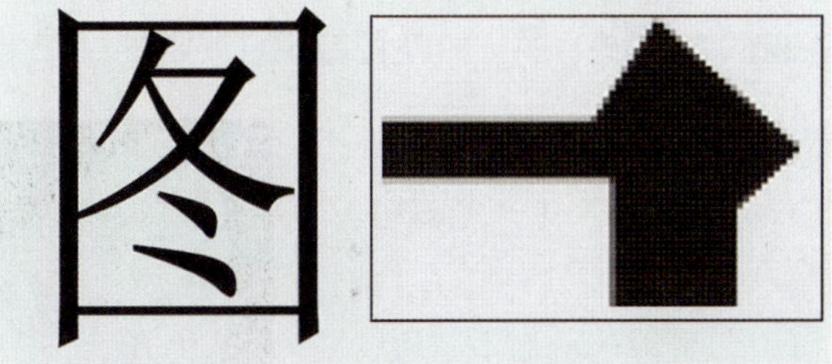

图 3-1-6　点阵图

（2）色彩的位深度。

在计算机中，用“位”（bit）记录点阵图中每个像素的颜色、灰度、明暗对比度等数据，用位深度表示每个像素所需的位数。位深度只适用于表示点阵图的颜色，因此，点阵图又称位图。位深度决定了点阵图中最多可以表达的颜色数量，如图 3-1-7 所示是色彩数量与位深度的对应关系。

二进制	位深度	颜色数量
2^{8}	8	256 色
2^{16}	16	65 536 色
2^{24}	24	16 777 216 色
2^{32}	32	4 294 967 296 色
2^{64}	64	324 294 967 296 色

图 3-1-7　颜色数量与位深度的对应关系

（3）矢量图的色彩。

矢量图是计算机以矢量数字模型来描述图形。不同于像素排列而成的点阵图，矢量图无论在显示器上放大多少倍，其边缘都是光滑的；且色彩模式的变化不会影响文件的大小。矢量图中的每个物体只有一个颜色值，因此矢量图的色彩目前只能表示平涂或有变化规律的色彩。

2. 各种颜色的色域

色域（Color Gamut）是指设备所能表达的颜色数量所构成的区域范围，即各种屏幕显示设备、打印机或印刷设备所能表现的颜色范围。

（1）CIE 色域。

CIE 色域包括了可见光分布的所有色域。如图 3-1-8 所示是 CIE（国际照明协会）制定的 CIE-*xy* 色度图。在这个坐标系中，显示设备能表现的色域用 RGB 三点连线组成的三角形区域来表示，三角形的面积越大，就表示这种显示设备的色域越大。

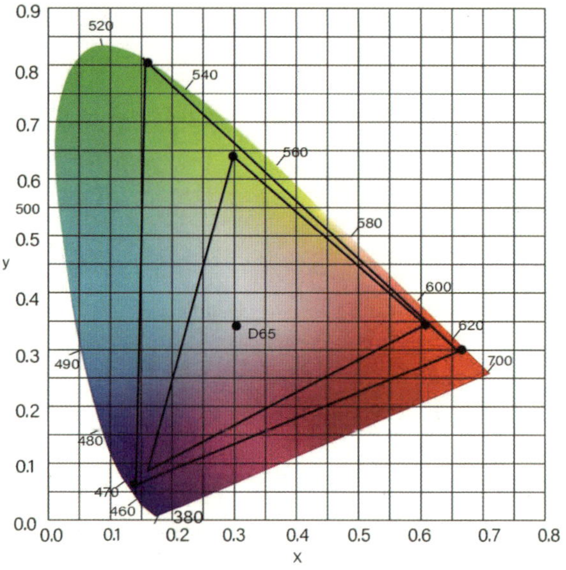

图 3-1-8　CIE-*xy* 色度图

（2）RGB 色彩的色域。

RGB 是数字设备显示颜色的色彩方式，它的所有颜色都是由 R、G、B 三种发光质通过加光混合产生的。常见的“RGB 色彩色域”中包含两种色彩空间模式，一种是色域比较广泛的 Adobe RGB(1998) 模式；另一种是色域比较局限的 sRGB 模式，如图 3-1-9 所示。

图 3-1-9　RGB 色域

3.2 色彩的对比与调和

色彩对比是绝对的，调和是相对的；对比是目的，而调和是手段。也就是说，既要通过对比产生和谐的刺激——美的享受，又要通过适当调和来抑制过分的对比——刺激，从而产生一种恰到好处的、和谐的、美的享受。本节将从了解色彩的对比和调和的基本概念出发，讲解色彩对比与调和在移动媒体 UI 设计中的运用，遵循这些原理可设计出符合色彩规律的 UI 设计。

3.2.1 色彩对比

色彩三要素是色相、明度和纯度，色彩三要素的具体表达要靠光的照射、自然物体的吸收与反射。因此，自然界中千变万化的色彩现象都是通过光的作用而呈现的。然而，自然界的色彩现象又是以相互对比、相互衬托而展现的，离开光的作用世界将变得一团漆黑，也就无所谓色彩的对比。在色彩设计中，掌握好色彩对比原理，运用好色彩的对比手法，对于作品创作或界面设计是至关重要的。

1. 色彩对比的概念

色彩的对比主要指色彩的冷暖对比。

屏幕中的画面色彩从色调上划分，可分为冷调和暖调两大类。色彩对比的规律是：在暖调场景中，冷调主体醒目。在冷调场景中，暖调主体突出。色彩对比除了冷暖对比之外，还有调和对比、明度对比、饱和对比等。

构成色彩对比的 3 个条件：必须有两种及以上的色彩才能构成色彩的对比；色彩对比应在同一性质、同一范畴或者同一发展阶段内进行；色彩对比必须能被视觉清楚地感知到，如图 3-2-1 所示。

图 3-2-1　色彩对比

2. 色彩对比的两种情形

（1）同时对比。

同时对比结果对同时呈现的邻近的两个颜色进行对比，也就是在同一空间、时间所看到的色彩对比现象。

同时对比的规律：亮色与暗色相邻，亮色更亮，暗色更暗；灰色与艳色并置，灰色更灰，艳色更艳；冷色与暖色并置，冷色更冷，暖色更暖，如图 3-2-2 所示。不同色相邻时，倾向把对方推向自己的补色，如：一块灰色的色块在另一种单纯的背景颜色下，会使这块灰色的色块呈现一层背景的补色。就算两种不是互为补色的颜色也会产生这种效果，只是效果没有那么明显而已。

图 3-2-2　同时对比

补色相邻时，由于对比作用使各自色彩都增加了补色光，色的鲜艳度随之增加，对比效果也会随着纯度的增加而增加。

（2）连续对比。

当先看红色的物品再看到黄色的物品时，会看到黄色的物品上有一点点绿色，这是因为眼睛把先看的色彩的补色残像加到后看到的物体上面。如果先看的色彩明度高，后看的色彩明度低，那么后看的色彩显得明度更低；如果先看的色彩明度低，后看的色彩明度高，则后看的色彩显得明度更高。如图 3-2-3 所示，如果盯着图中红色圆圈中心点至少半分钟，然后立即将视线转到旁边空白空间的中心点时，会看到一个逐渐出现的后像，它的颜色是青色。如果这个圆圈是绿色的，后像则是红紫色的。

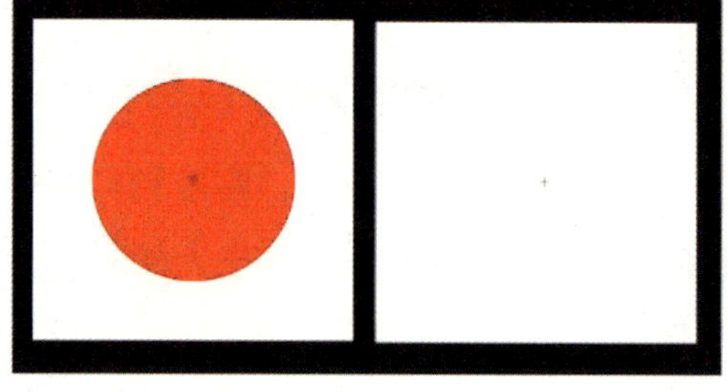

图 3-2-3　连续对比

连续对比的规律。把先看的色彩的残像加到后看的色彩上面，纯度高的比纯度低的色彩影响力大。如先看的色彩与后看的色彩恰好是互补色时，则会增加后看的色彩的纯度并使之更加鲜艳，其影响力以红色和绿色为最大。

3.2.2 色彩对比的种类

1. 色相对比

因色相之间的差别形成的对比为色相对比。各色相由于在色环上的距离远近不同，故形成不同的色相对比，色相之间的距离越近，对比越弱；距离越远，对比越强。

色相对比的五种类型：V30° 型对比（如图 3-2-4 所示）、V60° 型对比（如图 3-2-5 所示）、L120° 型对比（如图 3-2-6 所示）、I 型对比（如图 3-2-7 所示）。

画面和谐统一，具有单纯、柔和、高雅、朴实等视觉效果，但缺乏色感差异，略显单调、无力，注目性不强。

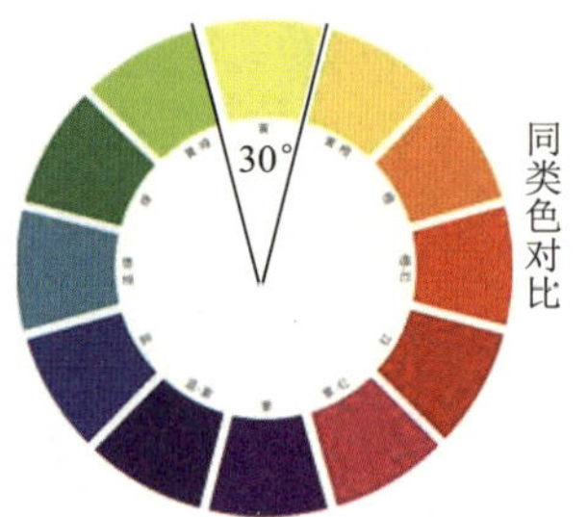

图 3-2-4　V30° 型对比

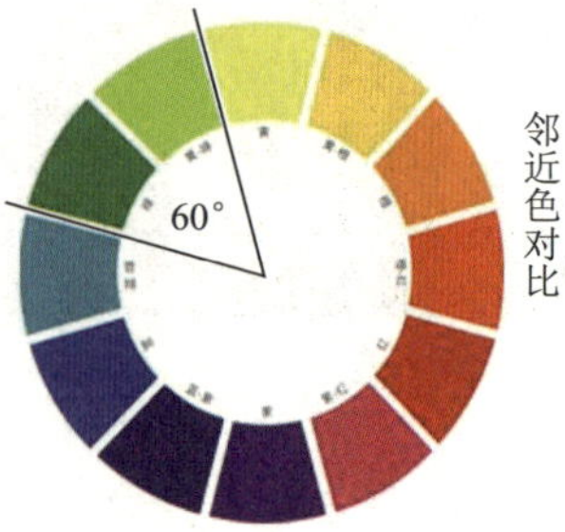

60°

邻近色对比

对比的色相两方既有差异，又有联系，对比效果耐看，有丰富的情感表现力。

图 3-2-5　V60° 型对比

对比的两色相缺乏共性，对比效果刺激、鲜明、易令人产生兴奋感，但处理不好会让人感觉俗艳，L120° 型对比（对比色对比）是色彩组合中难度较大的一种。

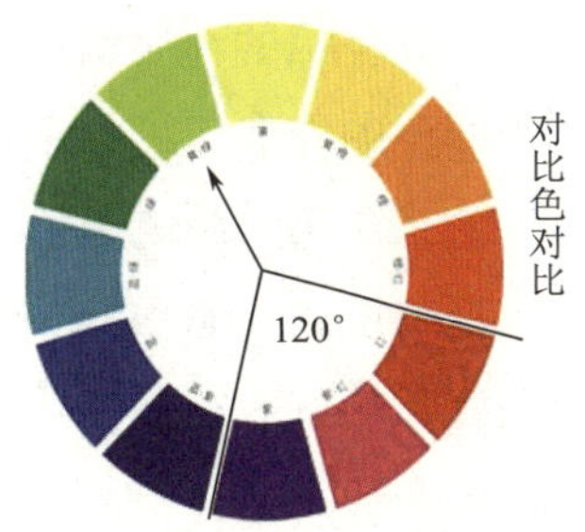

图 3-2-6　L120° 型对比

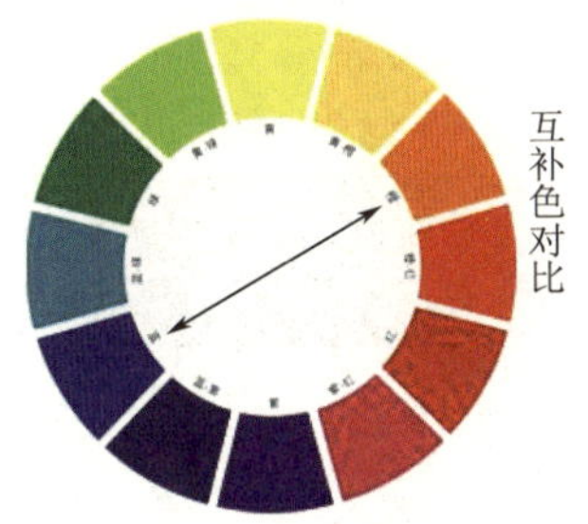

图 3-2-7　I 型对比

对比效果比 L120° 型更强烈，具有饱满、活跃、紧张的特性，表现出一种原始、粗犷的美，但也易产生不协调、不安定的效果。

2. 明度对比

因色彩的明暗差异而形成的对比称为明度对比。色彩的明暗程度是由加黑或加白的分量来决定的。

明暗差大的色彩对比强，明暗差小的色彩对比弱，这是基本规律。在创作绘画时，通常会将画面的色彩看成黑白灰颜色关系来处理。即，把画面中复杂的色彩关系还原成明度关系。

配色的明度差在 3 个阶段内的组合叫短调，为明度的弱对比。配色的明度差在 5 个阶段以上的组合叫长调，为明度的强对比。配色的明度差介于 3 ～ 5 个阶段的组合，称为明度对比，如图 3-2-8 所示。

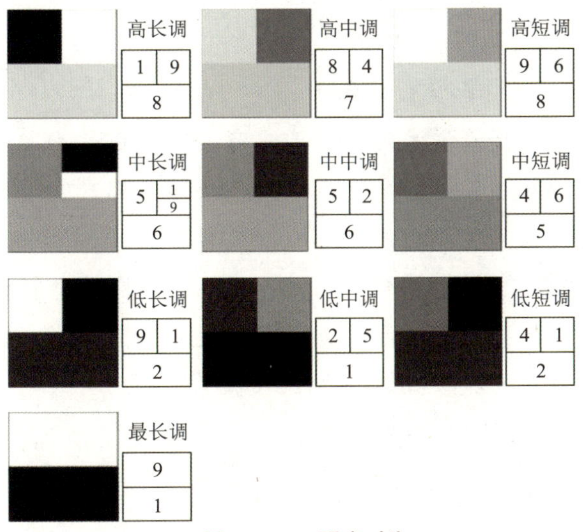

图 3-2-8　明度对比

3. 纯度对比

两种以上色彩组合后，由于纯度不同而形成的色彩对比效果称为纯度对比。它是色彩对比的另一个重要方面，但较为隐蔽，在色彩设计中，纯度对比是决定色调是否华丽、高雅、古朴、粗俗、含蓄的关键。纯度对比的强弱程度取决于色彩在纯度等差色标上的距离，距离越远对比越强，反之，则对比越弱。

纯度对比有两种情形：一种是单一色相之间的纯度对比；另一种是不同色相之间的纯度对比。单一色相的纯度对比是该色相与其相对应的等明度灰色相混合的变化情况，也就是说在明度相等的情况下所做的纯度对比。

不同色相的纯度对比是指两种或以上的色彩并置在一起，由于不同色相在孟赛尔色立体中所划分的纯度等阶数不同，会产生纯度鲜浊的对比感受。例如，把纯红色和纯绿色放在一起，会有红色比绿色更鲜艳的视觉效果，如图 3-2-9 所示。

把纯度为 100% 的纯色同灰色相混合，按一定的比例不断增加灰色，直至成为完全的中性灰色，就可获得一个完整的纯度变化色阶。可将色彩的纯度从灰色至纯色分成 11 个纯度色阶（0 ～ 10 度，其中 0 度为无彩度的灰，10 度为纯色），其中位于 0 ～ 3 度色阶的色彩为低纯度、4 ～ 7 度色阶的为中纯度、8 ～ 10 度色阶的为高纯度。纯度的 3 个层次如图 3-2-10 所示。

图 3-2-9　不同色相的纯度对比

0　1　2　3　4　5　6　7　8　9　10（度）

低纯度　中纯度　高纯度

图 3-2-10　纯度的 3 个层次

3.2.3 | 色彩的调和 |

1. 色彩调和的概念

在色彩关系中，两种或多种颜色有秩序地、协调地组合在一起会产生愉悦感和舒适感。如果说对比是寻求差别，那么调和就是寻求关联。从理论上讲，调和是指将有明显差异或明显含糊的色彩在构图中进行调整，使之能自由地组织，构成符合需要的色彩关系，如图 3-2-11 所示。

图 3-2-11　色彩调和

2. 色彩调和的原理

（1）互补色平衡原理。

从色彩视觉生理角度来看，互补色的配合是调和的。人的眼睛会对任何一种特定的色彩要求它的补色，如果补色没出现，那么眼睛会自动将它的补色产生出来。因此，相对应地产生的补色会取得生理上的补充平衡。

（2）自然色彩秩序变化原理。

从自然界角度看，自然界中的色调搭配在连续性与秩序变化上是调和的。它依赖人在自然中形成的视觉色彩习惯和审美经验。在自然界景物中的明暗、光影、冷暖、强弱、渐变等色相变化和色彩关系都遵循一定的色彩调和规律。

3.2.4 | 色彩调和的种类 |

1. 色彩调和的种类

（1）同类色调和。

同类色调和就是同种色相的颜色以不同浓淡进行配合，达到和谐统一、朴素雅致的效果。同类色调和具有色彩柔和的特征，用同类色组织色调很容易得到单纯、沉稳、协调的整体效果，如图 3-2-12 所示。

（2）类似色调和。

类似色调和是用类似色相配合，即在色相环中（30° 或 90° 以内）相邻的两个或两个以上的色彩搭配。例如，黄色是橙黄色、橙色、橘红色的组合；紫色是紫红色、紫蓝色的组合；嫩绿、鲜绿、黄绿、墨绿的组合等都是类似色调和的配色，如图 3-2-13 所示。

图 3-2-12　同类色调和

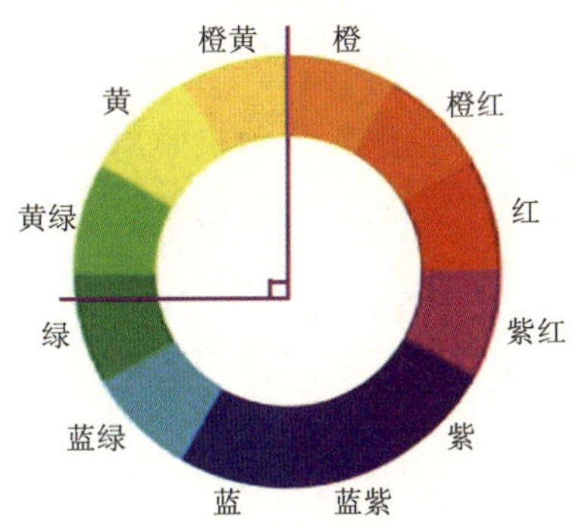

图 3-2-13　类似色调和

（3）对比色调和。

对比色放在一起对比强烈，如在画面中合理使用，则可以渲染出绚丽、愉快、活泼的气氛。对比色调和对于处于对比关系中的两种色彩的数量值变化有较高要求，要随画面需求把握好对比的强弱。

2. 色彩调和的界面设计应用

（1）同类色调和原理的应用案例如图 3-2-14 所示。

这一系列界面设计运用了同类色调和的方法，画中的小孩与海豚的色彩用了深橙色，背景与天空设计为明黄色与中黄色的渐变色，主体色与背景色属于同类色调和，画面色彩看起来非常统一。

图 3-2-14　同类色调和原理的应用案例

（2）类似色调和原理的应用案例如图 3-2-15 所示。

图 3-2-15　类似色调和原理的应用案例

小知识库

这一系列界面中的图标设计，造型上使用一致的图形的图标设计。色彩上采用了粉色与紫色相搭配，运用了类似色调和的方法。从而达到了界面视觉统一的要求。

（3）对比色调和原理的应用案例如图 3-2-16 所示。

小知识库

这一系列界面设计虽然图形造型近似，但右侧分栏的图形色彩采用了对比色调和方法，与左侧统一蓝色分栏形成了鲜明的对比，活跃了界面整体的视觉效果。

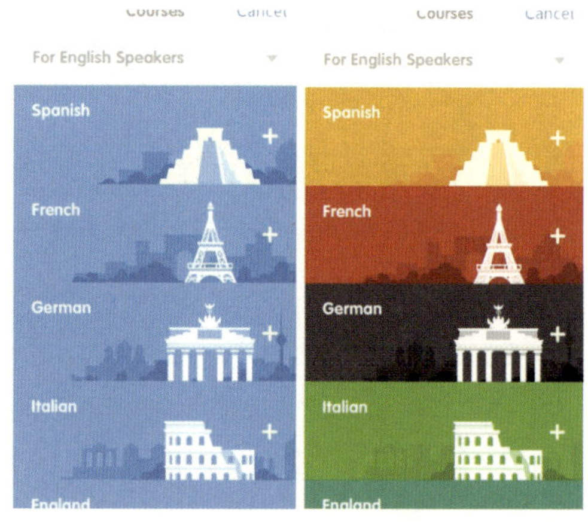

图 3-2-16　对比色调和原理的应用案例

3.3　色彩的心理效应

色彩心理是客观世界的主观反映。根据人的生理习惯和生活环境，不同波长的光作用于人的视觉器官而产生色感，从而引发带有不同情感的心理活动。

1. 红色

红色象征着热情、性感、权威和自信，具有很强的视觉效果，可以烘托热烈气氛。在特定条件下，红色也会给人一种血腥的感觉，容易造成紧张、恐惧等心理压力。网易云音乐标志如图 3-3-1 所示，它对红色的大面积使用营造了热情、能量充沛和火爆之感。

2. 橙色

橙色给人一种亲切、坦率、热情、开朗和健康的感觉，充满快乐和活力感，可以很好地表现激情与参与的理念，所以常用于社会服务类的设计中。同时，橙色能激发欲望，很受电商的青睐。手机淘宝标志如图 3-3-2 所示，橙色的使用给人以活力，并且能激发用户的购物欲。

图 3-3-1　网易云音乐标志

图 3-3-2　手机淘宝标志

3. 黄色

黄色具有警示作用，其自身的明度极高，能刺激人的大脑。艳黄色象征信心、聪明和希望；淡黄色显得天真、浪漫和娇嫩，其明亮和愉快的特质可以给用户一种温暖和乐观的感觉。

糗事百科界面如图 3-3-3 所示，它对黄色的使用传递了温暖、乐观和天真的感觉。

图 3-3-3　糗事百科界面

4. 绿色

绿色给人一种安全、自由、新鲜、舒适的感觉。黄绿色给人清新、活力、快乐的感觉；明度较深的绿色、橄榄绿色给人沉稳、知性的感觉。绿色常被使用于安全、环保健康类的 App 界面设计中。

如图 3-3-4 所示的 360 手机卫士界面就采用了绿色的设计。

图 3-3-4　360 手机卫士界面

5. 蓝色

明亮的蓝色象征着希望、理想和独立；暗沉的蓝色象征着诚实、信赖与权威；正蓝色、宝蓝色展示出带着坚定与智慧；淡蓝色、粉蓝色给人一种轻松和放松的感觉。在设计中，蓝色是一种广受欢迎、不容易出错的色彩。

知乎界面如图 3-3-5 所示，蓝色的使用代表了诚实、信赖和权威。

6. 紫色

紫色意味着优雅、浪漫、哲学。明度高的紫色象征着高贵，也具有神秘、高不可攀的感觉；饱和度高的紫色给人一种威力十足的感觉。

如图 3-3-6 所示的美拍标志设计就采用了紫色设计。另外，其界面也采用了紫色设计，代表了神秘、成熟和女性。

图 3-3-5　知乎界面

图 3-3-6　美拍标志和界面

7. 粉色

粉色象征着温柔、甜美、浪漫、恬静，具有软化攻击、安抚浮躁的效果。饱和度高的粉色给人一种柔情、洒脱、大方、娇艳的感觉，多用在涉及女性用户的设计中。蘑菇街标志设计如图 3-3-7 所示，粉色代表了甜美、温柔、浪漫和女性。

8. 黑色

黑色象征着权威、高雅、低调、创意、执着、冷漠和防御。

国家地理界面如图 3-3-8 所示，黑色代表了权威和专业，容易赢得用户的信任。

图 3-3-7　蘑菇街标志

图 3-3-8　国家地理界面

9. 白色

白色象征着纯洁、神圣、善良、信任与开放，大面积留白会给人一种梦幻、疏离或干净利落的感觉。有的情况下，白色象征着死亡，所以在某些特定场合要谨慎使用。想去界面如图 3-3-9 所示，白色给人一种梦幻、纯洁的感受。

10. 咖啡色、棕色、驼色、褐色系

这个色系给人一种安定、沉静、平和、友善和亲切的感觉，让人产生情绪稳定和随和的感觉。但如果运用不好，则会给人一种沉闷、单调、老气的感觉。CLASSIC CAR 标志设计如图 3-3-10 所示，这个色系的运用代表了安定、沉静、情绪稳定且易相处。

图 3-3-9　想去界面

图 3-3-10　CLASSIC CAR 标志

3.4 色彩搭配的技巧

3.4.1 | 主色、副色、点缀色构成原则 |

在移动端 UI 设计中，大部分都使用了三色构成配色原则。三色构成配色原则是指界面颜色保持在 3 种颜色之内，且主色、副色和点缀色三者之间的比例关系非常重要。

1. 主色（约占 70%）

主色：任何一种色相都可以成为主色（主色调），与其他色相组成互补关系色、对比关系色、同类关系色的色彩组织。在设计中主色调也是由多个辅助色组成的一个整套色系，它决定了画面视觉风格和用户的情绪。

2. 副色（约占 25%）

副色主要起丰富画面的作用，一般用于辅助主色，多应用于控件、插件、图标上。如果副色使用过多或使用不当，会给用户一种喧宾夺主的感觉。

3. 点缀色（约占 5%）

点缀色主要运用在一些提示性的图标中，面积较小，起醒目的作用。

3.4.2 | 色彩搭配的原则 |

常见的色彩搭配原则有 4 种，分别是相似系配色、同类系配色、点亮色配色、渐变色配色。

1. 相似系配色

相似系配色是指利用相邻或相近的颜色搭配，相似色搭配起来给人一种和谐稳定的感觉，如图 3-4-1 所示。

2. 同类系配色

同类系配色是指利用同一色系的颜色进行搭配，与主色相比较一致，给人一种统一的感觉，如图 3-4-2 所示。

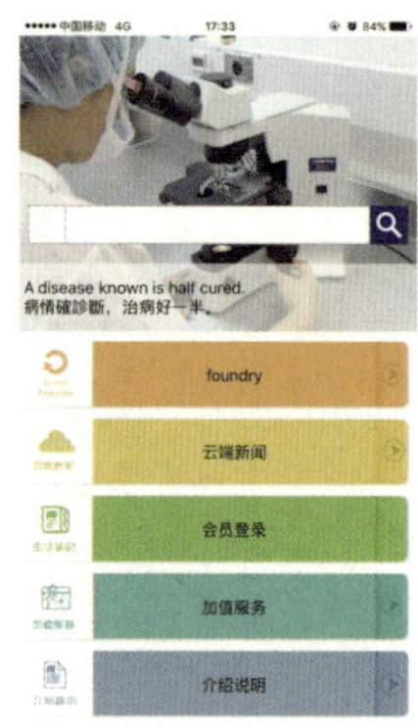

图 3-4-1　相似系配色

图 3-4-2　同类系配色

3. 点亮色配色

点亮色配色主要指在主色中将点缀色设置为一个亮色，从而起到带动界面和提示信息的作用，使内容具有提示、警示作用，以此来凸显界面中的主要内容，如图 3-4-3 所示。

4. 渐变色配色

渐变色配色是指利用色相、明度、纯度三要素之一的程度高低依次排列颜色，合理地运用渐变色可以使界面产生一种新颖独特的感觉，渐变色配色已逐渐成为配色技巧应用的主流，如图 3-4-4 所示。

图 3-4-3　点亮色配色

图 3-4-4　渐变色配色

3.4.3 主体色搭配的技巧

1. 在主色中

（1）面积大的颜色一般作为主色，如图 3-4-5 所示。

（2）饱和度高的颜色一般作为主色，如图 3-4-6 所示。

（3）视觉中心的颜色一般作为主色，如图 3-4-7 所示。

图 3-4-5　美团标志

图 3-4-6　百度地图

图 3-4-7　QQ 音乐

2. 在辅助色中

（1）选择临近色作为辅助色，临近色图标如图 3-4-8 所示。

（2）选择对比色作为辅助色。

（3）背景也是辅助色。

图 3-4-8　临近色作为辅助色的图标

3. 在点缀色中

点缀色一般用饱和度比较高的颜色，如图 3-4-9 所示。

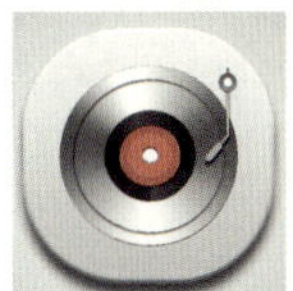

图 3-4-9　加了点缀色的图标

3.4.4 色环搭配指南

1. 合理运用色环中的类似色、对比色

类似色：色环上任意三个相邻的颜色被称为类似色，类似色可以在同一个色调中制造丰富的层次感和质感。

对比色：色环上相对的两种颜色被称为互补色。色互补放在一起会形成对比效果，比如蓝色和橙色、红色和绿色、黄色和紫色等。互补色有非常强烈的对比度，在颜色饱和度很高的情况下，可以营造出很多十分震撼的视觉效果，如图 3-4-10 所示。

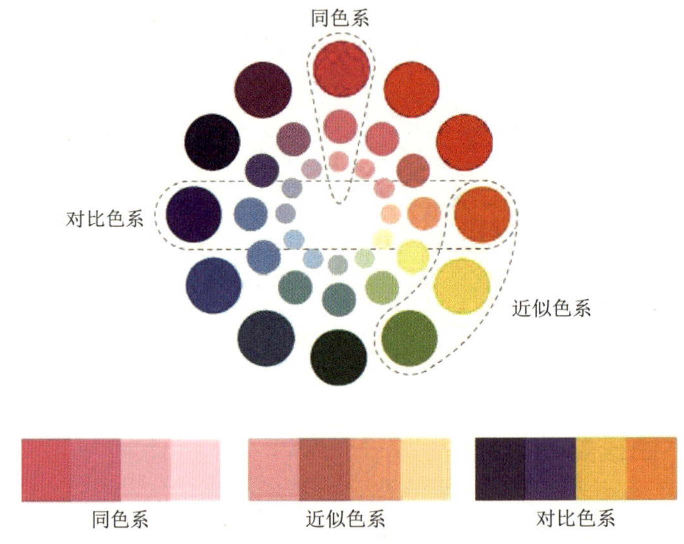

图 3-4-10　类似色与对比色

2. 合理运用色相、明度、饱和度

色相是色彩的首要特征，是区别各种不同色彩的标准。明度是眼睛对光源和物体表面的明暗程度的感觉，是主要由光线强弱决定的一种视觉经验。饱和度是指色彩的鲜艳程度——颜色中含有灰色的程度。饱和度越高，颜色越纯，色彩越鲜明；饱和度越低，颜色中灰色成分越大，色彩越暗淡，如图 3-4-11 所示。

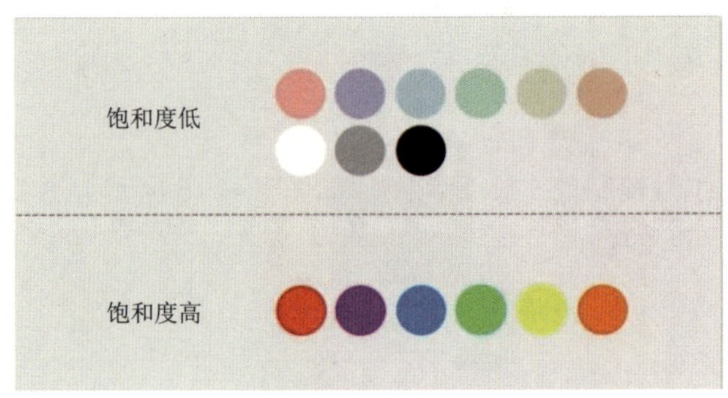

图 3-4-11　饱和度

3. 界面设计中的色环配色法则

（1）邻近色配色法则，主要是指虽色相不同，但选择色环位置邻近的两色配色的方案。主色与副色是色环上邻近的颜色，如图 3-4-12 所示。

（2）同色系配色法则，主要是指同色系（色相一致、饱和度不同）的配色方案。主色和点缀色都在统一的色相上，给人一种一致化的感觉，如图 3-4-13 所示。

图 3-4-12　应用邻近色配色法则的界面设计

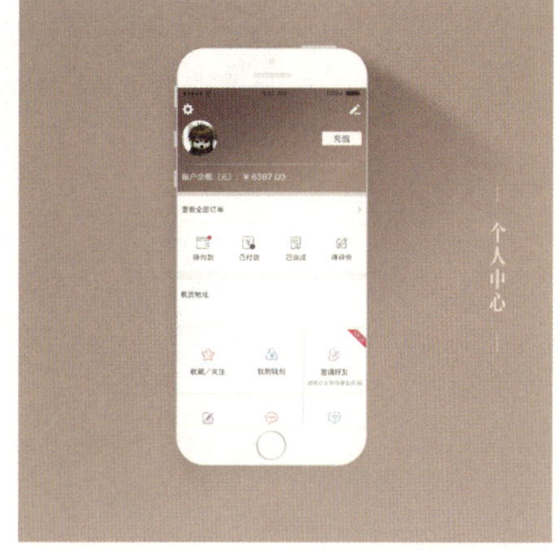

图 3-4-13　应用同色系配色法则的界面设计

（3）点亮色配色法则。主色相比副色需要精准地控制色彩搭配和面积，其中主导色会带动页面气氛，令人产生刺激性的心理感受，如图 3-4-14 所示。

（4）中性色配色法则。由黑色、白色及由黑白调和的各种深浅不同的灰色系列称为无彩色系，也称中性色。中性色不属于冷色调也不属于暖色调。黑色、白色、灰色是最常用到的三大中性色，如图 3-4-15 所示。

图 3-4-14　应用点亮色配色法则的界面设计

图 3-4-15　应用中性色配色法则的界面设计

（5）渐变色与纯色配色法则。渐变的配色方案是近几年界面设计的风格潮流，也是年轻人比较喜欢的一种视觉风格。如图 3-4-16 所示。

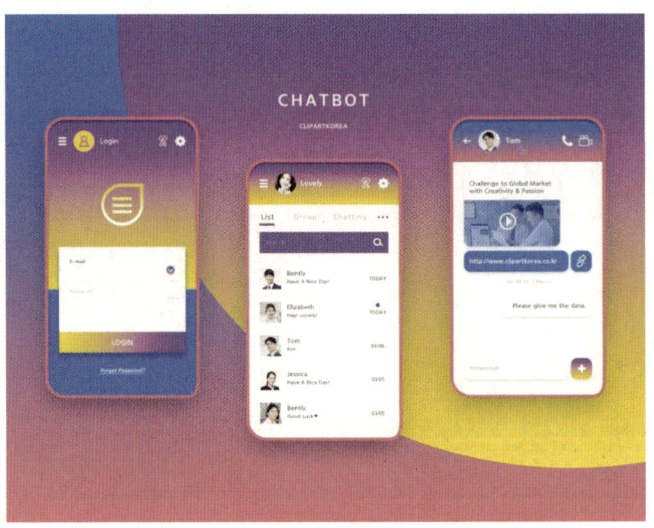

图 3-4-16　应用渐变色与纯色配色法则的界面设计

练习题

1．理解并熟记色彩设计的基本知识与概念。

2．深入理解并掌握设计色彩的心理效应。

3．分析3款不同色彩搭配的主体色调的应用主界面与图标设计，并进行色彩搭配技巧分析与训练。

第4章

图标的创意设计

4.1 图标色彩搭配与应用

4.1.1 | 经典色系 |

1. 红色与黑色系

图 4-1-1 天猫 App 图标

在中国，红色更多地象征着喜庆、发财、兴旺的吉祥之意。例如，在著名的电商天猫 App 图标设计中就大胆地使用了红色为主体色的设计方案，如图 4-1-1 所示。在设计中用红色为主体色，凸显了天猫购物的火热气氛，使用户在网购时会产生一种非常兴奋的愉悦感。少量黑色简约的猫的生动形象的搭配，突出了红色与黑色的经典对比。

2. 金色、棕色、咖啡色系

图 4-1-2 Pizza 餐厅 App 图标

金色、棕色、咖啡色系在典雅中蕴含着安定、沉静、平和、亲切、悠久等意象，给人情绪稳定、容易相处的感觉。在图标设计中，常用于餐饮、理发店等服务行业，特别是餐厅多用此色系，如图 4-1-2 所示。

在 Pizza 餐厅的 App 图标设计中，色彩以深褐色为主，以浅咖色为底色，图案简洁而复古，仿佛一杯拿铁一样惬意抒情。整个图标没有用过多的色彩。

3. 白色与桃红色系

白色寓意着公正、纯洁、端庄、正直、超脱凡尘与世俗的情感，代表纯洁，象征着圣洁优雅。桃红色象征着女性的热情，是洒脱、大方的色彩，如图 4-1-3 所示。在需要权威的场合，不宜穿大面积的粉红色，需要与其他较具权威感的色彩做搭配。

小·知识库

此案例是女性休闲鞋 App 图标，粉色是温柔的体现，是女性特有的专属色系。粉色和白色更是绝佳的色系搭配。整个图标的设计，通过桃色与白色曲线突出了曲线美，表现了企业的用户群特征。

图 4-1-3 女性休闲鞋 App 图标

4. 粉色与橙色系

粉色系包含着紫红色、粉红色、淡粉色，给人一种温暖、温柔之美。橙色系象征着光明、华丽、兴奋、甜蜜、快乐，如图 4-1-4 所示。

小知识库

此案例以粉色与橙色为渐变混合搭配，图标本身为暖色系，从粉色逐渐过渡到橙色系，使人能够产生一种温柔体贴的视觉体验。以白色、粉色渐变的小兔子形象，配以曲线的造型和背景色彩，更加烘托出兔子图形所蕴含的温柔可爱。

图 4-1-4　兔子 App 图标

5. 蓝色、紫色、绿色混搭系

蓝紫色的象征意义是宁静、深邃、遥远、寒冷、忧郁、温柔、被动、梦幻。蓝紫色在日常生活中是代表浪漫、优雅的颜色，由温暖的红色和冷静的蓝色混合而成的。在中国传统文化里，紫色是尊贵的颜色，如北京故宫又称“紫禁城”，亦有“紫气东来”之说。蓝绿色的象征意义是生命、自然、和平、和谐，同时有生命、科学、城市、环保等意义，如图 4-1-5 所示。

小知识库

此案例是导航 App 的图标设计，主体颜色为蓝紫色和蓝绿色相搭配，蓝紫色与蓝绿色均属于冷色系色彩。在图标设计中，通过渐变过渡的色彩表现，使两种颜色得到恰当的糅合与呼应。中间用白色与粉红色的渐变圆球形进行对比，使用户在使用图标时突出视觉中心，获得很好的体验感。

图 4-1-5　导航 App 图标

6. 蓝色与橙色系

蓝色是最冷的色彩。纯净的蓝色表现出一种美丽、文静、理智、安详与洁净之感。由于蓝色沉稳的特性，具有理智、准确的意象。蓝色在商业设计中，强调科技、效率的商品或企业形象，大多选用蓝色当标准色、企业色，如计算机、交通、汽车、影印机、摄影器材等相关企业。

橙色是温暖的色彩，有创造力、吸引力、野心、娱乐、快乐、积极、平衡、华丽、慷慨、振奋、豪爽的意义。橙色融合了热情的红色和明媚的黄色，是欢快活泼的光辉色彩，是暖色系中最温暖的色，它使人联想到金色的秋天、丰硕的果实，是一种体现富足、快乐而幸福的颜色，如图 4-1-6 所示。

小知识库

此案例是携程的 App 图标设计，主体色为蓝色，从深蓝到浅蓝的渐变使视觉上更加立体，蓝色象征大海，与携程的吉祥物——海豚相得益彰，同时蓝色也象征交通，与旅游行业有着密切的联系。小海豚的白色与蓝色对比十分突出，显得明亮。海豚的尾部有一笔橙色，蓝色与橙色是对比色，这个橙色是整个图标设计的亮色。

图 4-1-6　携程 App 图标

7. 绿色与黄色系

绿色的象征意义是自然、和平、和谐、健康，绿色的代表含义有很多。首先绿色是植物的颜色，可以代表生命及生命的状态，嫩绿色代表新的生命和弱小的生命状态。黄色的象征意义是灿烂、辉煌。黄色有着太阳般的光辉，象征着照亮黑暗的智慧之光。黄色有着金色的光芒，象征着财富和权力，是骄傲的色彩。此外，黄色也常用来警告危险或提醒注意，如交通指示灯中的黄灯、工程用的大型机器，学生用雨衣、雨鞋等，都使用黄色，既有醒目又有活力，如图 4-1-7 所示。

小知识库

此案例是电池健康管家 App 图标设计，绿色为主体背景色，深绿色渐变色为电池整体色彩。电池图形代表能量、健康、环保等含义，黄色代表健康的标准指示，黄色越高象征的健康状况越好，反之越差。

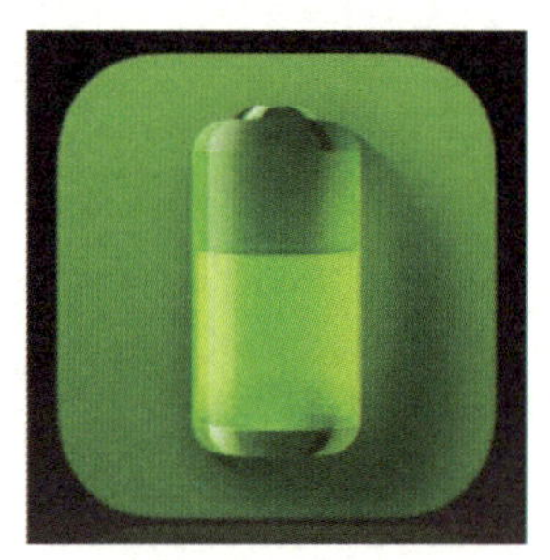

图 4-1-7　电池健康管家 App 图标

8. 黄色与黑色系

黄色的象征意义是端庄、典雅、青春、可爱；黄色代表着每一天的朝阳，但也会让人着一种内心平静的感觉。黄色让人眼前一亮，给人温馨的感觉，还可传达出对美好生活的向往。黑色的象征意义对于时尚的人来说是神秘的，对于前卫的人来说是“酷”，对于成熟的人来说是庄重。黑色表现 3 种意义：高雅、悲伤和与众不同。黑色给人的感觉是高贵、沉默、安静、高深莫测，同时黑色也表示神秘、静寂和悲哀，如图 4-1-8 所示。

图 4-1-8　超市购物 App 图标

小知识库

此案例是一款超市购物 App 图标设计，该图标设计是以明黄色为背影，黄色的纯度很高，突出了高标准的服务。黑色的购物本采用偏平化图形设计突出功能性。

4.1.2 | 图标与界面配色注意事项 |

本节将分别介绍图标与界面背景色、界面主体色的配色经验。如果对界面的配色束手无策，可以参考以下建议，制订稳妥的配色方案。

1. 图标与界面背景配色

（1）白色和浅灰色是最常用的界面背景色。

观察各大网站的界面配色，白色和浅灰色都是常用的界面背景色。因为这两种颜色是比较好控制的颜色，它们能够保证文字的可读性，并且能调和界面中不同色彩的图片，保持界面色彩的和谐美观，如图 4-1-9 所示。当无法驾驭其他界面背景色时，可以选择白色或浅灰色。

（2）界面背景尽量使用低纯度色彩。

如果想尝试白色和浅灰色以外的其他颜色作为界面背景色，应该尽量选择低纯度色彩。如果选择高纯度色彩作为界面背景色，色彩既难以驾驭，又过于吸引眼球，界面的图片和文字信息反而不能很好地传达给用户。低纯度色彩能够更好地衬托信息，并与其他颜色搭配融洽，如图 4-1-10 所示。

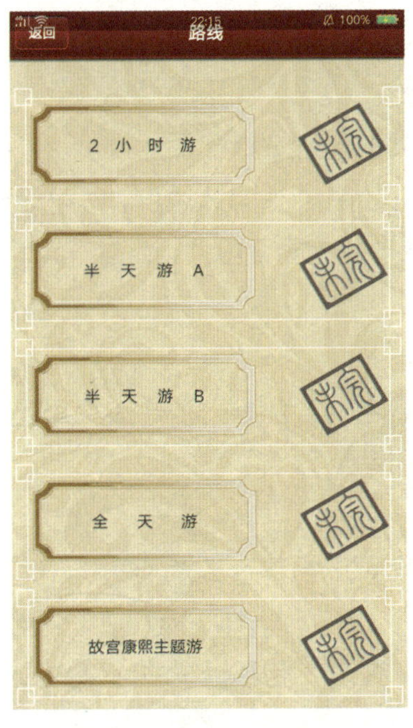

图 4-1-9　路线图界面

图 4-1-10　每日精选界面

（3）界面背景色添加渐变。

随着配色能力的提升，可以尝试在界面背景色中添加一些变化。渐变配色也是界面背景配色常用的手法，它可以使界面变得更加富有层次感，也能很好地衬托图标和其他界面信息，同时，微妙的色彩变化还能向用户传达心理暗示。当应用渐变时，可以选择两色渐变，如图 4-1-11 所示；也可以选择对同一种颜色的不同深浅色度进行渐变，如图 4-1-12 所示。

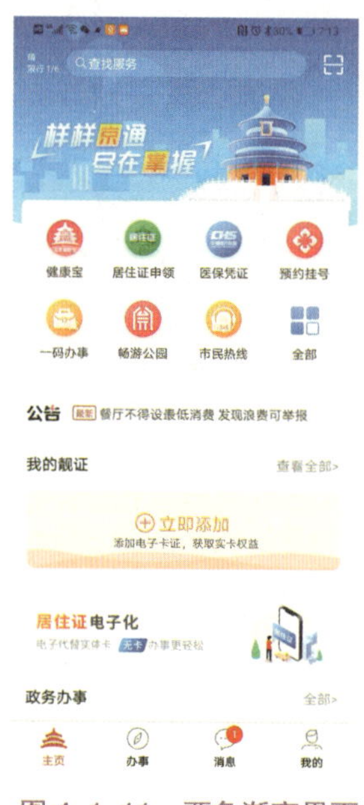

图 4-1-11　两色渐变界面

图 4-1-12　不同深浅色度渐变界面

2. 界面主体色

（1）界面中只选择一个主体色。

如果不知道怎样进行色彩搭配，可以选择一种主要的色彩来搭配白色或浅灰色的界面背景色，以强调界面中的重要元素，比如标题、按钮等，如图 4-1-13 所示。这样设计的界面重点突出，简洁大方，也易于把握。在操作过程中，还可以为界面组件，如悬浮窗口、边框、按钮等，添加一些效果，如渐变、光和阴影。

（2）如果无法选定主色，则尝试使用蓝色。

在不确定选择哪种主色的情况下，可以优先尝试蓝色。蓝色是一种广受欢迎且不容易出错的颜色，在界面配色中被广泛使用，如图 4-1-14 所示。

（3）进行功能性渐变。

变化微妙的色彩分栏展示信息时被称为功能性渐变。它能够丰富界面色彩，并将信息清晰有条理地展示给用户。功能性渐变包括单色渐变（如图 4-1-15 所示）和多色渐变（如图 4-1-16 所示）。当进行功能性渐变时，要注意文字在渐变色彩栏中的可读性。

图 4-1-13　红色与白色搭配

图 4-1-14　蓝色与白色搭配

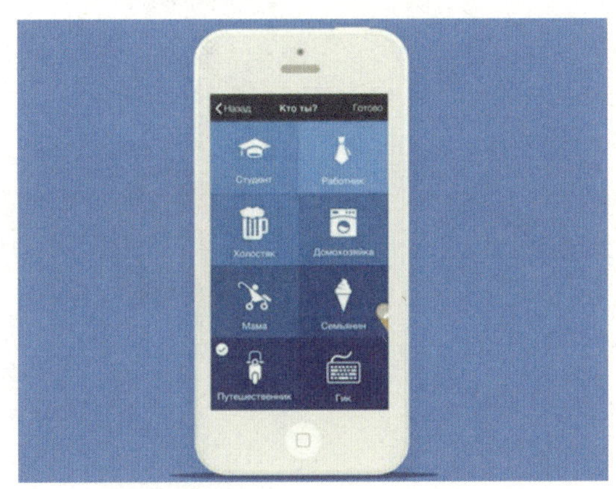

图 4-1-15　单色渐变

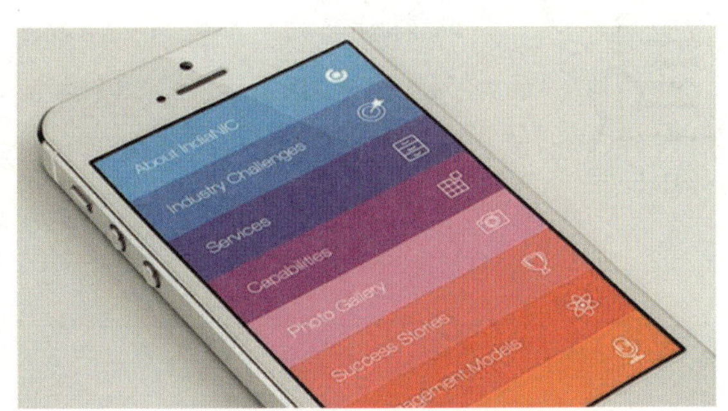

图 4-1-16　多色渐变

（4）运用多个主色时，注意界面色彩的视觉连续性。

使用多个主色时，要注意将这些主色用于界面的边框、导航栏或其他元素，增强界面色彩的视觉连续性，使界面色彩丰富而有秩序。使用一个主色时，界面主色调突出，易于掌控；而使用多个颜色时，容易让界面变得令人眼花缭乱。想要让界面色彩丰富而有序，就需要在界面元素中使用固定的颜色系列来规范界面色彩，如图 4-1-17 所示。

图 4-1-17　多主色

4.2 图标的基本知识

4.2.1 图标概述

什么是图标？在汉语中，人们经常将图标与标志、标识相混，很难分清它们的关系，而在英文中则有很清晰的界定。

标识（Sign）：符号、指示牌，如图 4-2-1 所示。

标志（Logo）：品牌识别的重要载体，如图 4-2-2 所示。

图标(Icon)：具有明确指代含义的图形，UI 设计中承载功能的图形图像符号，如图 4-2-3 所示。

此案例通过扁平化的视觉形象，突出母亲与婴儿的姿态剪影、标识出该房间的使用功能。

图 4-2-1　母婴室标识

此案例中的“MI”是 Mobile Internet 的缩写，代表小米是一家移动互联网公司，小米的 LOGO 倒过来是一个心字，但少一个点，意味着小米要让用户省一点心。

图 4-2-2　小米标志

此案例是 iOS X7 系统中相机的图标，扁平化的图形便于用户识别，提高了使用效率。

图 4-2-3　相机图标

4.2.2 图标分类

1. 按功能分类

（1）功能图标，一般指移动设备中用于日常管理与设置的基本功能图标，如图 4-2-4 所示。

图 4-2-4　基本功能图标

（2）应用图标，一般指移动端下载的客户端服务应用 App，如旅游、健康医疗应用 App 等，如图 4-2-5 所示。

图 4-2-5　旅游出行应用 App 图标

2. 按设计风格分类

（1）拟物类图标：界面中的元素都来自真实生活中的物件，用户看到熟悉的元素，操作起来自然上手快，给产品带来一种亲和力，如图 4-2-6 所示。但也恰恰因为界面元素来自真实生活，所以有些界面元素会产生歧义，如因文化、生活背景、年代等不同，会让用户对界面所传达的信息不知所措，在设计时应注意。

（2）剪影图标：常为单色表现，也有双色图标。剪影图标抽象简洁、言简意赅、高度提炼，对于表象意境的考究要高于具象和细节，突出设计的理性与感性在功能传达上的逻辑思维，如图 4-2-7 所示。

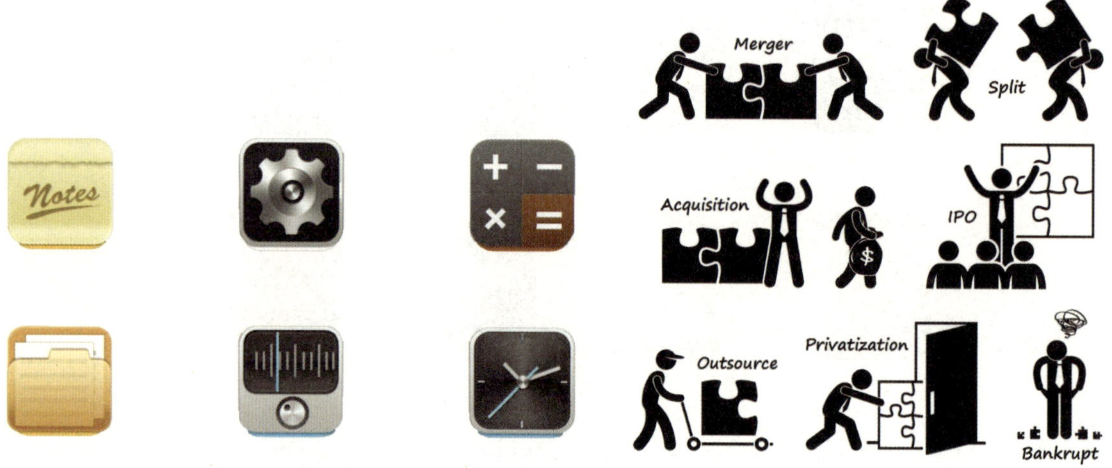

图 4-2-6　拟物类图标　　　　图 4-2-7　剪影图标

（3）轻拟物图标：在拟物类图标的基础上，减轻厚重的质感，去除投影、渐变、纹理等效果而转化成扁平化的图标，如图 4-2-8 所示。

图 4-2-8　轻拟物图标

（4）像素化图标：以前像素化图标大多应用在网页设计上，现在更多的是用在移动 App 界面设计上，像素化图标简约、易读性好，越来越多的设计使用这类图标来代替复杂的图标，如图 4-2-9 所示。

图 4-2-9　像素化图标

（5）动漫化图标：通常在游戏中使用。动漫化图标直接使用游戏中的角色、道具或画面作为图标，如图 4-2-10 所示。

（6）文字设计图标：以文字作为图集的图标言简意赅，明确了自己的用途，让用户理解起来更直观，如图 4-2-11 所示。

图 4-2-10　动漫化图标

图 4-2-11　文字设计图标

4.2.3 图标设计流程

第一阶段：寻找隐喻。

隐喻是在彼类事物的暗示之下感知、体验、想象、理解、谈论此类事物的心理行为、语言行为和文化行为，比明喻更加灵活、形象。

可以把应用的功能罗列出来，然后进行头脑风暴，如“休息”这个关键词可以联想到如图 4-2-12 所示的图形。

图 4-2-12　休息隐喻图形

一想到休息就联想到床和沙发，因为它们都具有休息的功能，这种真实世界和虚拟世界的映射关系叫作隐喻。因为每个人的生活环境不一样，所以对事物的隐喻也有所不同。

第二阶段：抽象图形。

“到时间了，起床啦”是一款真人语音闹钟应用，如图 4-2-13 所示，其主要特点是闹钟功能和真人语音。因此通过两个功能直接抽象出了闹钟图形和语言图形，并将两者结合，组合出了新的图形。抽象图形要求设计师对各种信息进行整理和归纳，形成鲜明的目标。从生活中提取素材，可以增加用户的亲切感。

图 4-2-13　真人语音闹钟图标

第三阶段：竞品分析。

App 图标设计基于隐喻的话会带来雷同的现象。如图 4-2-14 所示的图标是通信类应用的图标，绝大多数都使用了气泡，因为气泡表达了传达的语言。一个 App 图标首先要保证有其独特性，为了避免雷同，最好在设计之前看看同行的设计。

图 4-2-14　通信类应用的图标

第四阶段：确定视觉风格。

确定 App 图标的基本图形后就要确定标准色了。在选色方面可以参考颜色的特性，如不知道要用什么颜色时，则蓝色最为稳妥。目前，大部分 App 图标采用扁平化设计风格，这大大降低了设计难度，但提高了对设计师抽象思维能力的要求。

界面设计层次感强和质感精致的图标会吸引用户关注，如图 4-2-15 所示。所以设计好基本风格之后将其放在同类 App 图标中进行对比。如果扁平化的风格吸引力不足，则可以考虑增加图标的层次感和质感。

图 4-2-15　不同风格的图标

第五阶段：调整细节。

在调整细节中最重要的是用心设计，因为图标中的每一个细节都是应用的语言，可以彰显应用的特性和总体的协调。所以要自始至终保持着对设计的耐心，只有这样才能设计出精美的图标。

4.3　图标风格表达

4.3.1 | 扁平化设计 |

目前，越来越多的网站设计已在 UI 上走扁平化设计的路线了，而市面上最主要的操作系统，如 Windows、Mac OS、iOS、HarmonyOS、Android 等，它们的设计风格也已经在向扁平化方向发展。本节介绍的是扁平化设计的概念、特点及其优势和劣势。

1. 扁平化设计的概念

扁平化，其核心意义是去除冗余、厚重和繁杂的装饰效果。表现在设计中，就是去掉多余的透视、纹理、渐变及 3D 效果的元素，以表现出作为核心的“信息”本身。在设计元素上，扁平化强调抽象、极简和符号化。从视觉来讲，扁平化就是扁平的、没有立体感的，如图 4-3-1 ～图 4-3-3 所示。

图 4-3-1　天气图标

图 4-3-2　电话图标

图 4-3-3　收音机图标

2. 扁平化设计的特点

扁平化设计作为一种简约的设计风格，其优势和劣势都十分明显。只有充分了解扁平化设计的特点，才能在今后的设计中更好地运用扁平化设计。

3. 扁平化设计的优势

（1）降低移动设备的硬件需求，延长待机时间。

扁平化设计，在移动系统中直接体现为更少的按钮和选项，这样的设计不仅简化了操作、提升了系统的易用性，也降低了设备能耗，延长了设备的待机时间，如图 4-3-4 所示。

图 4-3-4　移动设备中的功能类图标

（2）简化信息和事务功能的展示，减少认知障碍。

扁平化设计使 UI 界面变得更加干净整齐，因而可以更加简单、直接地将信息和事务功能展示出来，这样做可以有效避免认知障碍，从而提升用户的操作体验，如图 4-3-5（a）、（b）所示。

（a）图形化工具图标

照相机 时间 微信
备忘录 相册 信息
网络 地图 音乐
商店 电话 通讯录

（b）小鹿主题工具图标

图 4-3-5　事务功能类图标

（3）良好的屏幕适应性。

扁平化设计在视觉语言上更简约、清晰、有条理，最重要的一点是，具有更好的适应性。随着网站和应用程序会在涵盖了不同的屏幕尺寸和分辨率的许多平台上运行，适应性成为移动端屏幕显示需要解决的重要问题，因此扁平化风格的出现也是用户需要的必然结果，如图 4-3-6、图 4-3-7 所示。

图 4-3-6　海洋主题工具图标

图 4-3-7　动物主题工具图标

4. 扁平化设计的劣势

虽然目前扁平化设计已经成为一种重要的设计趋势，但仍不乏反对者，这些反对者认为扁平化设计有如下劣势。

（1）降低用户体验，在非移动设备上令人反感。

扁平化设计在视觉效果上的冲击力比较弱，运用不当可能会导致单调、乏味的用户体验。

（2）缺乏直观，需要一定的学习成本。

扁平化设计需要对设计对象进行抽象化和符号化处理，这需要较强的设计能力，如果采用手绘风格的扁平化设计，还需要有较强的手绘能力，如图 4-3-8 所示。同时，经过抽象化处理的设计对象可能会失去直观形象，造成理解困难。

（3）感情单一，可能过于冰冷。

扁平化设计去掉了纹理（如图 4-3-9 所示）、3D 等多种视觉元素，符号化的表达承载的情感信息减少，如果把握不当可能会造成冰冷、刻板的视觉印象。

图 4-3-8　手绘图标

图 4-3-9　纹理图标

4.3.2 | 拟物化设计 |

虽然扁平化设计已经越来越多地出现在各种移动应用端中，但是拟物化设计风格作为一种应用广泛的设计风格，依然有其存在的意义，并且在 UI 设计领域占有着重要的地位。本节将要介绍的是拟物化设计的概念及劣势。

1. 拟物化设计的概念

拟物化与扁平化相对，追求模拟现实物品的造型和质感，通过叠加高光、纹理、材质、阴影等各种效果和细节对实物进行再现，如图 4-3-10 所示。也就是说，拟物化设计能够让用户一眼识别出是什么东西。拟物化设计曾在移动端 UI 设计中占有非常重要的地位，Android 及 iOS 4.0 以下版本的大部分 App 都是采用拟物化设计来展示界面的。

图 4-3-10　拟物化图标

当然，拟物化设计不仅应用于界面设计中对真实物体的模拟，还应用于人机交互中。实际上，人机交互的行为设计也模拟了现实中的交互方式，如阅读 App 中将翻页动态效果设计成书页翻转的效果。

2. 拟物化设计的劣势

虽然拟物化设计有着种种优势，但仍然存在着较大的局限性。

（1） 拟物化风格会限制功能的设计。

由于人对事物认识的局限，本身就会导致拟物的局限性。如收音机对于“00 后”来说就是陌生的。而如果要用于设计一个超前功能的图标，很可能导致无物可拟。

（2）拟物化设计已经发展到了瓶颈期。

iOS 6.0 之前的版本，已经将拟物化发展得非常成熟了，视觉上的细节处理堪称完美，想要有所超越是非常困难的。而高度的拟物化也会带来高度的同质化，如指南针的图标设计就非常相似。

（3）拟物化与形式追随功能的冲突。

拟物需要对物体进行高度模拟，需要丰富的细节，但过多的细节有可能会干扰用户对于信息的把握。随着移动应用交互行为的不断简化。如 iWatch，如果在这样有限的屏幕范围内展现拟物化的设计，很容易造成糟糕的用户体验。

4.3.3 | 扁平化 + 拟物化 |

扁平化和拟物化虽然是两种风格，但是将这两种风格加以融合，往往可以取得更优的效果。目前关于这种融合两种风格的设计，有一种说法叫作准扁平化。准扁平化，仍然采用扁平化风格的设计基调，但是会在这个基调的基础上添加一种到两种主色调，并添加一些特效，如阴影等。这种准扁平化的设计风格比单纯的扁平化或者拟物化更加灵活，更能适应市场上的多种需求。

下面介绍几个准扁平化的设计示例。

1. 大白主题图标

这一套主题图标依据扁平化的设计手法确定每个功能图标的基本形状，在扁平化的基础上添加了红色的主色调和阴影效果，并且融入了大白的特征元素，风格比较鲜明，如图 4-3-11 所示。

图 4-3-11　大白主题图标

2. 小白熊主题图标

这套主题图标就是在扁平化的基础上添加了下圆弧和阴影效果两个细节。色调上则采用了饱和度和纯度较低的马卡龙色调，并使用浅粉色和偏粉的淡黄色来组织调和界面色调，如图 4-3-12 所示。

图 4-3-12　小白熊主题图标

3. 海洋世界主题图标

如图 4-3-13 所示，图标采用形状规则、统一的气泡，配色也采用了饱和度和纯度较低的颜色，整体比较统一，但是图标不够醒目。

如图 4-3-14 所示，同样采用气泡元素统一风格，但是形状更加灵活，色彩也更加鲜明，对不同功能的图标特点也进行了强调。这就体现了准扁平化设计的灵活性。

图 4-3-13　气泡主题图标

图 4-3-14　海洋主题图标

4.4 图标创意表达

4.4.1 图标创意构想——头脑风暴

作为一名 UI 设计师，在设计图标时最害怕想不出好的创意，可是创意也不是马上就能想出来的，有时脑子里似乎有很多想法，但却又零零散散，不成体系，这时就可以采用头脑风暴。

头脑风暴是在一张白纸的中央写出关键词，在下一级写出想到的词语，以此类推，发散思维。这样可以围绕一个想发散的点对外扩展一些分支，并且通过分类联想使思维更清晰、更明确，一目了然。

任凭想象力驰骋，寻找各种可能性答案，头脑风暴时能从许多同事、伙伴或其他成员间的相互激发中获得大量的想法，就算看起来很不可能，但只有这样才能激发创意。如果能很好地整理出这些想法，就能找到创意的“中心思想”。

下面是几个关于头脑风暴的创意构想，如图 4-4-1 ～图 4-4-4 所示。

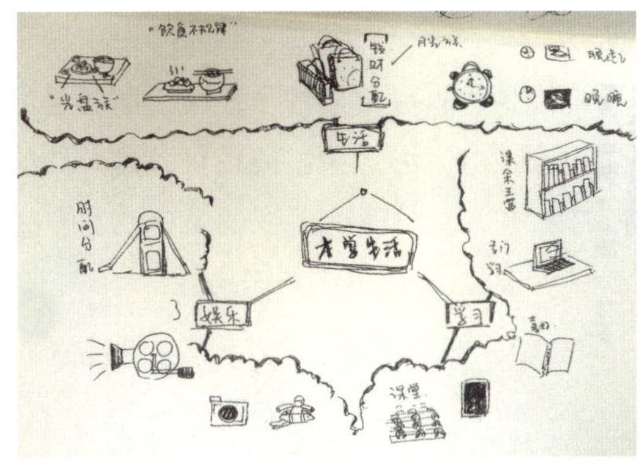

图 4-4-1　大学生活头脑风暴（1）

图 4-4-2　我的爱好头脑风暴

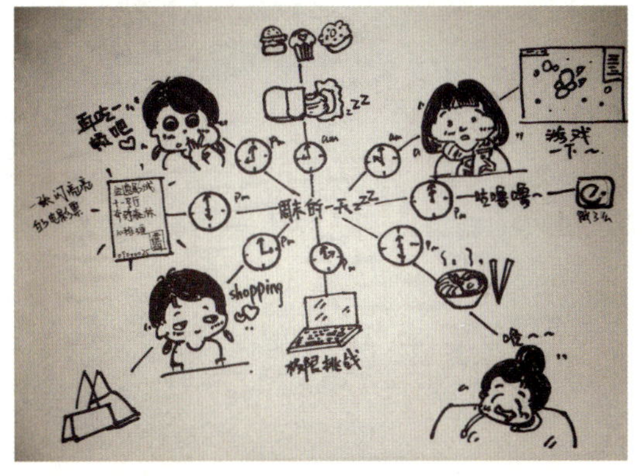

图 4-4-3　周末的一天头脑风暴

图 4-4-4　大学生活头脑风暴（2）

4.4.2 | 图形轮廓联想——图形联想 |

本节主要展示通过图形轮廓联想的构思方法和思考过程，提取重要信息制作扁平化图标。如图 4-4-5、图 4-4-6 所示是两组通过图形轮廓联想的作品。

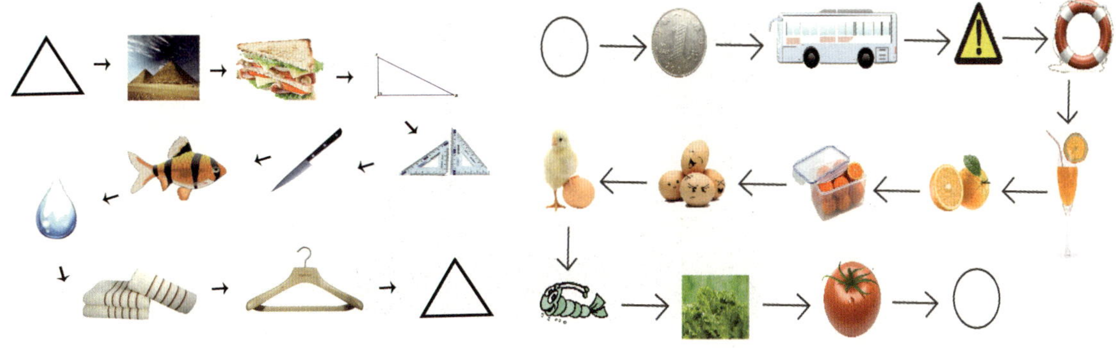

图 4-4-5　三角形图形联想

图 4-4-6　圆形图形联想

4.4.3 图标草图表达——视觉手绘

图标草图是在制作图标之前制作的线稿图标，使用线条（直线或曲线）表现出所要绘制的图像，可以是简单的线稿，也可以加上一些阴影体现大致的光影效果，线稿可以是单纯的手绘线稿，如图 4-4-7 所示，也可以是用电脑绘制的线稿，一般情况下线稿是单色。手绘稿则是纯手工绘制出的图像，有素描手绘稿（如图 4-4-8 所示）、单色手绘稿等。

图 4-4-7　手绘线稿

图 4-4-8　素描手绘稿

4.5 图标制作基础实训——时钟图标

下面结合一个制作技巧偏多的案例来学习图标的绘制。

在使用 Photoshop 软件时，要善用图层样式，如图 4-5-1 所示的时钟图标就是用多种图层样式做出来的。

图 4-5-1　时钟图标

首先，先观察一下这个图标，可以看到图标主要由底板、圆环、指针、数字等组成。虽然整个图标看起来较难制作，但如果将其分解成若干个小形状，其制作起来就简单明了。

STEP 01 新建文件。单击【文件】-【新建】命令，在弹出的【新建】对话框中设置【宽度】为 200 毫米，【高度】为 150 毫米，【分辨率】为 300 像素/英寸，【颜色模式】为 RGB 颜色，如图 4-5-2 所示。

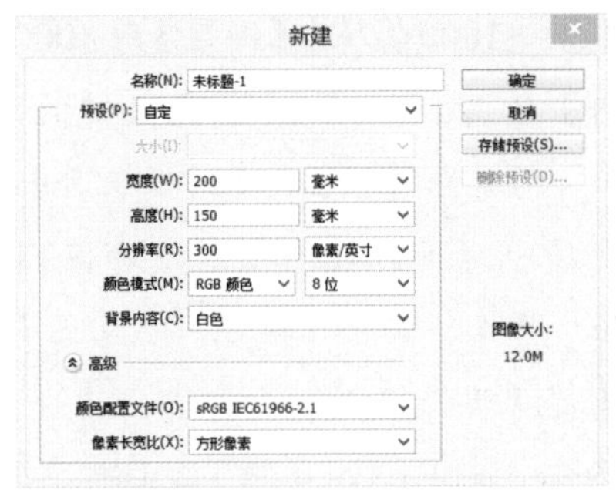

图 4-5-2 【新建】对话框中的参数设置

STEP 02 制作背景。使用【矩形工具】绘制一个和页面大小相同的矩形，将图层命名为“背景 1”，如图 4-5-3 所示。并在“背景 1”图层的【属性】面板中进行参数设置，如图 4-5-4 所示。双击“背景 1”图层，弹出【图层样式】对话框，勾选【渐变叠加】，设置【混合模式】为正常，【样式】为线性，【角度】为 90 度，如图 4-5-5 所示。单击渐变色条，进入【渐变编辑器】对话框，选择黑白渐变色，单击颜色条左边的滑块打开【拾色器】对话框，设置【颜色】为 R：50、G：50、B：50，单击【确定】按钮。同样方法，单击颜色条右边的滑块，设置【颜色】为 R：80、G：80、B：80。

图 4-5-3 “背景 1”图层

图 4-5-4 “背景 1”图层的【属性】面板

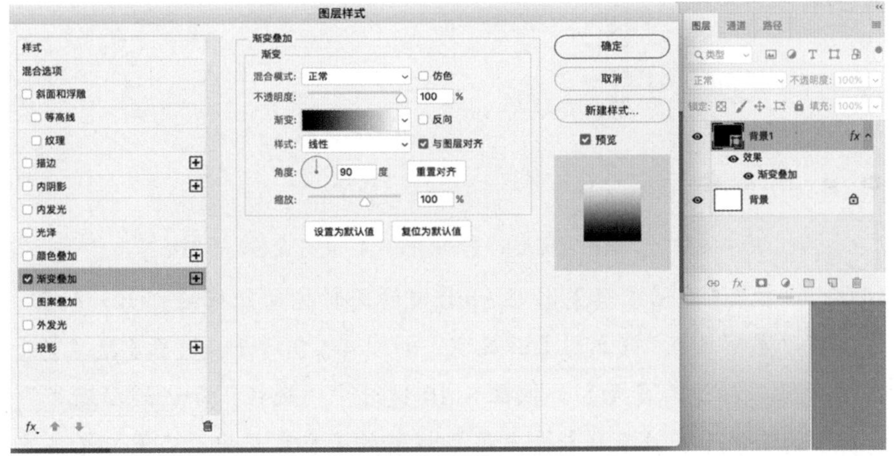

图 4-5-5 【图层样式】-【渐变叠加】对话框

STEP 03 制作底板。使用【圆角矩形工具】，按住 Shift 键并拖动鼠标绘制一个圆角矩形，将该圆角矩形图层命名为“底板”。在“底板”图层的【属性】面板中，如图 4-5-6 所示，设置【宽度】为1000像素，【高度】为1000像素，【描边】为无，【圆角】为200像素。按住Shift键的同时选中“背景1”和“底板”两个图层，使用【移动工具】选中工具选项栏中的【垂直居中对齐】和【水平居中对齐】将两者进行对齐。双击“底板”图层，弹出【图层样式】对话框，勾选【渐变叠加】，设置【混合模式】为正常，【样式】为线性，【角度】为90度，如图4-5-7所示。单击渐变色条，进入【渐变编辑器】，选择黑白渐变色，单击颜色条左边的滑块打开【拾色器】对话框，设置【颜色】为R：202、G：200、B：187，单击【确定】按钮。单击颜色条右边的滑块，设置【颜色】为R：246、G：246、B：244。返回【图层样式】对话框中，勾选【投影】，设置【混合模式】为渐变叠加，【颜色】为黑色，【不透明度】为60%，不勾选【使用全局光】，【角度】为90度，【距离】为30像素，【大小】为57像素，效果如图4-5-8所示。

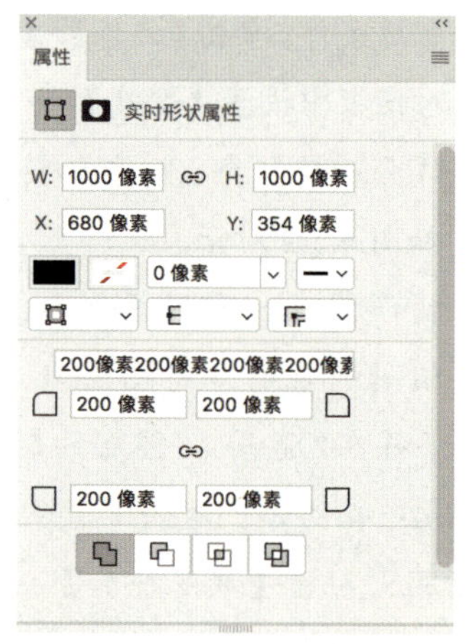

图4-5-6 “底板”图层的【属性】面板

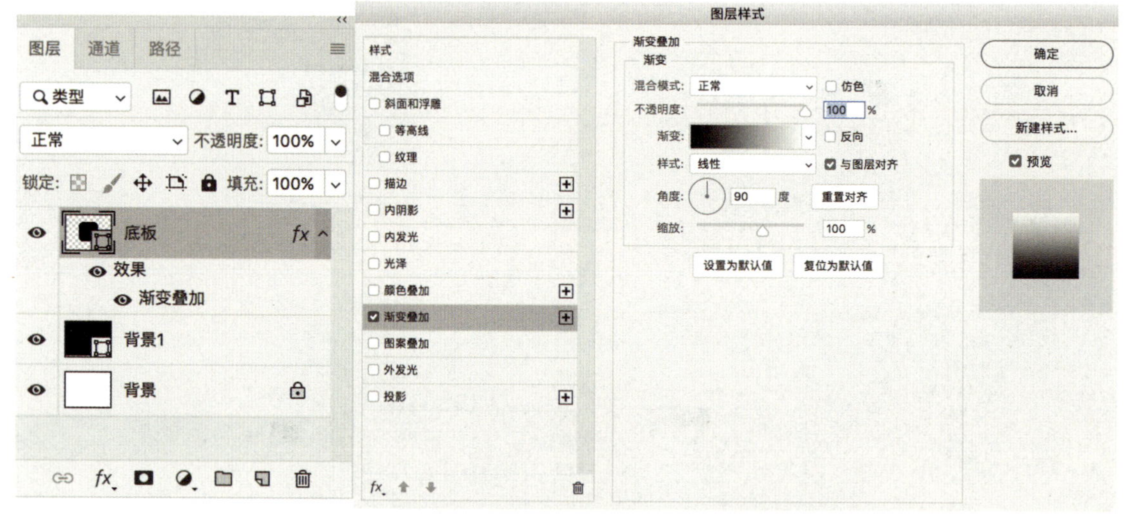

图4-5-7 “底板”图层的【图层样式】-【渐变叠加】对话框

STEP 04 制作圆形底板。使用【椭圆工具】，按住Shift键的同时拖动鼠标绘制出一个圆，命名为“圆形底板”。在“圆形底板”【属性】面板里，如图4-5-9所示，设置【宽度】为814像素，【高度】为814像素，描边为【无】。按住Shift键选中“底板”和“圆形底板”两个图层，如图4-5-10所示，使用【移动工具】选中菜单栏中的【垂直居中对齐】和【水平居中对齐】将两图层进行对齐。双击“圆形底板”图层，弹出【图层样式】对话框，如图4-5-11所示，勾选【内阴影】，设置【混合模式】为【正片叠底】，【不透明度】为30%，不勾选【使用全局光】，【角度】为90度，【距离】为18像素，【大小】为29像素，设置【颜色】为R：122、G：104、B：61。勾选【颜色叠加】，设置【混合模式】为正常，【颜色】为R：

239、G：238、B：233，如图 4-5-12 所示。再勾选【投影】，设置【混合模式】为正常，【不透明度】为 75%，【角度】为 90 度，【距离】为 5 像素，【大小】为 3 像素，如图 4-5-13 所示。如图 4-5-14 所示，再勾选【内发光】，设置【混合模式】为滤色，【不透明度】为 75%，【阻塞】为 2%，【大小】为 4 像素，如图 4-5-14 所示，单击【确定】按钮。

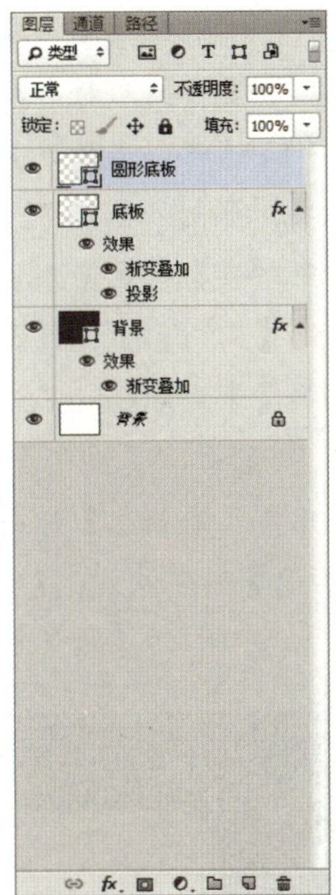

图 4-5-10　【图层】面板

图 4-5-8　底板效果图

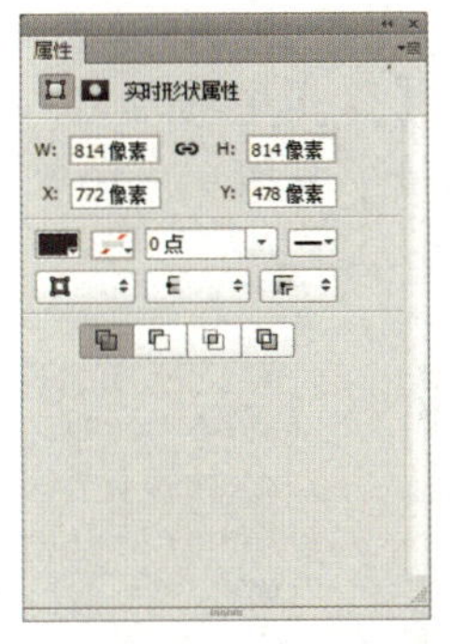

图 4-5-9　“圆形底板”图层的【属性】面板

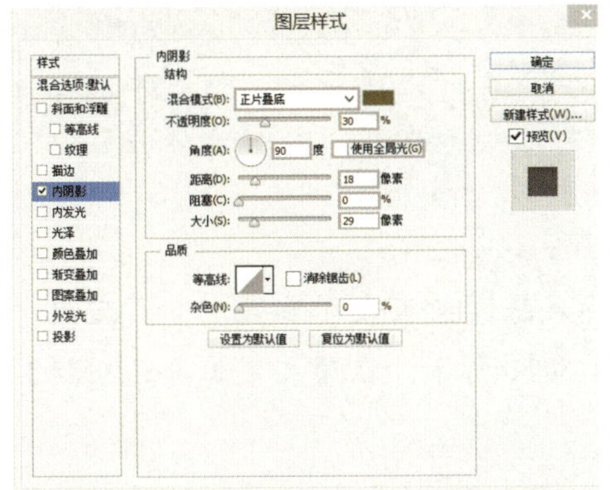

图 4-5-11　【图层样式】-【内阴影】对话框

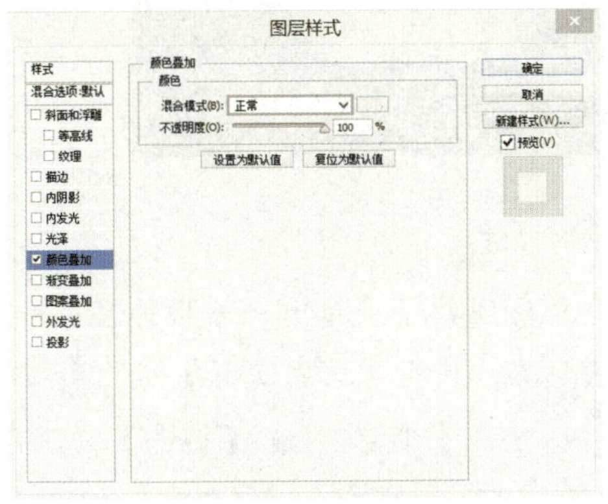

图 4-5-12　【图层样式】-【颜色叠加】对话框

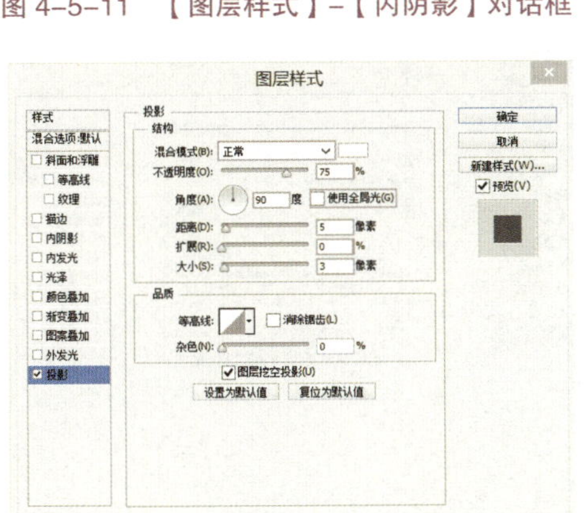

图 4-5-13　【图层样式】-【投影】对话框

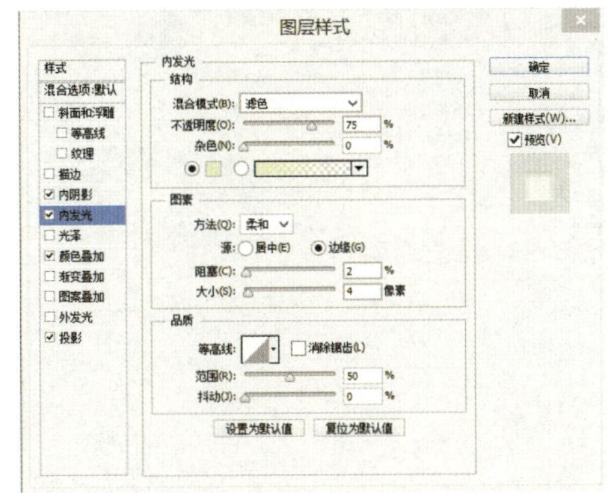

图 4-5-14　【图层样式】-【内发光】对话框

STEP 05 制作表盘。使用【椭圆工具】，按住 Shift 键拖动鼠标绘制出一个圆，如图 4-5-15 所示，将图层命名为“表盘”。如图 4-5-16 所示，在“表盘”图层的【属性】面板里设置【宽度】为 714 像素，【高度】为 713 像素，【描边】为无。按住 Shift 键选中“表盘”和“圆形底板”图层，如图 4-5-17 所示，使用【移动工具】选中工具选项栏中的【垂直居中对齐】和【水平居中对齐】将两者对齐。双击“圆形底板”图层弹出【图层样式】对话框，如图 4-5-18 所示，勾选【内阴影】，设置【混合模式】为正常，设置【颜色】为 R：120、G：111、B：87，【不透明度】为 40%，不勾选【使用全局光】，【角度】为 90 度，【距离】为 25 像素，【大小】为 43 像素。勾选【投影】，设置【混合模式】为正常，【颜色】为白色，不勾选【使用全局光】，【角度】为 90 度，【距离】为 2 像素，【大小】为 2 像素，如图 4-5-19 所示，最后单击【确定】按钮。“表盘”效果如图 4-5-20 所示。

图 4-5-15　绘制“表盘”

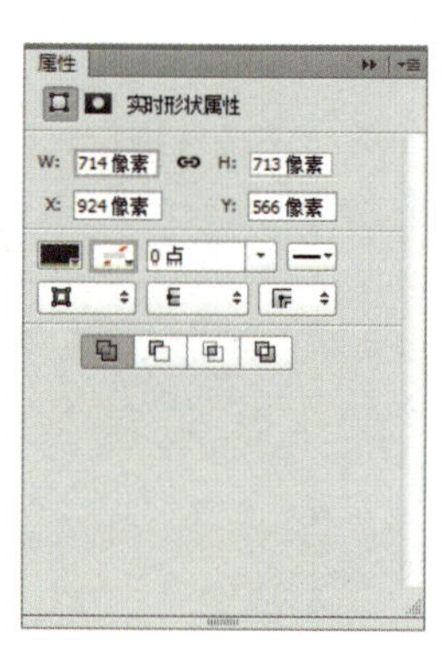

图 4-5-16　“表盘”图层的【属性】面板

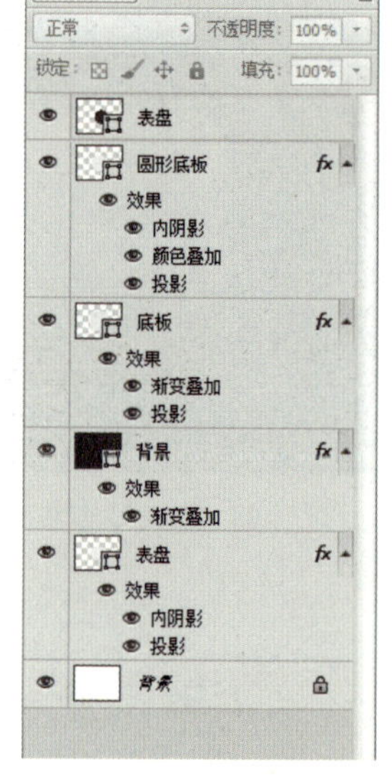

图 4-5-17　图层面板

STEP 06 制作时间数字。拉出一条横标尺线和一条竖标尺线，使其交于表盘中心，定出时间点的位置，使用【文字工具】标出数字，如图 4-5-21 所示。在【文字工具选项栏】中设置【字体大小】为 24 点，【颜色】为黑色。

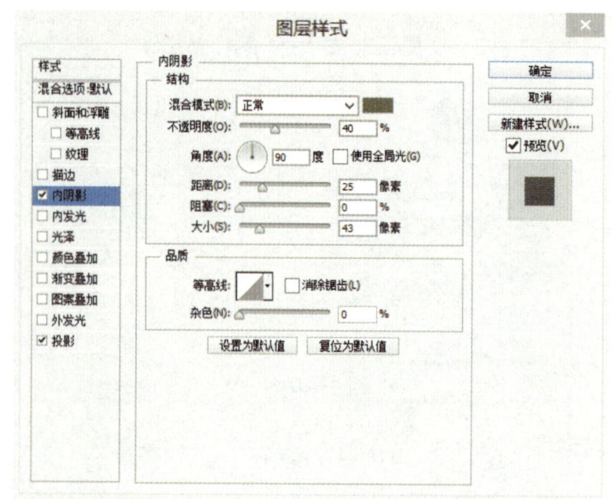

图 4-5-18　【图层样式】-【内阴影】对话框

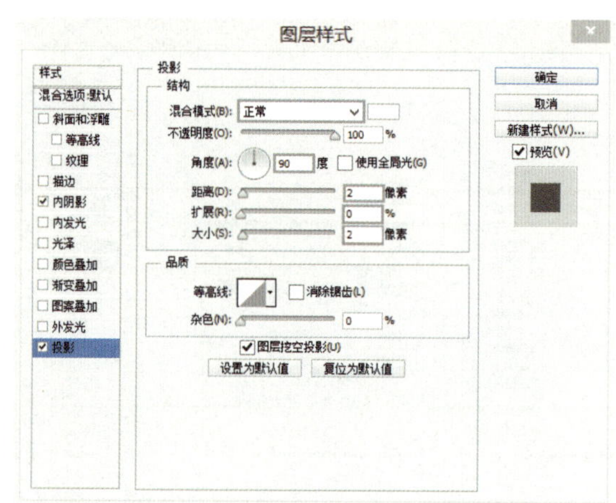

图 4-5-19　【图层样式】-【投影】对话框

图 4-5-20　“表盘”效果

图 4-5-21　“表盘”的时间数字

STEP 07 制作表芯。使用【椭圆工具】，按住 Shift 键的同时绘制一个圆，将图层命名为“表芯”。在“表芯”图层的【属性】面板中设置【宽度】为 76 像素，【高度】为 76 像素，【描边】为无。在工具选项栏中，设置【填充】颜色为 R：246、G：215、B：0，在“表芯”图层的【图层】面板中，设置【混合模式】为正常，【不透明度】为 46%，如图 4-5-23 所示。双击“表芯”图层，弹出【图层样式】对话框，勾选【投影】，设置【混合模式】为正片叠底，【颜色】为黑色，【不透明度】为 75%，不勾选【使用全局光】，【角度】为 90 度，【距离】为 8 像素，【扩展】为 2%，【大小】为 5 像素，如图 4-5-23 所示。最后单击【确定】按钮。

图 4-5-22　绘制“表芯”

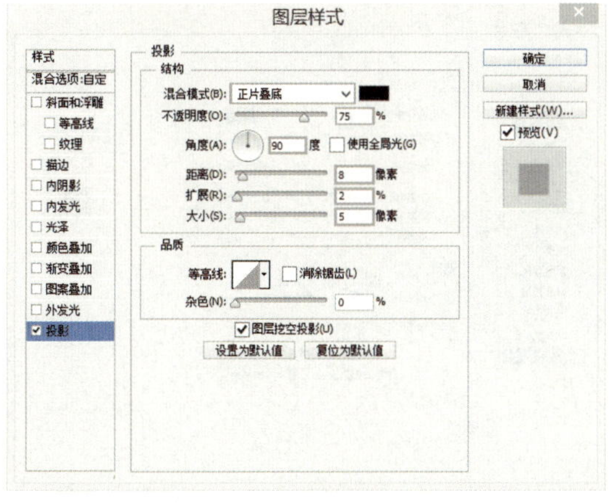

图 4-5-23　“表芯”【图层样式】对话框

STEP 08 绘制秒针。使用【圆角矩形工具】绘制一个圆角矩形，将图层命名为“秒针”。如图 4-5-24 所示，在“秒针”图层的【属性】面板中设置【宽度】为 10 像素，【高度】为 260 像素。再次绘制【圆角矩形】，设置【宽度】为 21 像素，【高度】为 49 像素。按住 Shift 键选中两个图层，通过右键菜单中的命令合并图层。如图 4-5-25 所示，双击该图层弹出【图层样式】对话框，勾选【投影】，设置【混合模式】为正片叠底，【颜色】为黑色，【不透明度】为 50%，【距离】为 13 像素，【扩展】为 2%，【大小】为 8 像素。

STEP 09 绘制时针和分针。使用【圆角矩形】绘制一个分针，将图层命名为“分针”。使用【菜单栏】-【编辑】-【变形】-【透视】命令进行变形，按 Ctrl+T 组合键对图形进行旋转和缩放。双击“分针”图层弹出【图层样式】对话框，如图 4-5-26 所示，勾选【投影】，设置【混合模式】为正片叠底，【颜色】为黑色，【不透明度】为 28%，不勾选【使用全局光】，设置【角度】为 120 度，【距离】为 37 像素，【扩展】为 22%，【大小】为 35 像素。按 Ctrl+J 组合键复制图层并更名为“时针”，按 Ctrl+T 组合键对图形对图形进行旋转和缩放，时针、分针效果如图 4-5-27 所示。

图 4-5-24　绘制“秒针”

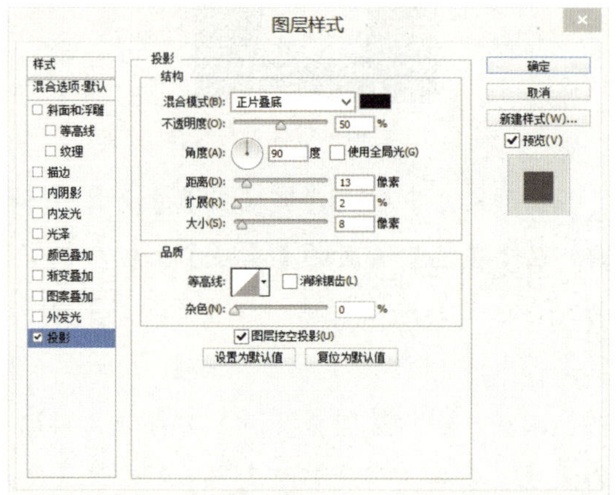

图 4-5-25　“秒针”图层的【图层样式】对话框

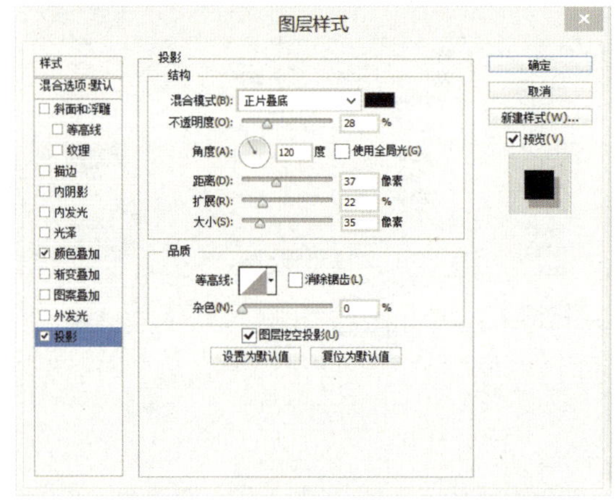

图 4-5-26　【图层样式】-【投影】对话框

图 4-5-27　时针、分针效果

STEP 10 制作中心螺丝。使用【椭圆工具】，按住 Shift 键的同时拖动鼠标绘制出一个圆，在将图层命名为“中心螺丝”。在其【属性】面板中设置【宽度】为 52 像素，【高度】为 52 像素，【描边】为无，如图 4-5-28 所示。按住 Shift 键选中“底板”和“中心螺丝”图层，使用【移动工具】选中工具选项栏中的【垂直居中对齐】和【水平居中对齐】使两者对齐。双击“中心螺丝”图层弹出【图层样式】对话框，如图 4-5-29 所示，勾选【渐变叠加】，设置【混合模式】为正常，【样式】为角度，【角度】为 90 度，【渐变】颜色设置为 R：80、G：69、B：67 和 R：255、G：255、B：255。勾选【投影】，如图 4-5-30 所示，设置【混合模式】为正片叠底，【颜色】为黑色，【不透明度】为 27%，不勾选【使用全局光】，【角度】为 90 度，【距离】为 16 像素，【扩展】为 18%，【大小】为 24 像素。时钟表盘的最终效果如图 4-5-31 所示。

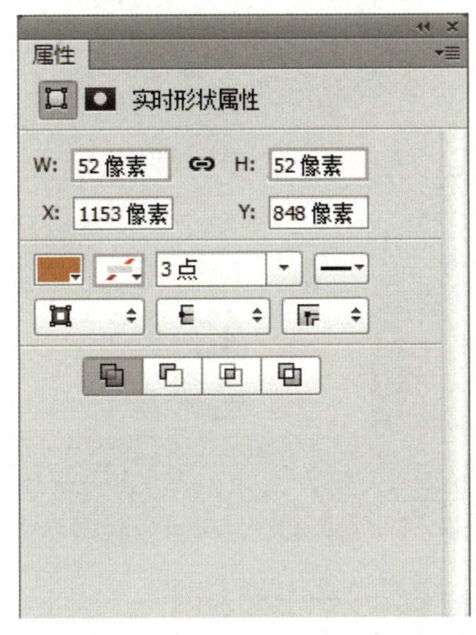

图 4-5-28　“中心螺丝”图层的【属性】面板

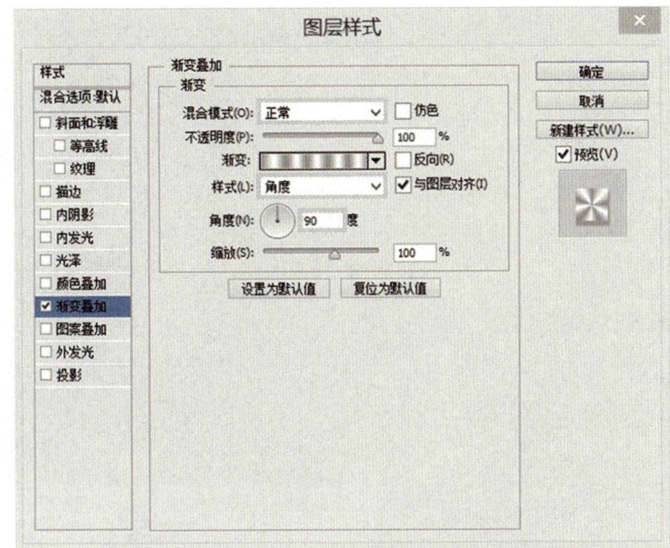

图 4-5-29　【图层样式】对话框

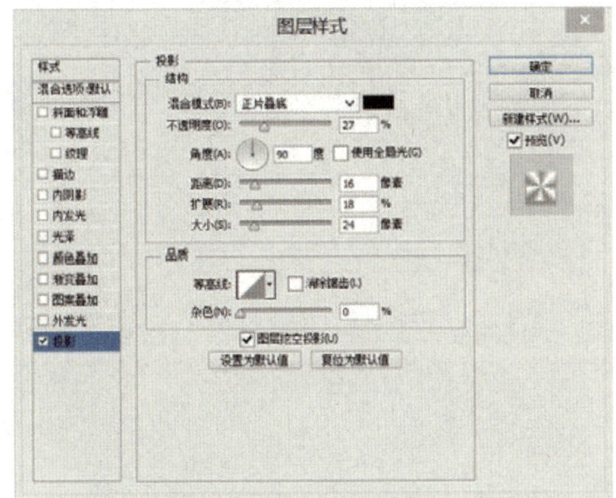

图 4-5-30　【图层样式】-【投影】参式

图 4-5-31　“时针表盘”最终效果

这样，一个钟表的图标就做好了，在制作图标的过程中，用得最多的就是【图层样式】，因此只要勤于练习，就能熟能生巧，也就可以灵活地制作出自己理想中的图标。

练习题

1. 辨析图标、标识、标志的概念。

2. 设计一款自己喜欢的图标，通过截图的方式把重要的制作过程保存下来，并用文本的形式描述出来。

第5章

流行元素设计案例

5.1 UI 的字体效果

案例 1：| 星星字体效果 |

案例描述： 星星字体设计是比较有活力的潮流设计，主要运用【图层样式】、【钢笔工具】、【文本工具】等，其中重点使用【图层样式】中的渐变工具。灵活运用【图层样式】能产生许多意想不到的效果，也能更快速地制作出星星装饰字体的效果。

制作步骤

STEP 01 新建文件。在【新建】对话框中设置【宽度】为 500 毫米，【高度】为 300 毫米，【分辨率】为 300 像素/英寸，【背景内容】为白色，单击【确定】按钮，如图 5-1-1 所示。

STEP 02 填充渐变。选择【渐变】，双击颜色条弹出【渐变编辑器】对话框，如图 5-1-2 所示，使用 #c0cfcc 和 #e2e5de 进行渐变填充。

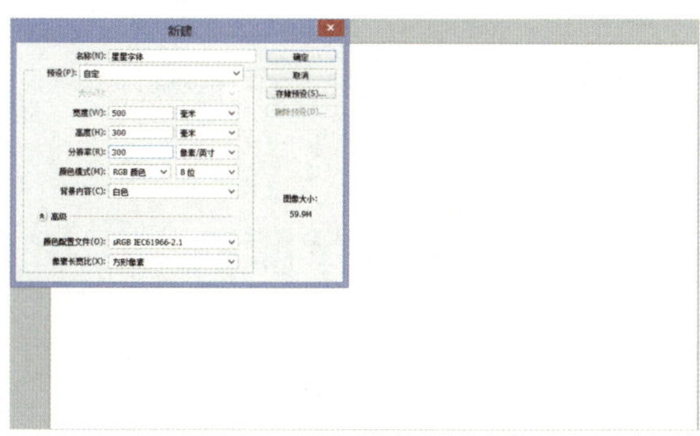

图 5-1-1　新建文档“星星字体”

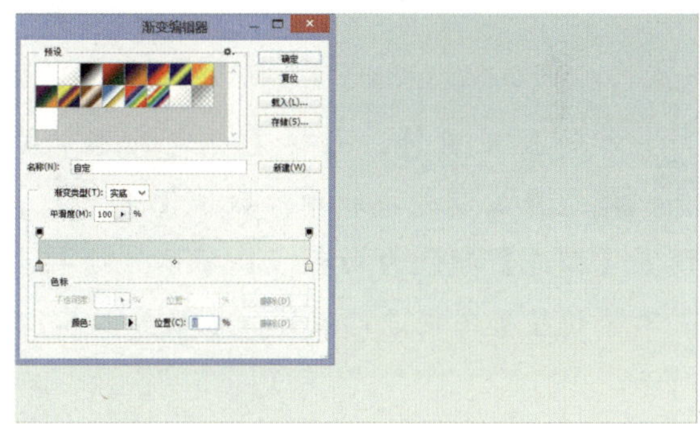

图 5-1-2　设置“渐变编辑器”参数

STEP 03 绘制背景装饰线。选择【钢笔工具】，在工具选项栏中，选择工具模式为“形状”，取消【填充】，设置【描边】颜色为 #eef2eb、3 像素，绘制曲线，效果如图 5-1-3 所示。单击【图层样式】，在【图层样式】对话框中勾选【投影】选项，参数设置如图 5-1-4 所示。

图 5-1-3　绘制曲线

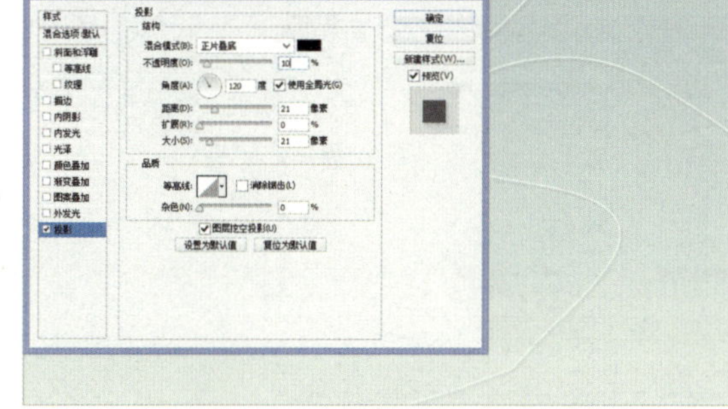

图 5-1-4　【图层样式】对话框

STEP 04 添加文字图层。选择【横排文字工具】，输入“WANTED”，设置【字体】为 Eras Bold ITC，【颜色】为白色，然后按 Ctrl+T 组合键可执行【自由变换路径】命令，调整字体的大小、形状、位置，效果如图 5-1-5 所示。

STEP 05 装饰文字图层。选择“文字图层”，右击，在弹出的菜单中选择【栅格化图层】。双击“文字图层”，在弹出的【图层样式】对话框中勾选【渐变叠加】选项，打开【渐变编辑器】，设置【渐变颜色】分别为 #20a2c2、#2b569b、#cc45a3，单击【确定】按钮，返回【图层样式】对话框。勾选【描边】，设置【大小】为 13 像素，【填充类型】为图案并选择图案，如图 5-1-6 所示。

图 5-1-5　添加文字“WANTED”

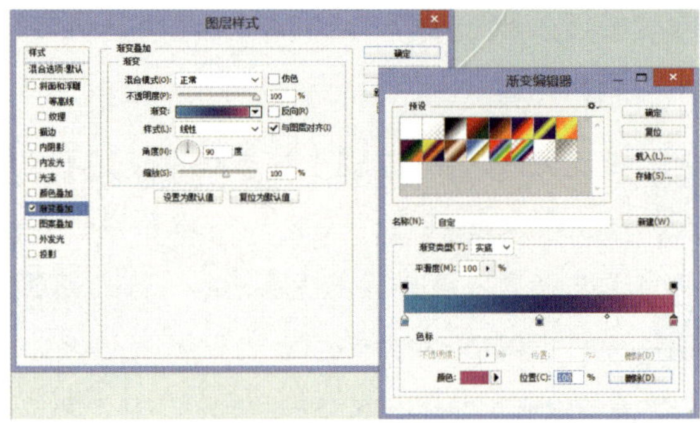

图 5-1-6　【图层样式】和【渐变编辑器】对话框

STEP 06 添加星星装饰。选择【自定义形状】，在工具选项栏中，取消【填充】，设置【描边】颜色为白色，在字体上绘制大小不等的星星图案进行装饰，效果如图 5-1-7 所示。

图 5-1-7　星星图案装饰

STEP 07 为文字添加投影效果。合并文字图层和“星星”形状图层，单击【图层样式】图标 fx，弹出【图层样式】对话框。勾选【投影】，设置【混合模式】、【不透明度】、【角度】、【距离】等参数，如图 5-1-8 所示。效果如图 5-1-9 所示。

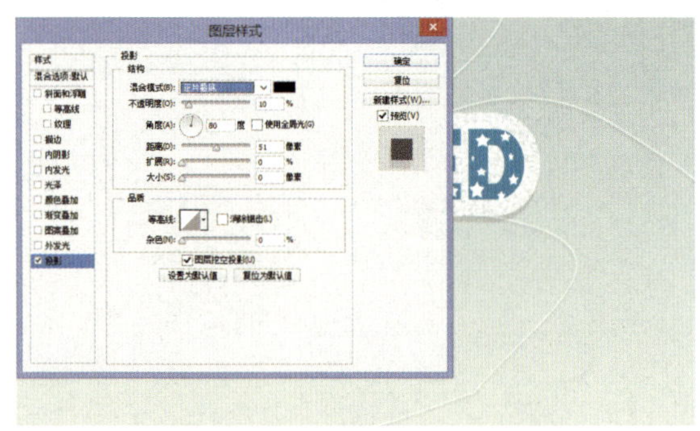

图 5-1-8　【图层样式】对话框

图 5-1-9　星星字体效果

STEP 08 调整文字投影。在【图层】面板中，单击【创建新图层】将文字投影分离到新图层，然后按 Ctrl+T 组合键执行【自由变换路径】命令，调整投影形状，如图 5-1-10 所示。

STEP 09 制作标语。选择【横排文字工具】T，输入“Is it you?”，设置【字体】为 Edwardian Script ITC，【颜色】为 #4f5e70。然后按 Ctrl+T 组合键，调整字体的大小、形状和位置，如图 5-1-11 所示。

图 5-1-10　调整投影形状

图 5-1-11　输入“Is it you?”

STEP 10 装饰背景。选择【自定义形状】，在画布中绘制大小不等的星星，设置【颜色】为白色，右击，合并形状图层，如图 5-1-12 所示。在【图层】面板中，继续绘制一些黑色的星星，并与白色星星形状图层合并，如图 5-1-13 所示。在【图层】面板中，设置黑色星星图层的【不透明度】为 15%，效果如图 5-1-14 所示。

图 5-1-12　绘制星星装饰背影

图 5-1-13　星星图层合并

图 5-1-14　星星图层最终效果

总结：制作这类星星字体效果的图标，首先需要分析这种图标效果属于哪一种图层样式效果。头脑中要有清晰的图层样式效果的表达思路。最重要的一点是在细节的地方要仔细斟酌，比如，字体上的星星及背景的星星都是使用图层样式完成效果的。

案例 2：　牛仔布料字体效果

案例描述：牛仔布料字体效果设计是比较有质感的视觉字体特效设计，主要运用【图层样式】、【滤镜库】、【文本】、【色相】、【饱和度】等工具。在后期特效中，这种字体效果主要涉及滤镜库和色彩调整。

制作步骤

STEP 01 新建文件。在【新建】对话框中，设置【宽度】为1250像素，【高度】为768像素，画布大小为1250像素×768像素，如图5-1-15所示。设置【颜色模式】为RGB颜色，【分辨率】为300素/英寸，【背景内容】为白色，命名为“牛仔字体”，单击【确认】按钮，如图5-1-16所示。

图5-1-15 新建画布

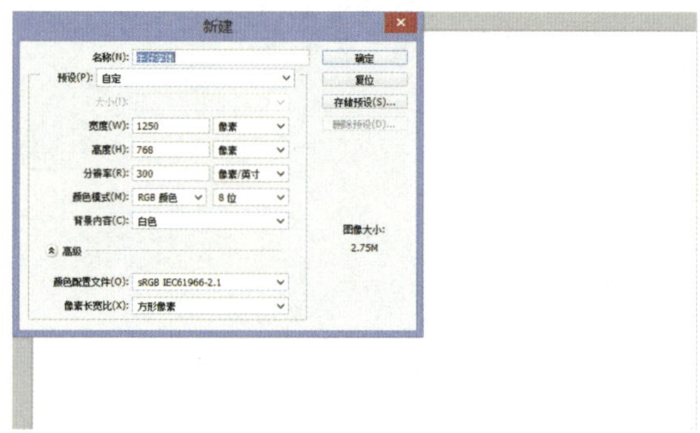
图5-1-16 【新建】对话框

STEP 02 填充背景色。单击【前景色】，设置【前景色】为#83b7ca，【背景色】为#22576b，在背景图层填充【前景色】，如图5-1-17所示。将此图层命名为“背景”图层。

STEP 03 制作背景质感。选择【滤镜】区域下的【滤镜库】选项，执行【素描】-【半调图案】命令，设置【大小】为2，参数设置如图5-1-18所示，单击【确定】按钮。执行【艺术效果】-【涂抹棒】滤镜命令，设置【描边长度】为2，【高光区域】为12，【强度】为10，如图5-1-19所示，单击【确定】按钮。执行【纹理】-【颗粒】滤镜命令，设置【强度】为20，【对比度】为50，如图5-1-20所示，单击【确定】按钮。然后复制“背景”图层，并隐藏“背景”副本图层。

图5-1-17 填充【前景色】

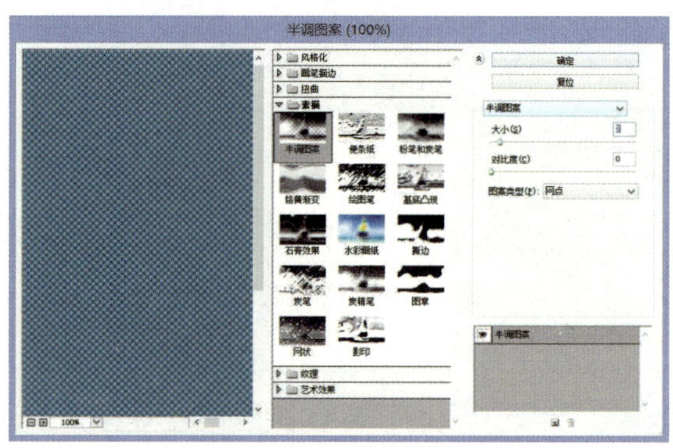
图5-1-18 【半调图案】面板

STEP 04 调整背景色。回到“背景”图层，单击【色相/饱和度】图标，设置【色相】为+30，【饱和度】为-40，【明度】为-30，如图5-1-21所示。单击【色阶】图标，参数设置如图5-1-22所示。

STEP 05 新建字体图层。单击【文本工具】图标，设置【字体】为Showcard Gothic、白色，输入文字“JEANS”，如图5-1-23所示。

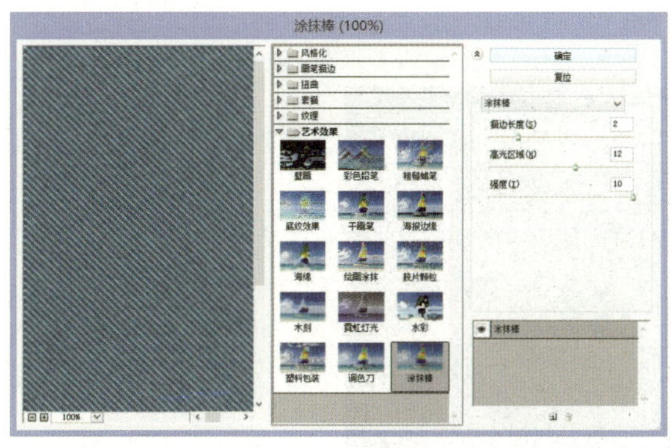

图 5-1-19　【涂抹棒】属性面板

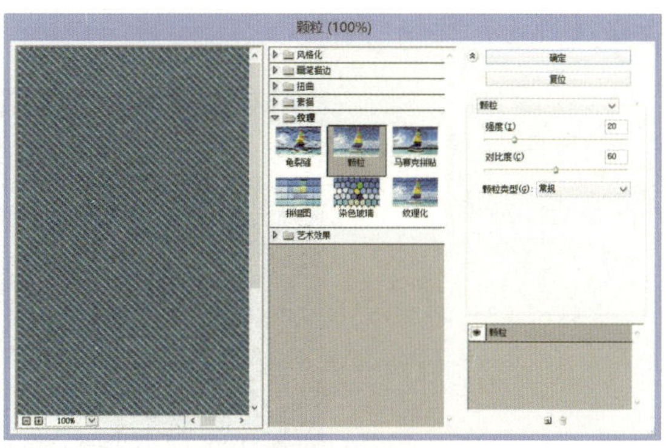

图 5-1-20　【颗粒】属性面板

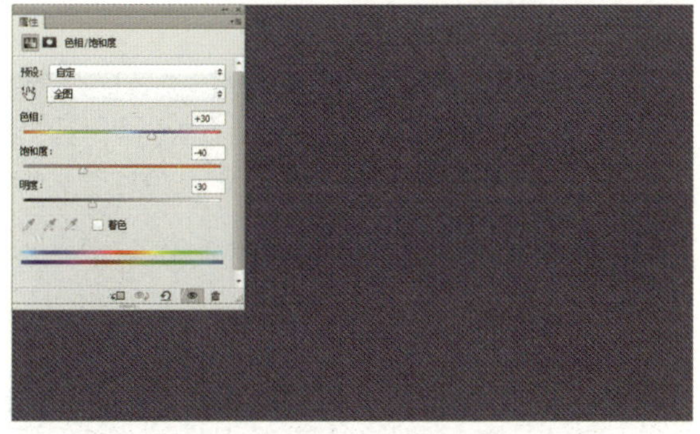

图 5-1-21　【色相 / 饱和度】属性面板

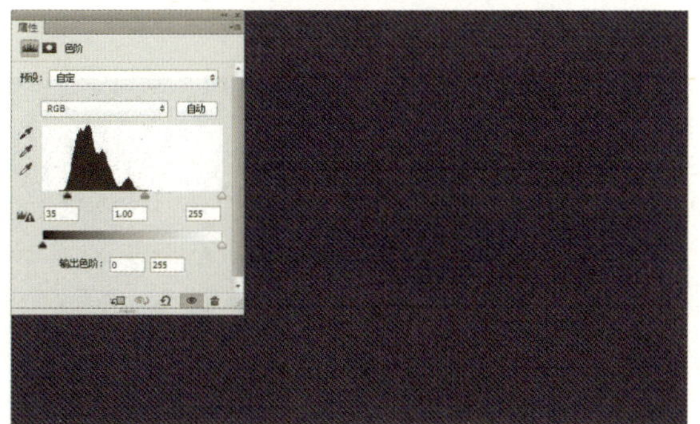

图 5-1-22　【色阶】属性面板

STEP 06 建立字体选区。隐藏字体图层，单击【快速选择工具】图标，可以快速得到字体选区，如图 5-1-24 所示。

图 5-1-23　“JEANS”文字

图 5-1-24　文字选区

STEP 07 初步设置字体图层。打开【选择】菜单，选择【修改】-【扩展】选项，设置【扩展量】为 8 像素，如图 5-1-25 所示。选择“背景副本”图层，然后回到选区，单击【图层】-【新建】-【通过拷贝的图层】选项，得到图层 1，效果如图 5-1-26 所示。然后复制图层 1，得到副本图层，设置【图层模式】为柔光，【不透明度】为 50%。效果如图 5-1-27 所示。

STEP 08 添加图层样式。单击【图层样式】fx，在【图层样式】对话框中勾选【内阴影】，设置【混合模式】为正片叠底，【不透明度】为 50%，【大小】为 30 像素，如图 5-1-28 所示，单击【确定】按钮。

图 5-1-25 【扩展选区】属性面板

图 5-1-26 选择【通过拷贝的图层】的展示效果

图 5-1-27 设置【图层模式】为柔光的展示效果

STEP 09 绘制缝线效果。复制字体图层，取消隐藏，将字体副本图层拉到图层最上方，然后右击，在弹出快捷菜单中选择【创建工作路径】-【转化为形状】选项，单击【矩形工具】，设置【填充】为无，设置【描边】为 #c0b384，【粗细】为 2 点。设置【描边】为虚线，勾选【虚线】，设置参数为 2.5，【间隙】为 1.5，如图 5-1-29 所示，单击【确定】按钮。然后单击【图层样式】 fx，在【图层样式】对话框中，分别设置【斜面和浮雕】、【等高线】、【内阴影】、【渐变叠加】、【外发光】、【投影】等参数，如图 5-1-30 ～图 5-1-35 所示，然后更改图层【不透明度】为 65%，单击【确定】按钮。

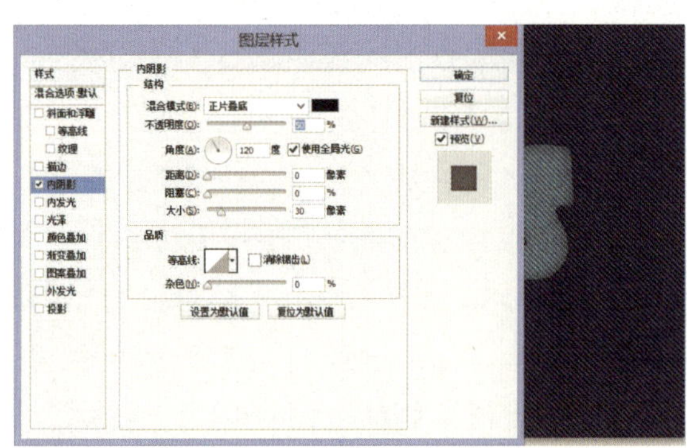

图 5-1-28 【图层样式】-【内阴影】对话框

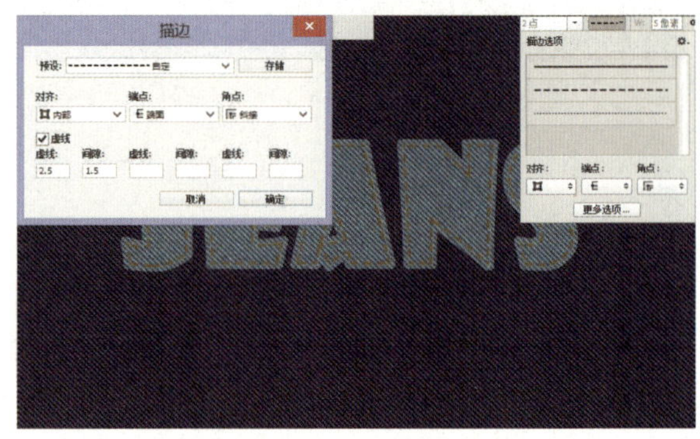

图 5-1-29 【描边】对话框

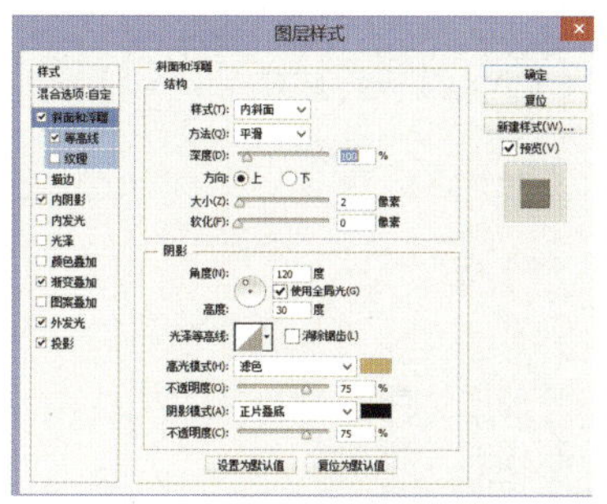
图 5-1-30 【图层样式】-【斜面和浮雕】对话框

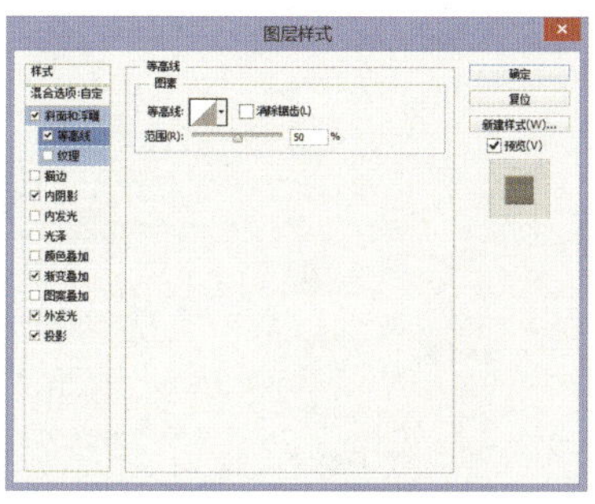
图 5-1-31 【图层样式】-【等高线】对话框

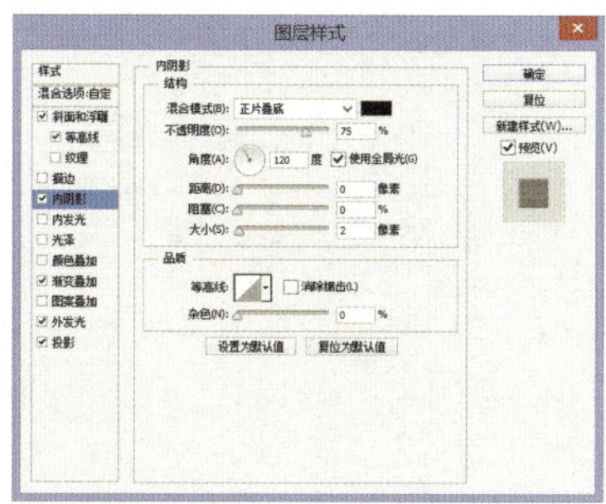
图 5-1-32 【图层样式】-【内阴影】对话框

STEP 10 继续添加字体效果。选择图层 1 副本，单击【色相 / 饱和度】，设置【色相】为 +10，【饱和度】为 -25，如图 5-1-36 所示。单击【色阶】，设置【色阶】参数，如图 5-1-37 所示。

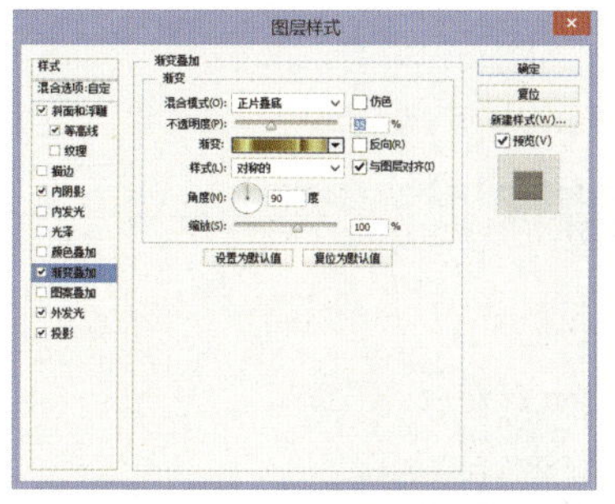
图 5-1-33 【图层样式】-【渐变叠加】对话框

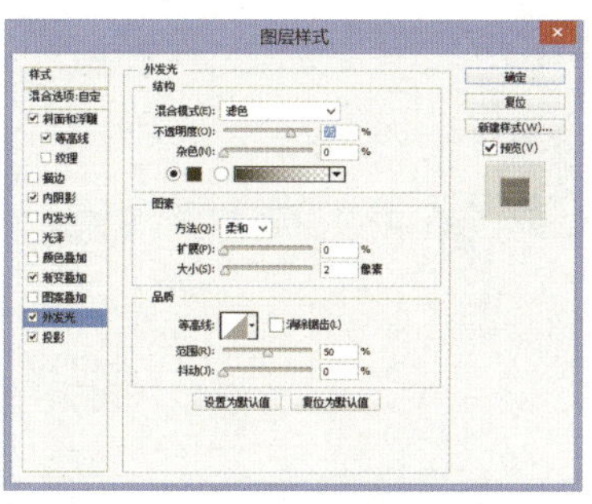
图 5-1-34 【图层样式】-【外发光】对话框

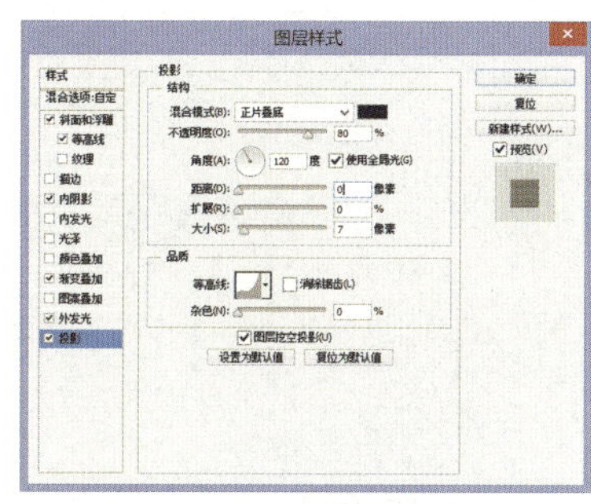
图 5-1-35 【图层样式】-【投影】对话框

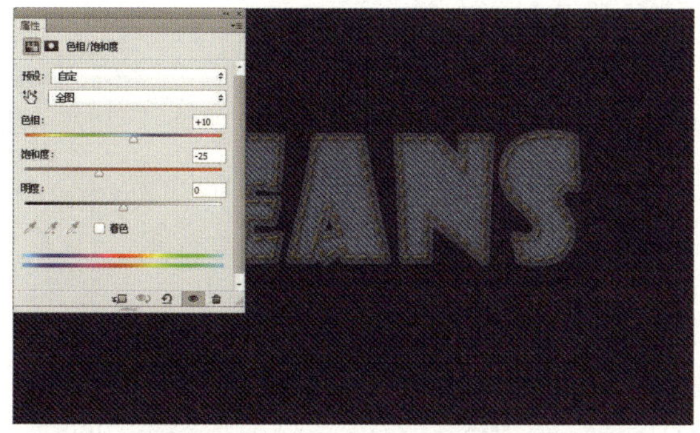
图 5-1-36 【色相 / 饱和度】属性面板

图 5-1-37 【色阶】属性面板

STEP 11 添加毛边效果和投影。单击【画笔工具】，选择标号 112 的笔刷，如图 5-1-38 所示。打开【窗口】菜单，单击【画笔】，参数设置如图 5-1-39～图 5-1-43 所示。选择原始字体图层，右击，选择【创建工作路径】。单击【前景色工具】，设置【前景色】为 #597f91，【背景色】为 #081f30，单击【确定】按钮。然后新建图层 2，单击【钢笔工具】，在路径上右击，选择【描边路径】，进行 4 次描边，效果如图 5-1-44 所示。然后在【图层样式】对话框中，勾选【投影】，参数设置如图 5-1-45 所示。

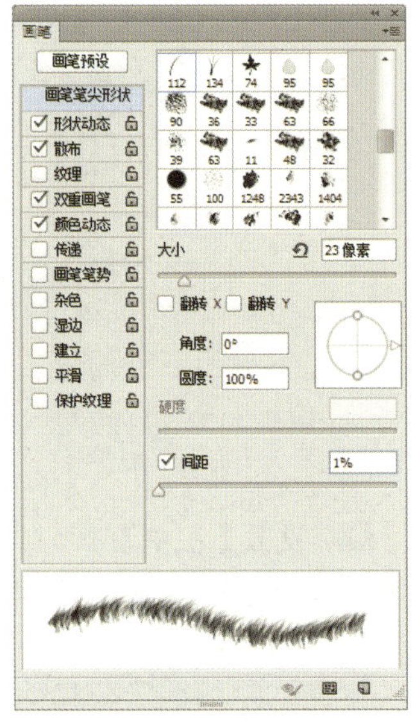

图 5-1-38　选择 112 标号笔刷

图 5-1-39　设置笔刷压力参数

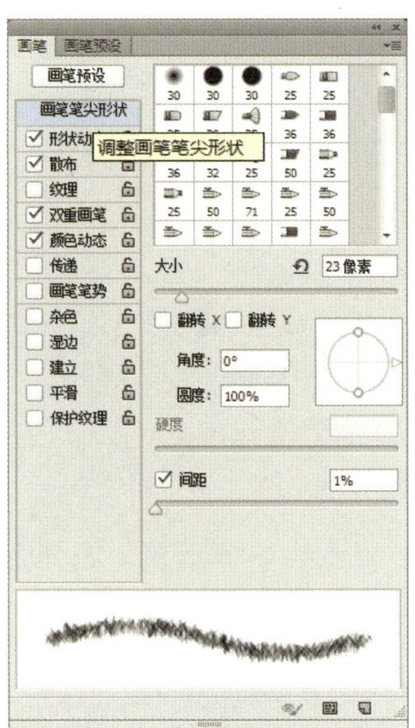

图 5-1-40　设置笔刷形状参数

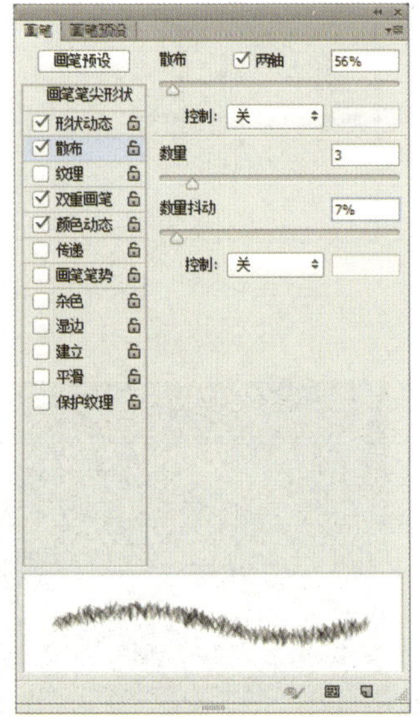

图 5-1-41　设置画笔抖动参数

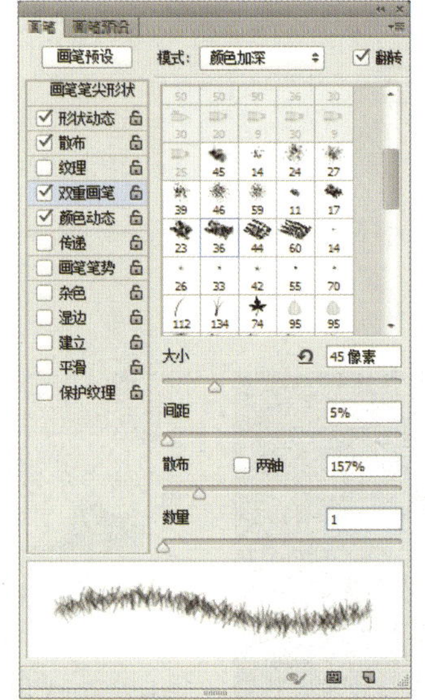

图 5-1-42　设置画笔大小参数

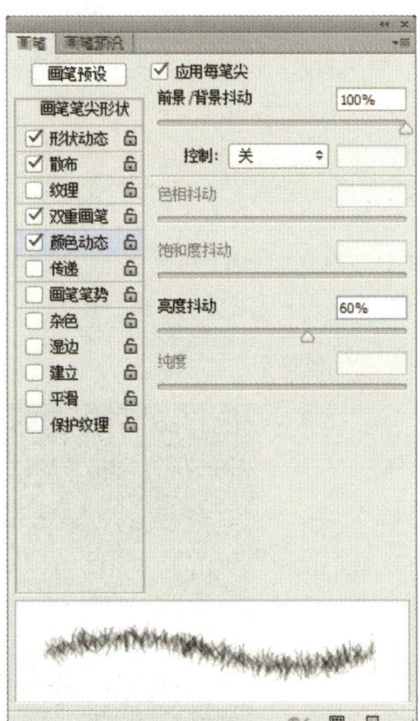

图 5-1-43　设置画笔亮度抖动参数

图 5-1-44　描边路径

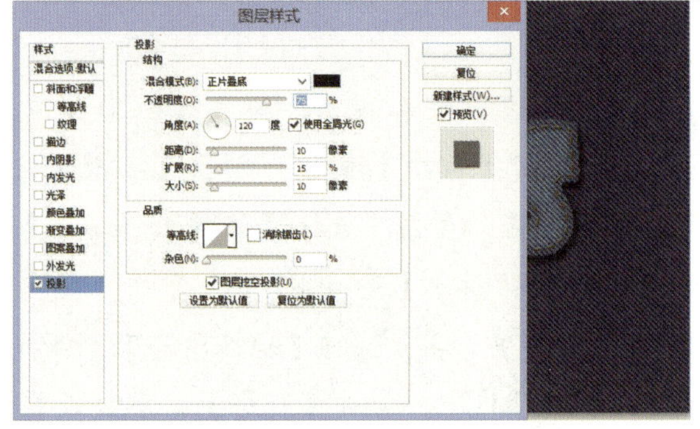

图 5-1-45　【图层样式】-【投影】对话框

STEP 12 添加污渍效果。在【图层】面板的顶层新建图层，得到图层 3，设置【前景色】为 #8c6239。弹出图层 1 选区，按 Ctrl+Shift 组合键的同时单击图层 2 的缩略图，添加图层 2 选区，如图 5-1-46 所示。使用标号为 2008 的笔刷，添加污渍，更改【图层模式】为叠加，如图 5-1-47 所示。保持选区，继续新建图层 4，设置【前景色】为白色，【背景色】为黑色，执行滤镜【渲染】-【云彩】，如图 5-1-48 所示。然后设置图层模式为【叠加】，【不透明度】为 40%，效果如图 5-1-49 所示。打开【图像】菜单，选择【调整】-【渐变映射】选项，在【渐变编辑器】中，颜色条两端的【颜色】分别设置为 #504d44 和 #aba277，单击【确定】按钮。更改图层的【混合模式】为柔光，【不透明度】为 50%，如图 5-1-50 所示。

图 5-1-46　添加污渍效果

图 5-1-47　添加污渍效果

图 5-1-48　滤镜“渲染”效果

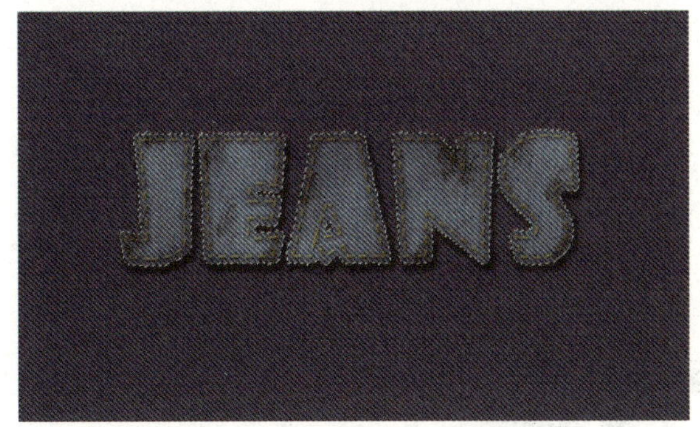

图 5-1-49　“叠加”图层样式效果

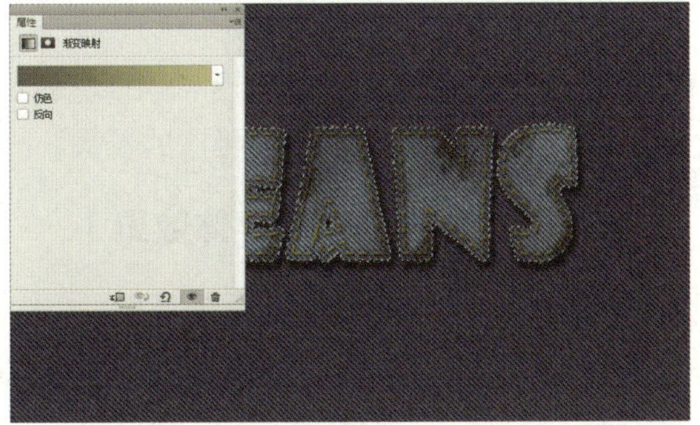

图 5-1-50　“渐变映射”的【属性】面板

STEP 13 添加纽扣效果。在【图层】面板中的顶层新建图层，得到图层 5。在【图层样式】对话框中，勾选【斜面和浮雕】，设置【等高线】、【投影】参数，如图 5-1-51 ～图 5-1-53 所示，单击【确定】按钮。单击【前景色工具】，在【拾色器】中设置【前景色】为 #564a2e，单击【确定】按钮。单击【画笔工具】，设置【硬度】为 100%，【大小】为 13px，在画布中添加点缀，效果如图 5-1-54 所示。

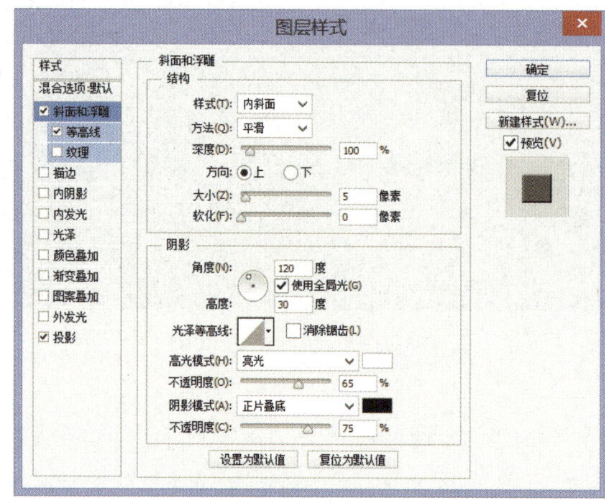

图 5-1-51 【图层样式】-【斜面和浮雕】对话框

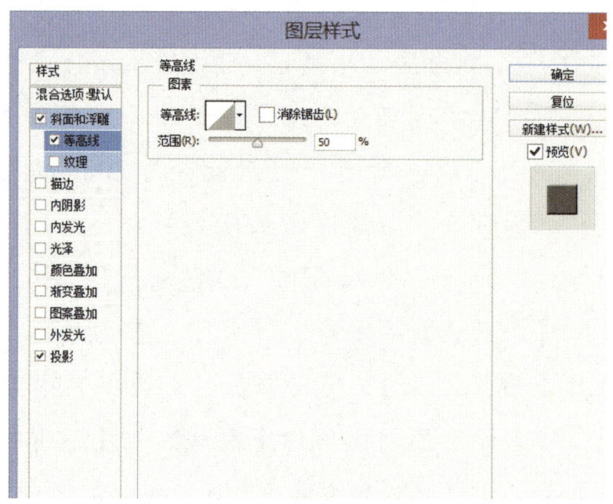

图 5-1-52 【图层样式】-【等高线】对话框

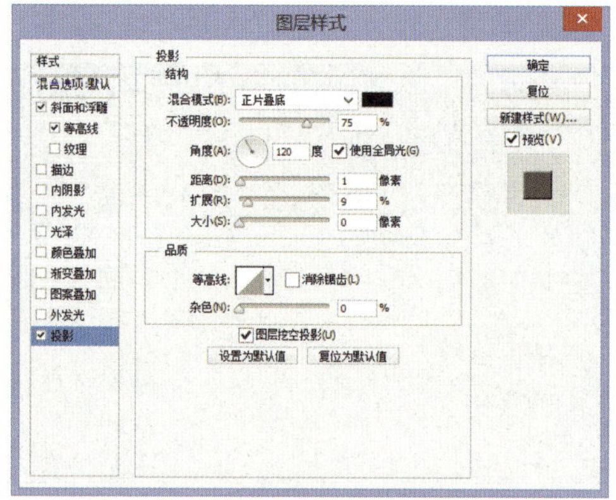

图 5-1-53 【图层样式】-【投影】弹窗

图 5-1-54 布料质感字体效果

总结：制作这类布料质感的拟物化图标，首先需要分析这种图标效果属于哪一种图层样式效果。特别是对于布纹的质感与纹理的表现，可用【笔刷工具】画出布料纹理，然后通过【斜面】和【浮雕】选项设置相应的参数。

案例 3：| 烟雾水墨字体效果 |

案例描述：制作烟雾水墨字体时，要找到合适的字体原型和烟雾素材原型，通过变形调整、后期细节处理得到最终效果。字体原型如图 5-1-55 所示，最终效果如图 5-1-56 所示，烟雾素材原型如图 5-1-57 ～图 5-1-62 所示。

图 5-1-55 字体原型

图 5-1-56 烟雾水墨效果

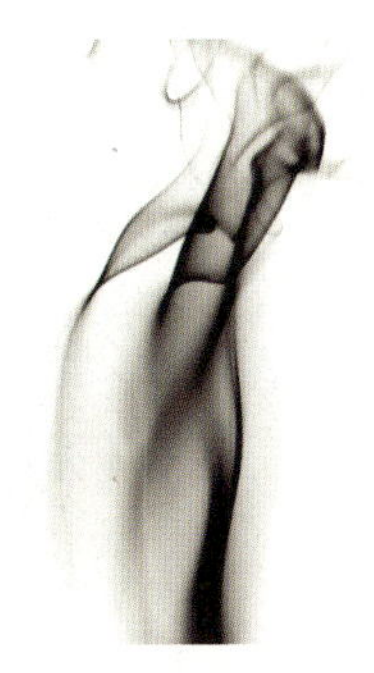

图 5-1-57　素材原型素材 1

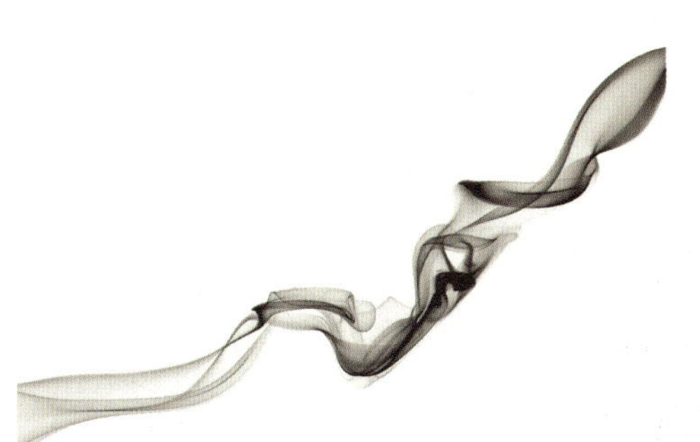

图 5-1-58　素材原型素材 2

图 5-1-59　素材原型素材 3

图 5-1-60　素材原型素材 4

图 5-1-61　素材原型素材 5

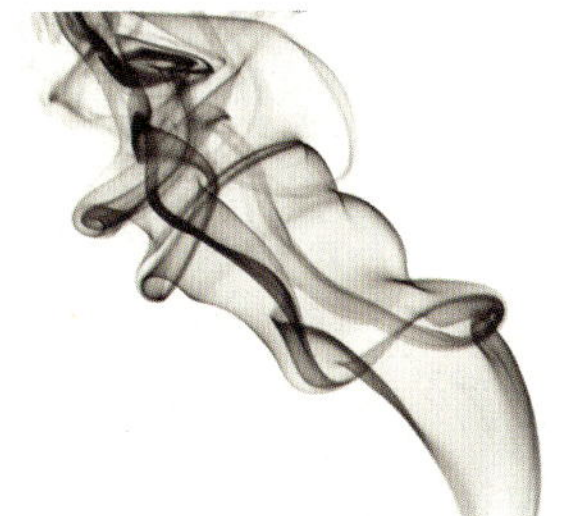

图 5-1-62　素材原型素材 6

制作步骤

STEP 01 新建文件。在【新建】对话框中，设置【宽度】为 800 毫米，【高度】为 1000 毫米，【分辨率】为 300 素/英寸，【背景内容】为白色文件命名为“水墨字体效果”，单击【确定】按钮，如图 5-1-63 所示。

STEP 02 添加外边框。单击工具栏中的【矩形选框工具】图标，沿画布边缘绘制矩形，在矩形【属性】面板中，设置【填充】为无，设置【描边】为黑色、15 点，如图 5-1-64 所示。

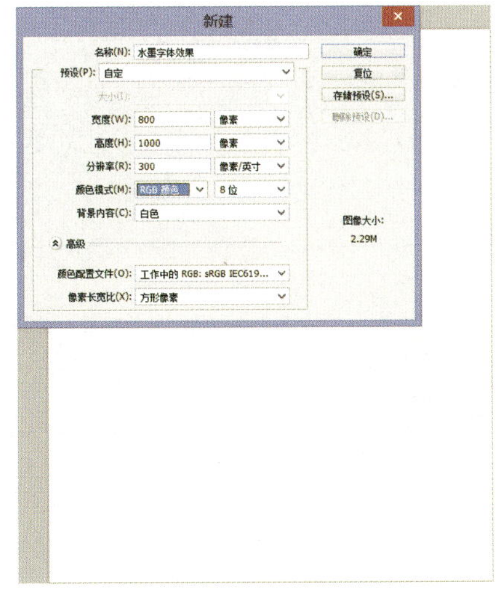

图 5-1-63　新建文件

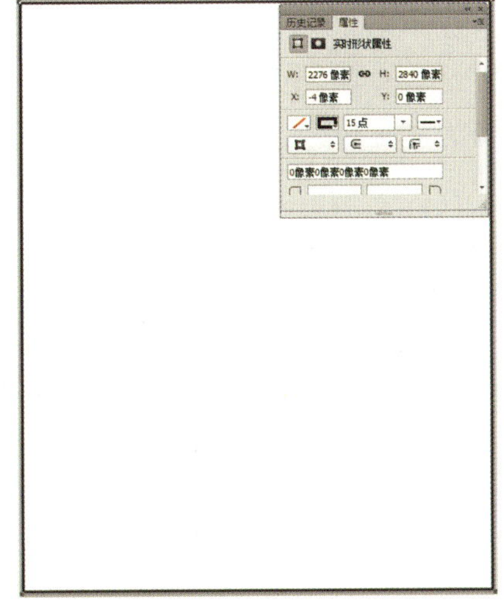

图 5-1-64　矩形的【属性】面板

STEP 03 置入字体原型素材。将选好的素材拖入画布，调整好位置，如图 5-1-65 所示。然后设置图层的【不透明度】为 10%，如图 5-1-66 所示。

图 5-1-65　字体原型素材

图 5-1-66　图层不透明度为 10%

STEP 04 制作第一个笔画。打开烟雾素材，利用工具栏中的【套索工具】圈出一个合适的素材，如图 5-1-67 所示。然后单击【移动工具】，将素材拖入画布，并按快捷键 V 进行垂直翻转，如图 5-1-68 所示。按 Ctrl+T 组合键调整素材角度，然后右击，在弹出的快捷菜单中选择【变形】选项，将素材形状调整至与字体原型重合，并将图层【混合模式】改为变暗，如图 5-1-69 所示。

图 5-1-67　圈出合适的素材

图 5-1-68　将素材拖入画布

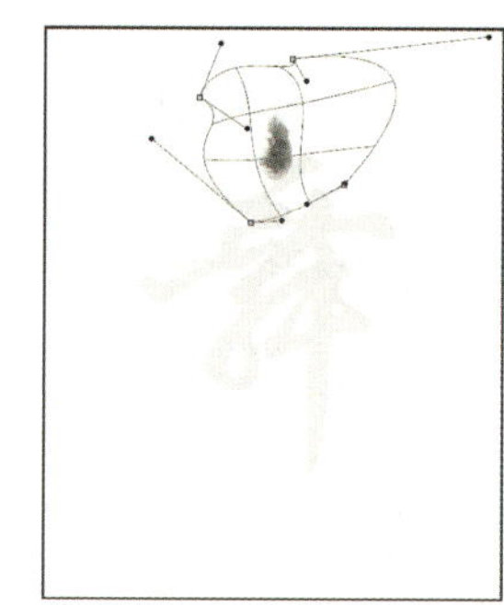
图 5-1-69　【混合模式】为“变暗”的效果

STEP 05 继续为笔画贴图。用同样的方法制作接下来的笔画，如图 5-1-70 ～图 5-1-93 所示。

图 5-1-70　笔画贴图 1

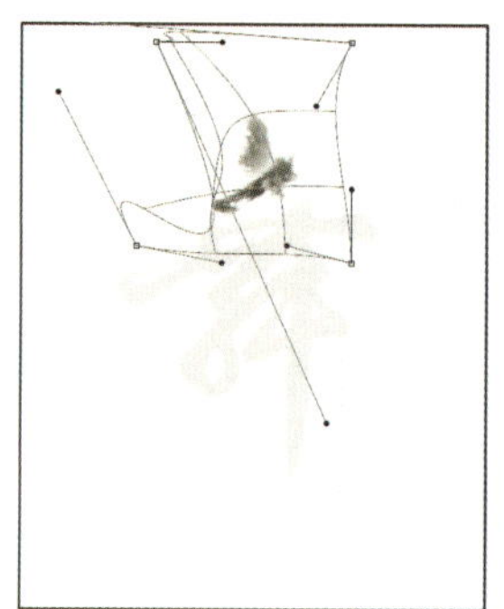
图 5-1-71　笔画贴图 2

图 5-1-72　笔画贴图 3

图 5-1-73　笔画贴图 4

图 5-1-74　笔画贴图 5

图 5-1-75　笔画贴图 6

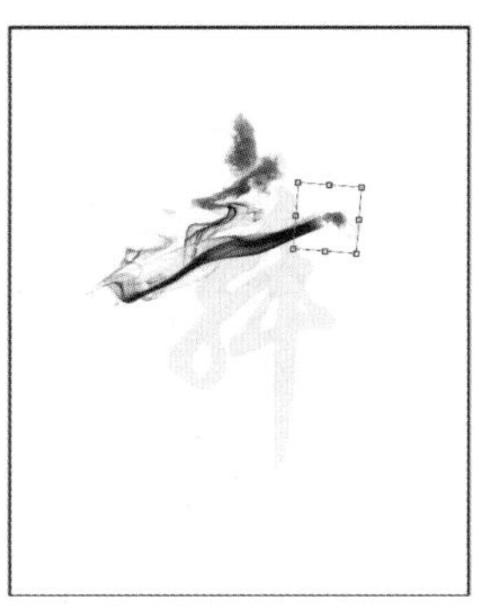
图 5-1-76　笔画贴图 7

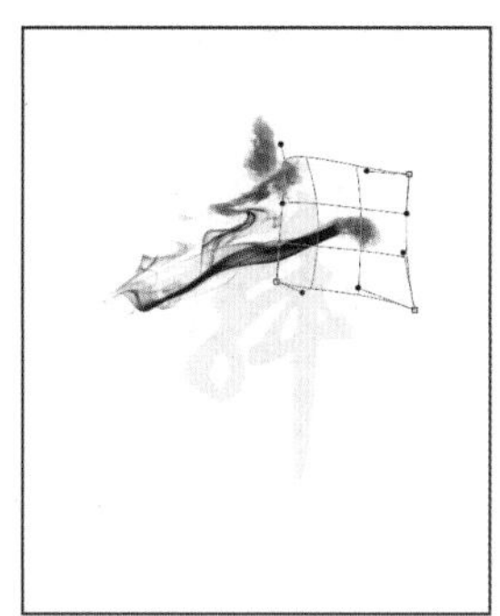
图 5-1-77　笔画贴图 8

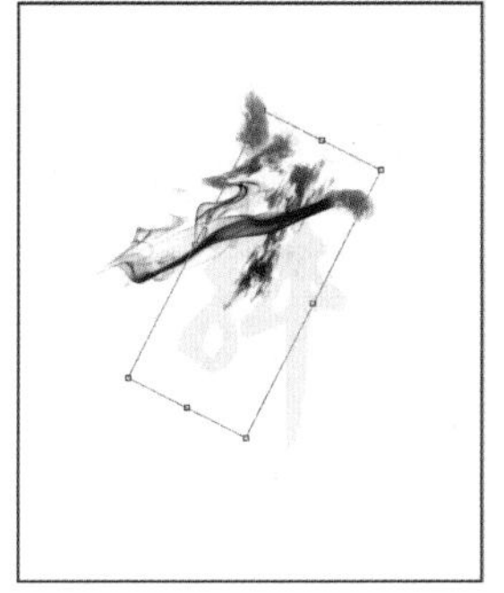
图 5-1-78　笔画贴图 9

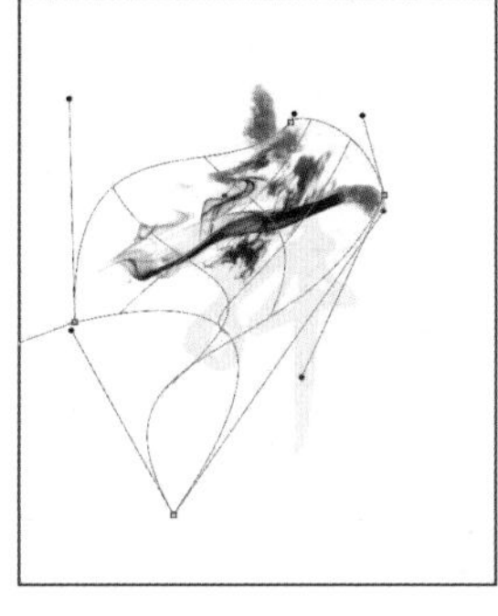
图 5-1-79　笔画贴图 10

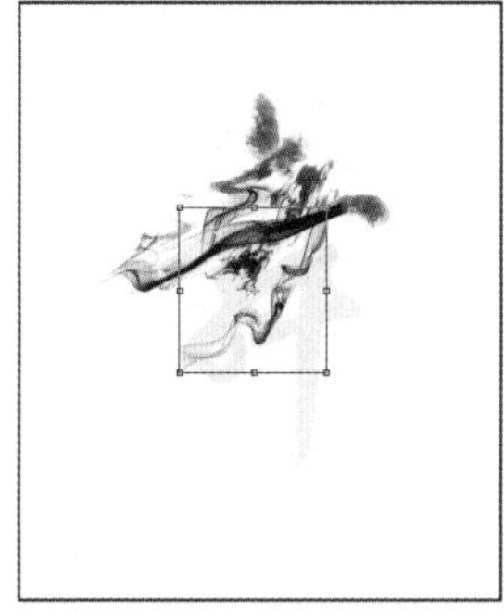
图 5-1-80　笔画贴图 11

图 5-1-81　笔画贴图 12

图 5-1-82　笔画贴图 13

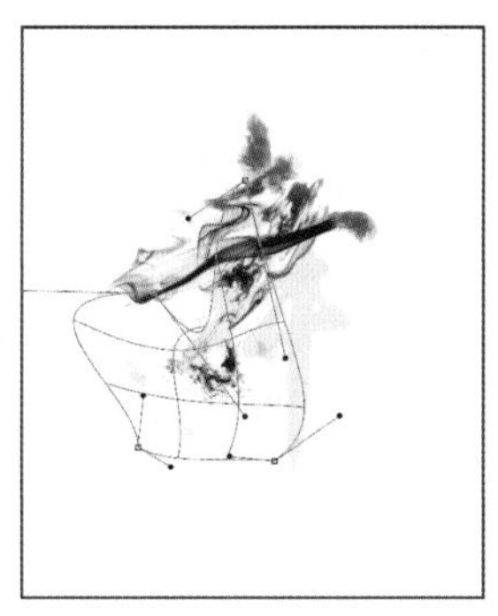
图 5-1-83　笔画贴图 14

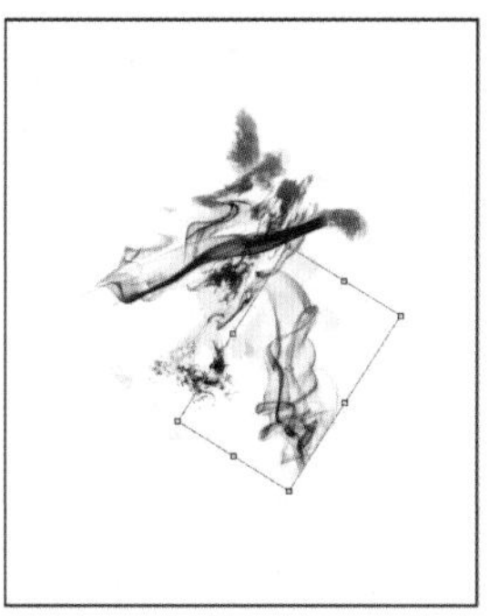
图 5-1-84　笔画贴图 15

图 5-1-85　笔画贴图 16

图 5-1-86　笔画贴图 17

图 5-1-87　笔画贴图 18

图 5-1-88　笔画贴图 19

图 5-1-89　笔画贴图 20

图 5-1-90 笔画贴图 21

图 5-1-91 笔画贴图 22

图 5-1-92 笔画贴图 23

图 5-1-93 笔画贴图 24

STEP 06 衔接笔画。所有笔画的贴图完成后，使用【涂抹工具】调整笔画衔接的部分，效果如图 5-1-94 所示。

STEP 07 调整效果。按 Ctrl+Alt+Shift+E 组合键盖印图层，然后打开【滤镜】菜单，选择【模糊】选项区下的【高斯模糊】选项，在【高斯模糊】面板中，设置【半径】为 2px，如图 5-1-95 所示。然后在【图层】面板中设置【不透明度】为 50%，效果如图 5-1-96 所示，这样烟雾水墨效果字体制作完成。

图 5-1-94 使用【涂抹工具】的效果

图 5-1-95 【高斯模糊】面板

图 5-1-96 水墨元素风格字体最终效果

总结：制作这种水墨元素风格的字体图标，首先需要先注意字体笔画与水墨元素之间的关系，巧妙利用【变形】、【高斯模糊】等工具，如案例“舞”字的设计中，十分注意水墨笔画元素与汉字书写规律的关系。

案例 4：｜霓虹灯字体效果｜

案例描述：以英文字母为主体的设计案例，通过【色彩平衡】、【色阶】、【曲线】等工具进行色彩参数调整，实现炫酷视觉效果。

制作步骤

STEP 01 找一张清晰且较高像素点的砖墙图片，用 Photoshop 打开，用【色阶】、【曲线】等工具将图片色彩整体调暗，如图 5-1-97、图 5-1-98 所示。因为霓虹灯常在夜晚点亮，所以要将色调调成冷色，在【图层】面板中使用【色彩平衡工具】将图片调成蓝色，如图 5-1-99、图 5-1-100 所示。

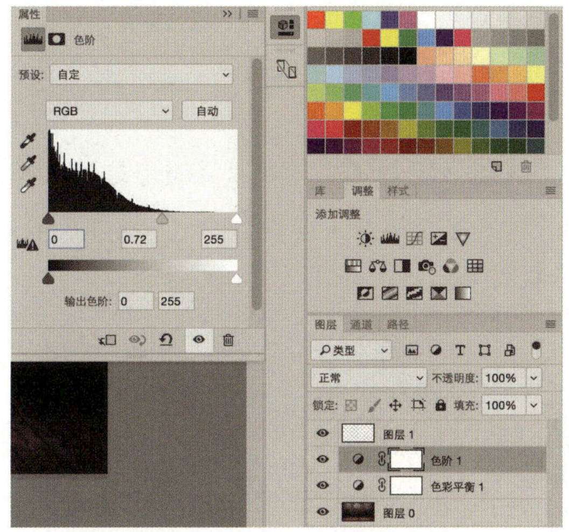

图 5-1-97　【色阶】属性面板

图 5-1-98　【曲线】属性面板

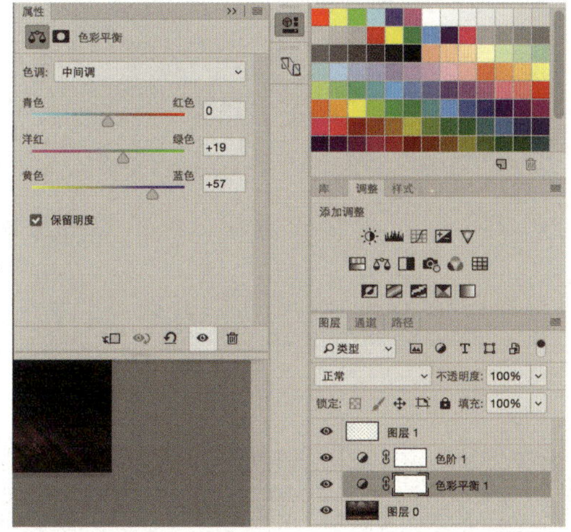

图 5-1-99　【色彩平衡】属性面板

图 5-1-100　背景效果

STEP 02 在图中适当位置输入文字“CLUB MIX”，将图层名称改为“CLUB MIX”，栅格化文字，如图 5-1-101 所示。

STEP 03 因为霓虹灯的边角有光晕效果，所以要给文字添加【模糊】和【锐化】效果。选中文字图层，打开【滤镜】菜单，选择【模糊】区域下的【高斯模糊】选项，设置【半径】为 5 像素，如图 5-1-102 所示。

图 5-1-101　输入文字

图 5-1-102　【高斯模糊】参数设置后的效果

STEP 04 将文字锐化。打开【滤镜】菜单，选择【锐化】区域下的【USM 锐化】选项，设置【数量】为 500%，【半径】为 10，【阈值】为 0，效果如图 5-1-103 所示。如果锐化后的边缘发虚可再次进行锐化操作，将数值调小即可。

STEP 05 按 Ctrl 键并单击文字图层，新建图层，将图层命名为“轮廓”，单击【矩形选框工具】，将鼠标放置于文字选区上，右击，在弹出的快捷菜单中选择【描边】选项，在弹出的【描边】属性面板中设置【宽度】为 7 像素。然后隐藏文字图层，如图 5-1-104 所示。

图 5-1-103 文字锐化效果

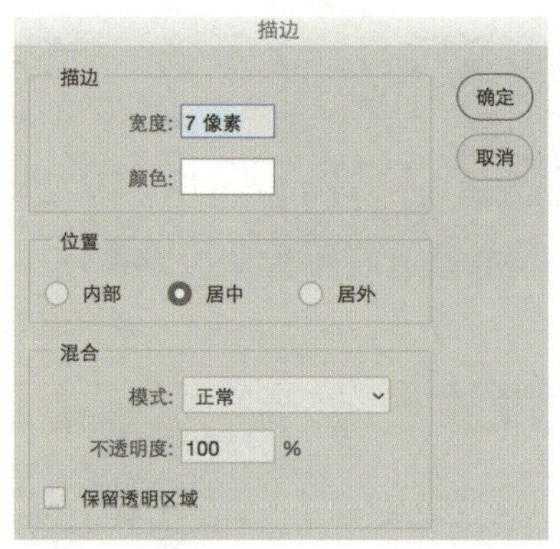

图 5-1-104 【描边】属性面板

STEP 06 因为灯管轮廓线条不是闭合的，所以使用【橡皮工具】给灯管擦出间隙，擦除后用【画笔工具】将灯口描粗，如图 5-1-105 所示。

STEP 07 激活文字选区给文字添加颜色，设置【颜色】参数，效果如图 5-1-106 所示。

图 5-1-105 描粗文字

图 5-1-106 为文字选区添加颜色效果

STEP 08 激活文字选区，选择【选择】-【修改】-【收缩】命令，弹出【收缩】对话框，设置【收缩】为 3 像素，【羽化】为 1 像素，【填充】为白色，模拟出的灯管的高光效果如图 5-1-107 所示。

STEP 09 复制轮廓图层，单击【滤镜】-【模糊】-【高斯模糊】选项，打开【高斯模糊】对话框，设置【半径】为 9 像素，填充与发光灯管一样的颜色，如图 5-1-108 所示。

STEP 10 在【高斯模糊】对话框中，设置【半径】为 63 像素，复制一层，合并之后把混合模式改为【颜色减淡】，如图 5-1-109 所示。

图 5-1-107　灯管高光效果

图 5-1-108　灯管添加颜色效果

STEP 11 复制墙上的光晕，移到地板上。将填充百分比调低至 70%，进行整体调整，最终效果如图 5-1-110 所示。

图 5-1-109　混合模式【颜色减淡】效果

图 5-1-110　霓虹灯字体最终效果

总结：制作这类灯光效果的字体，要根据霓虹灯的特效质感进行分析，首先需要分析这种图标效果属于哪一种图层样式效果。特别是对于灯光的质感与色彩模糊的表现效果，可以用【高斯模糊】、【羽化】等工具进行视觉效果调整。

案例 5：斑点字体效果

案例描述：斑点字体效果是通过构成元素的视觉形式显示出字体与点之间的变化，在制作方面与霓虹灯效果字体所使用的工具类似，通过调整【滤镜】、【模糊】、【高斯模糊】的参数实现最终效果。

制作步骤

STEP 01 新建文件。在【新建】对话框中，设置【宽度】为 16 厘米，【高度】为 10 厘米。设置【背景内容】为黑色，输入文字“spots”，栅格化文字，【分辨率】为 300 像素/英寸，单击【确定】按钮，如图 5-1-111 所示。

图 5-1-111　输入文字“spots”

STEP 02 激活文字层，单击【滤镜】-【模糊】-【高斯模糊】命令，弹出【高斯模糊】对话框，设置【半径】为 5 像素，单击【确定】按钮，如图 5-1-112 所示。

STEP 03 新建一个图层，填充彩虹渐变颜色，设置为【正片叠底】，【不透明度】为 50%，如图 5-1-113 所示。

图 5-1-112 【高斯模糊】面板

图 5-1-113 彩虹渐变颜色效果

STEP 04 合并文字和背景图层，单击【滤镜】-【像素化】-【彩色半调】选项，设置【半径】为 6 像素，其他参数设置为 0，如图 5-1-114 所示。

STEP 05 使用【柔笔刷工具】将多余斑点删除，最终效果如图 5-1-115 所示。

图 5-1-114 合并文字和背景图层

图 5-1-115 文字最终效果

总结： 制作电子屏效果的字体，要根据字体视觉特效进行分析，首先要分析这种字体效果属于哪一种图层样式效果。特别是对于电子屏幕字体效果，可用【高斯模糊】、【正片叠底】、【彩色半调】等工具进行视觉效果调整。

案例 6：| 立体字效果 |

案例描述： 这是一款四分之三角度的立体字效果，立体字是模拟三维字体效果的一类特效字，通过运用【混合选项】、【渐变叠加】、【浮雕】等工具实现最终效果。

制作步骤

STEP 01 打开 Photoshop，新建文件。在【新建】对话框中，设置【宽度】为 900 毫米，【高度】为 700 毫米，【颜色模式】为 RGB 颜色、8 位，【分辨率】为 72 像素/英寸，【背影内容】

为白色。输入文字“HEY U.I”，尽量选择方正的字体，便于后期的处理。按 Ctrl+T 组合键调整文字角度，效果如图 5-1-116 所示。

图 5-1-116　调整后的文字

STEP 02 复制文字，按 Ctrl+T 组合键将文字等比缩小。为了方便制作，将透视层和文字层分开。使用【多边形套索工具】将文字前后的透视关系连接起来，效果如图 5-1-117 所示。

STEP 03 使用【加深】、【减淡】等工具进行明暗的调整，制作出立体感，效果如图 5-1-118 所示。

图 5-1-117　连接透视线

图 5-1-118　调查立体效果

STEP 04 双击文字图层，打开【图层样式】对话框，勾选【渐变叠加工具】选项，自定义【渐变】颜色，参数设置如图 5-1-119 所示。

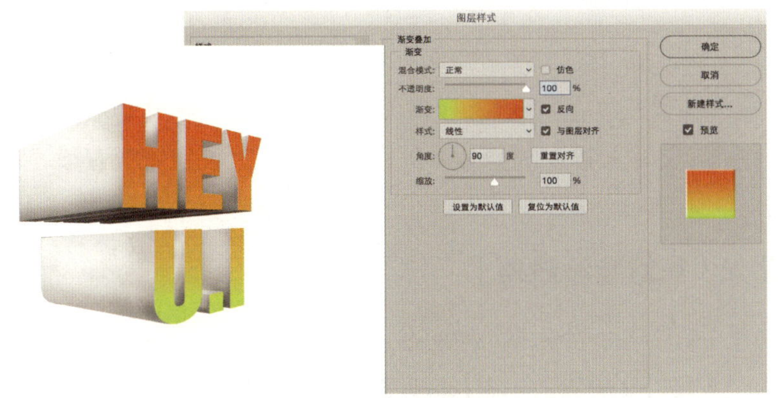

图 5-1-119　【图层样式】-【渐变叠加】对话框

STEP 05 复制文字图层，双击该图层，弹出【图层样式】对话框，勾选【渐变叠加】，设置【混合模式】为叠加，【不透明度】为 60%，如图 5-1-120 所示。为文字设置浮雕效果，在【斜面和浮雕】面板中勾选【混合选项】中的【浮雕】进行设置，如图 5-1-121 所示。

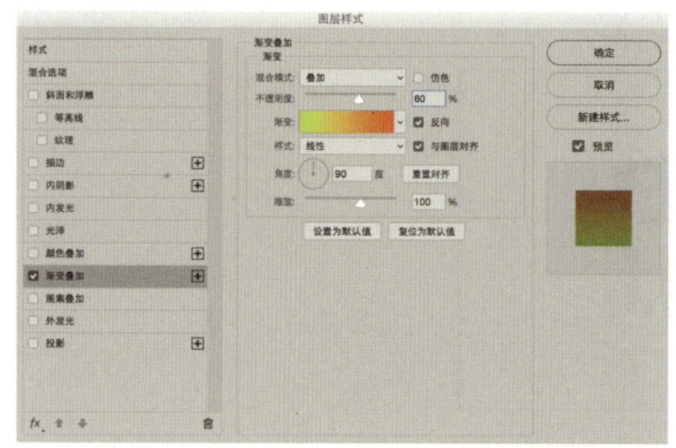

图 5–1–120 【图层样式】–【渐变叠加】对话框

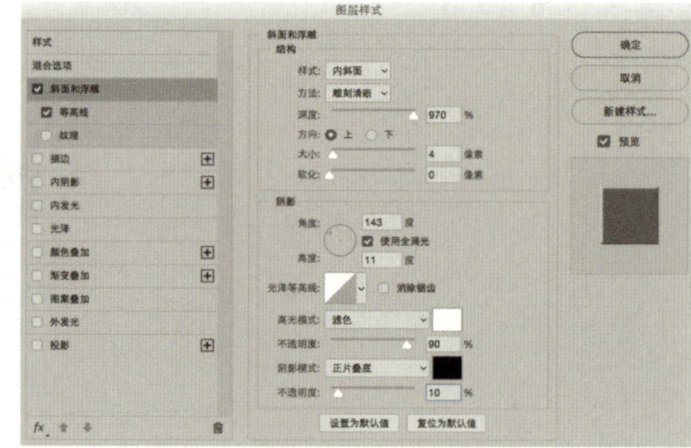

图 5–1–121 【图层样式】–【斜面和浮雕】对话框

STEP 06 在【图层】面板中运用【曲线】工具调整亮度，最终效果如图 5-1-122 所示。

图 5–1–122 文字最终效果

总结：制作这类三维立体效果字体图标，首先需要分析这种图标效果属于哪一种图层样式效果。特别是字体的浮雕与光照效果的表现，可通过设置【混合模式】、【浮雕】等参数来实现。

案例 7：| 车灯字体效果 |

案例描述：车灯字体效果是一种仿造汽车前灯在夜间照明的光效的效果。制作时主要运用【选择】、【修改】、【边界】、【滤镜】、【模糊】、【径向模糊】等工具，其中应用【柔性笔刷】涂抹出光感，在制作的过程中添加蒙版做直线渐变，以实现最终效果。

制作步骤

STEP 01 新建文件。新建画布大小为 16 厘米 ×10 厘米，【背景内容】为黑色，输入文字“start”，文字最好为英文粗体且底部在同一平面上，这样可以降低制作透视和投影的难度。在文字图层中，调出文字选区（按住 Ctrl 键，单击“T”文字图层），在菜单栏中单击【选择】-【修改】-【边界】选项，设置宽度为 10 像素，如图 5-1-123 所示。

STEP 02 为选区填充白色。在【图层】面板中设置【图层模式】为【溶解】，选取原文字图层，【颜色】设为黑色，右击文字图层，选择【栅格化文字】。单击菜单栏【滤镜】-【模糊】-【径向模糊】选项，按 Ctrl+T 组合键，用鼠标拉伸一下光影长度，如图 5-1-124 所示。

图 5-1-123　输入文字

图 5-1-124　【径向模糊】效果

STEP 03 新建图层，设置黑白径向渐变，【图层模式】选择“滤色”，复制文字图层，按 Ctrl+T 组合键，右击，选择【垂直翻转】选项，将文字底部对齐，添加蒙版，设置【直线渐变】，【不透明度】为 70%，效果如图 5-1-125 所示。

STEP 04 选择文字层，按 Ctrl+J 组合键复制，按 Ctrl+T 组合键，右击，垂直翻转，设置透视变形，【高斯模糊】为 2 像素。双击文字图层，选择【混合选项】，在底部的【颜色混合带】位置，按 Alt 键调节白色三角形，如图 5-1-126、图 5-1-127 所示。

图 5-1-125　设置【不透明度】

图 5-1-126　【高斯模糊】效果

STEP 05 在背景上新建图层，用深蓝色【柔笔刷】涂抹出光感。涂抹过程中应注意光线的走向和质感。在新建图层上再新建一个图层，为文字添加地平线效果，如图 5-1-128 所示。

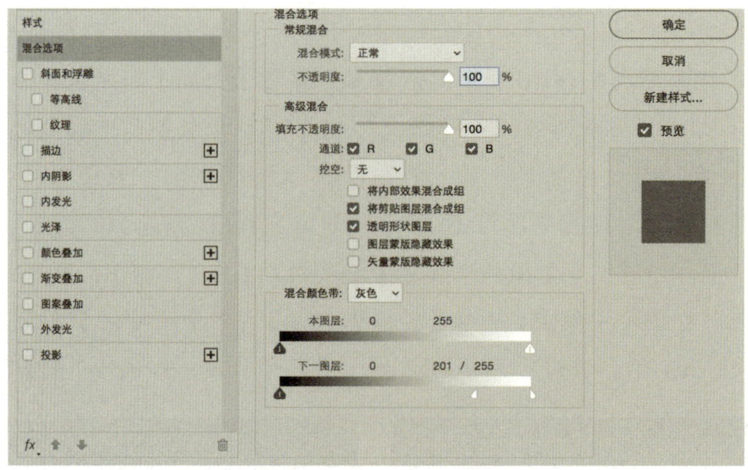

图 5-1-127 设置“混合颜色带”参数

STEP 06 顶部新建图层。用【柔笔刷】涂抹出不同颜色的灯光质感，将【图层模式】设为【柔光】，效果如图 5-1-129 所示。

图 5-1-128 地平线效果

图 5-1-129 柔光模式效果

STEP 07 在菜单栏中选择【滤镜】-【杂色】-【添加杂色】选项，为图片增加质感，最后用【曲线工具】将亮部提亮、暗部加深，增加体积感，参数设置如图 5-1-130、图 5-1-131 所示。

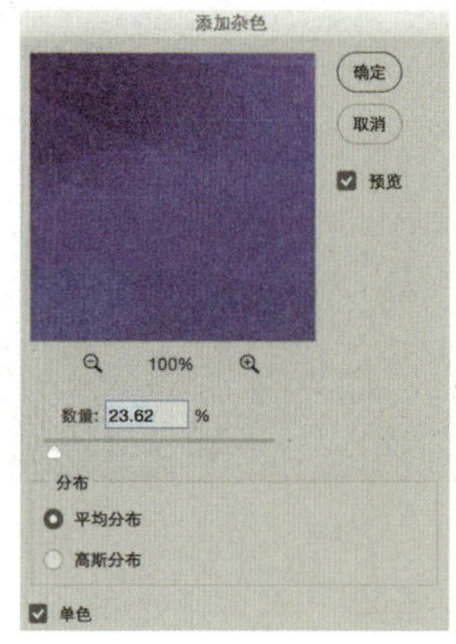

图 5-1-130 【添加杂色】面板

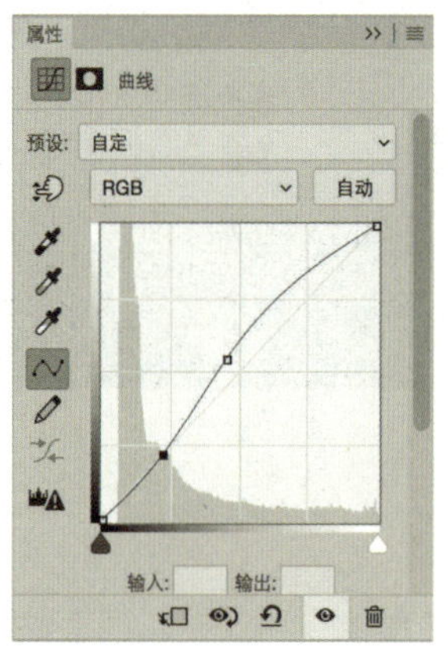

图 5-1-131 【属性】面板

STEP 08 综合调整后的最终效果如图5-1-132所示。

图5-1-132　最终效果

总结： 进行这类模拟灯光效果的字体图标设计时，首先需要分析这种图标效果属于哪一种图层样式效果。特别是对于渐变色的灯光效果的表现，可以用【滤镜】、【杂色】、【添加杂色】等工具制作实现。

5.2　UI图标的质感表现

案例8：瓷器质感效果

案例描述： 瓷器质感效果是一种模仿瓷器材料质感的效果，主要运用【图层样式】、【正片叠底】等工具，可在制作的过程中添加阴影和图案，以实现最终效果。

制作步骤

STEP 01 新建文件。在【新建】对话框中，设置【宽度】为200毫米，【高度】为150毫米，【分辨率】为300像素/英寸，【颜色模式】为RGB颜色，单击【确定】按钮，如图5-2-1所示。

STEP 02 设置【前景色】R：149、G：194、B：249，使用【油漆桶工具】进行填充，【拾色器】面板如图5-2-2所示。

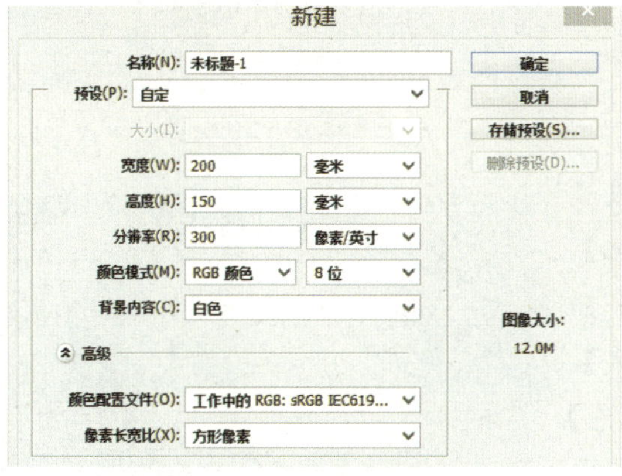

图5-2-1　【新建】对话框

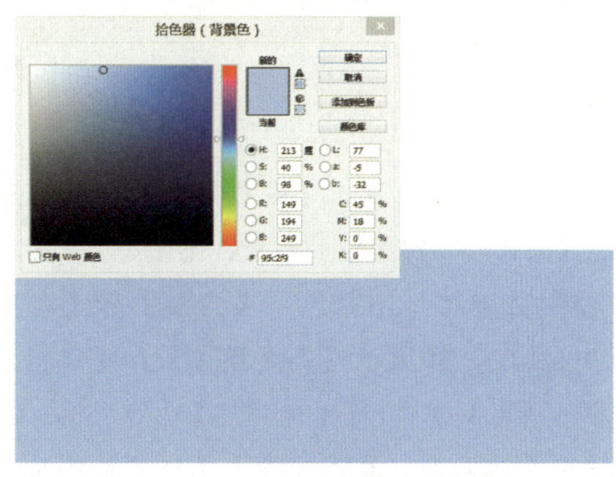

图5-2-2　【拾色器】面板

STEP 03 使用【椭圆工具】绘制一个圆形，建立一个圆形底板图层，效果如图5-2-3所示。

STEP 04 双击圆形底板图层，弹出【图层样式】对话框，如图5-2-4所示，勾选【内阴影】，设置【混合模式】为正片叠底 '【不透明度】为75%，【角度】为-90度，【距离】为204像素，【大小】为161像素。勾选【投影】，设置【混合模式】为正片叠底，【不透明度】为100%，【角度】为120度，【距离】、【大小】分别为63像素、100像素，如图5-2-5所示。底板效果如图5-2-6所示。

STEP 05 使用【椭圆工具】，按住 Shift 键并拖动鼠标绘制一个圆形，如图 5-2-7 所示。

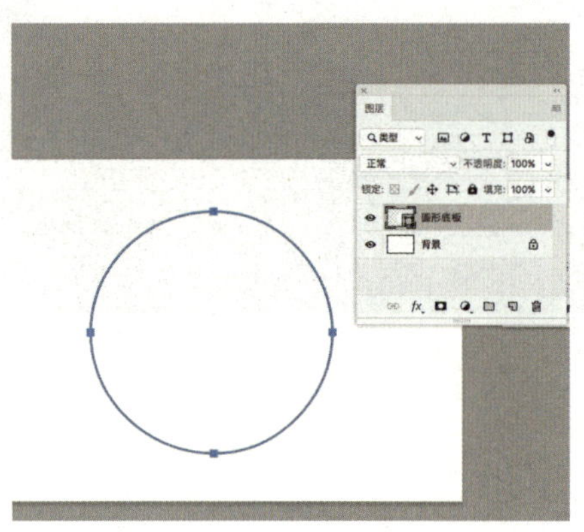

图 5-2-3　绘制一个圆形 1

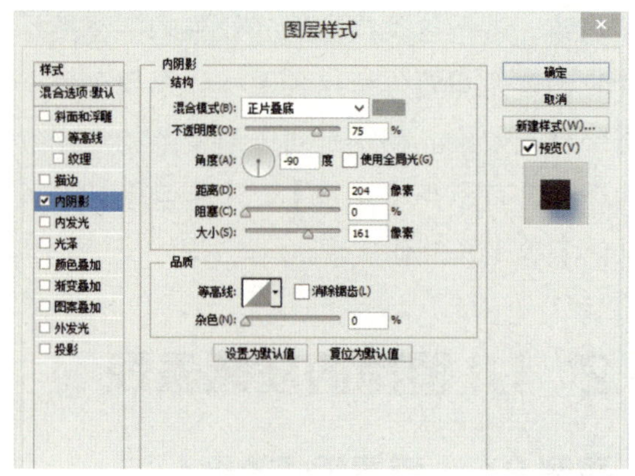

图 5-2-4　【图层样式】-【内阴影】对话框

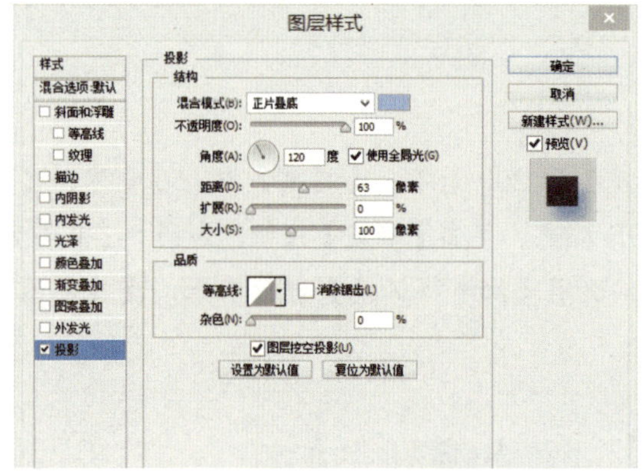

图 5-2-5　【图层样式】-【投影】对话框

图 5-2-6　底板效果

STEP 06 双击该图层，弹出【图层样式】对话框，设置【斜面和浮雕】中的参数，【大小】、【软化】分别为 35 像素、16 像素，【角度】和【高度】分别为 120 度、30 度，【高光模式】和【阴影模式】分别为滤色和正常，【不透明度】均为 75%，【颜色】设置分别为白色、灰色，单击【确定】按钮。返回【图层样式】对话框中，勾选【渐变叠加】，设置【混合模式】为正常，【样式】为线性，【角度】为 90 度；勾选【投影】，设置【混合模式】为正片叠底，【不透明度】为 75%，【角度】为 120 度，【距离】、【大小】分别为 61 像素、84 像素，如图 5-2-8 所示。

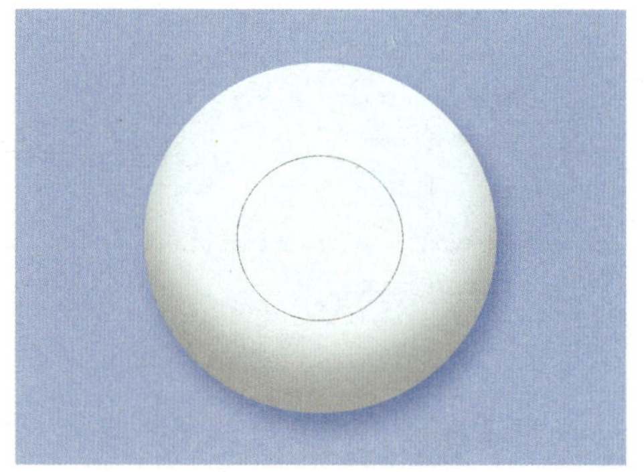

图 5-2-7　绘制一个圆形 2

STEP 07 使用【椭圆工具】绘制一个圆形，如图 5-2-9 所示。双击该图层，弹出【图层样式】对话框，勾选【渐变叠加】，设置【混合模式】为正常，【样式】为线性，【角度】为 90 度，效果如图 5-2-10 所示。

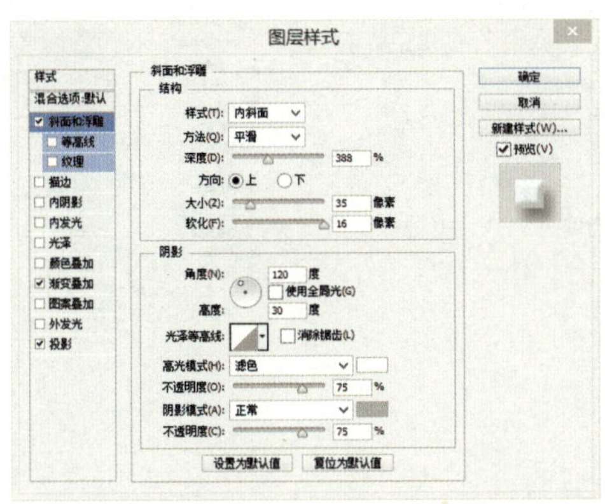

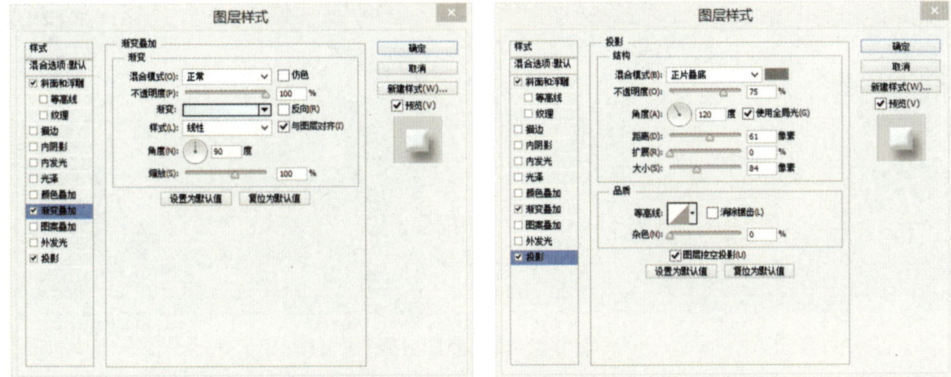

图 5-2-8 【图层样式】对话框

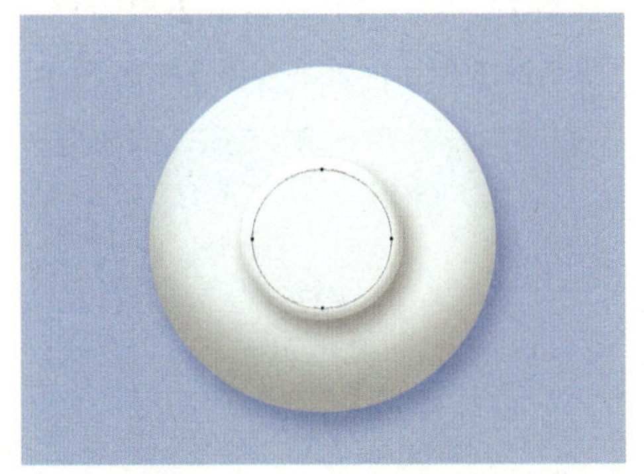

图 5-2-9 绘制一个圆形 3

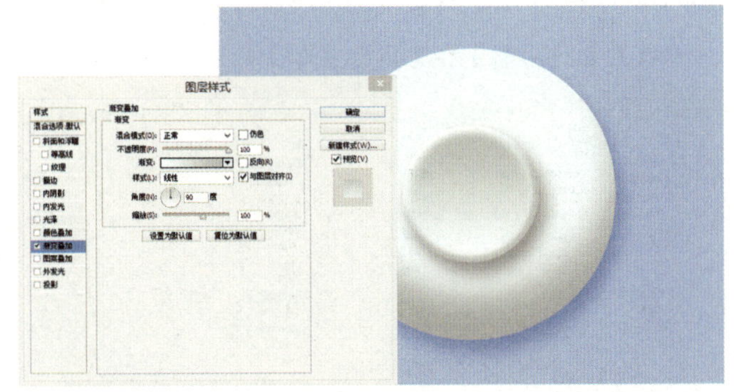

图 5-2-10 【图层样式】-【渐变叠加】对话框

STEP 08 使用【椭圆工具】，按住 Shift 键拖动鼠标绘制一个圆形。双击该图层，弹出【图层样式】对话框，勾选【内阴影】，设置【混合模式】为正片叠底，【不透明度】为 75%，设置【角度】为 120 度，【距离】、【大小】分别为 44 像素、62 像素；勾选【渐变叠加】，设置【混合模式】为正常，【样式】为线性，【角度】为 90 度，如图 5-2-11、图 5-2-12 所示，瓶口效果如图 5-2-13 所示。

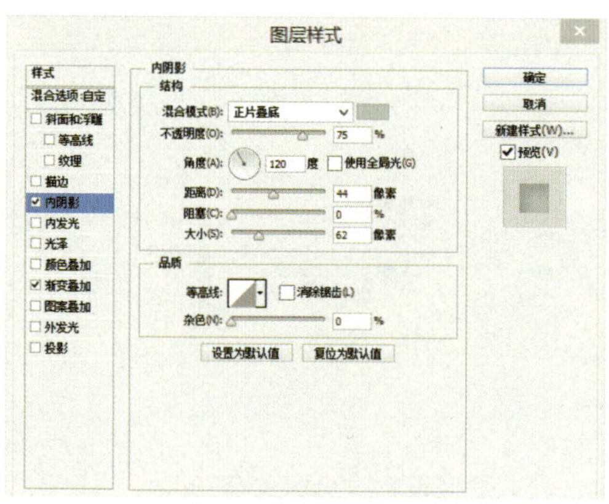

图 5-2-11 【图层样式】-【内阴影】对话框

图 5-2-12 【图层样式】-【渐变叠加】对话框

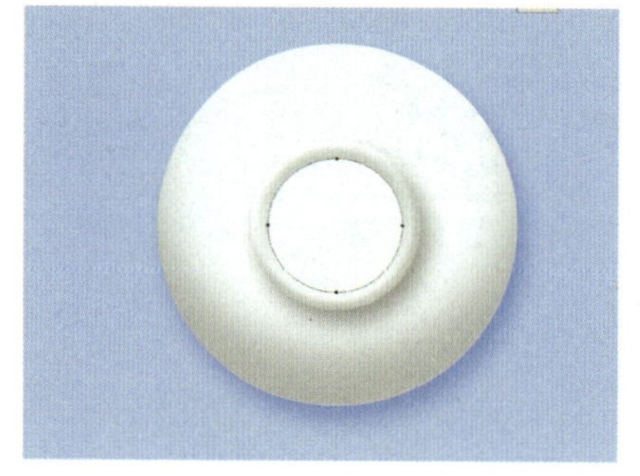

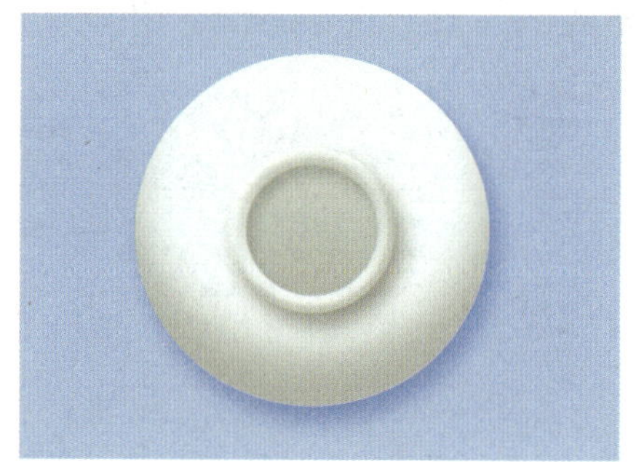

图 5-2-13 瓶口效果

STEP 09 按住 Alt 键，拖动上一个图层进行复制，得到新图层，向下拖动图层到合适位置，按 Ctrl+Alt+G 组合键建立剪贴蒙版，右击，选择【混合选项】，弹出【图层样式】对话框，重新设置【内阴影】和【颜色叠加】的参数，如图 5-2-14、图 5-2-15 所示，效果如图 5-2-16 所示。

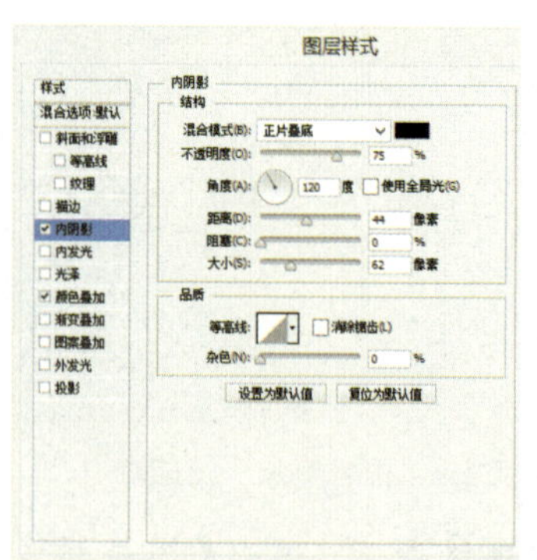

图 5-2-14 【图层样式】-【内阴影】对话框

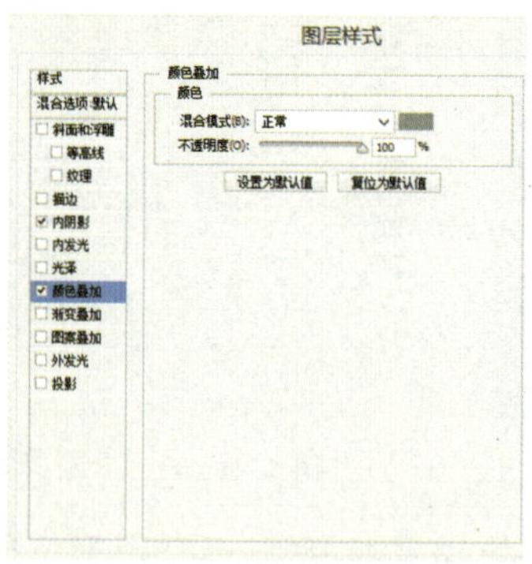

图 5-2-15 【图层样式】-“颜色叠加”对话框

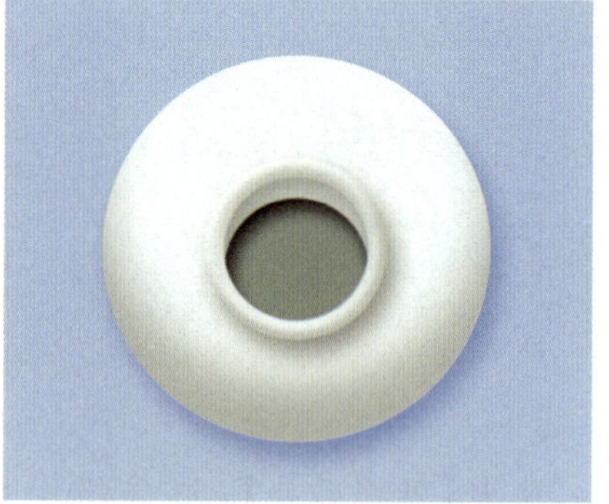

图 5-2-16 瓶口阴影效果

STEP 10 使用【钢笔工具】勾出高光形状，【填充】颜色为白色，单击【滤镜】-【高斯模糊】选项模糊选区，效果如图 5-2-17 所示。

STEP 11 把青花瓷图案拖入 Photoshop，并使用【椭圆工具】绘制一个圆环，调整位置。这样一个青花瓷器的图标就制作好了，效果如图 5-2-18 所示。

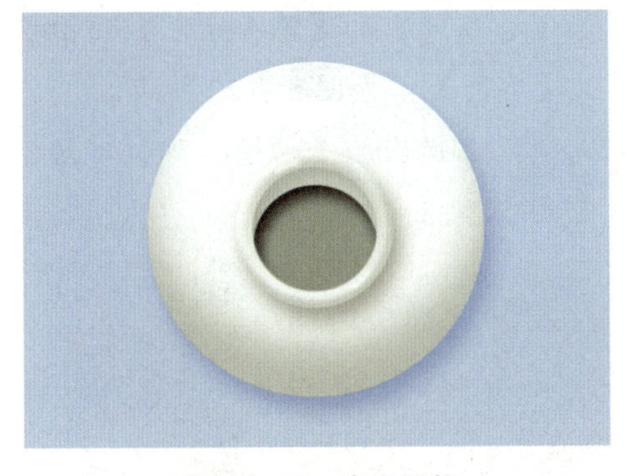

图 5-2-17　高光形状

图 5-2-18　青花瓷器图标效果

总结：制作这类瓷器质感效果的图标，要根据图标特效质感进行分析，首先需要分析这种图标效果属于哪一种图层样式效果。特别是瓷器的质感与色彩模糊的表现效果，可用【滤镜】、【内阴影】、【高斯模糊】等工具进行视觉效果调整。

案例 9：木纹质感效果

案例描述：木纹质感是一种模仿木质的天然纹理质感的真实效果，主要运用【图层样式】、【滤镜】、【渲染】、【云彩】等工具，在制作的过程中添加【动感模糊】和【斜面浮雕】，以实现最终效果。

制作步骤

STEP 01 新建文件。在【新建】对话框中，设置【宽度】为 200 毫米，【高度】为 150 毫米，【分辨率】为 300 像素/英寸，【颜色模式】为 RGB 颜色，单击【确定】按钮，如图 5-2-19 所示。

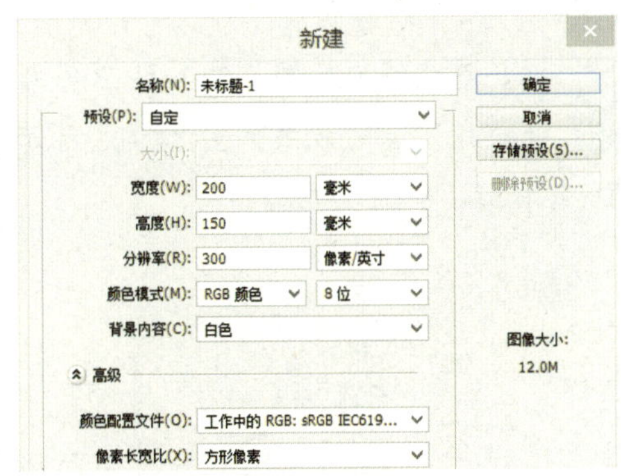

图 5-2-19　新建文件

STEP 02 设置【前景色】。使用【油漆桶工具】进行填充，效果如图 5-2-20 所示。

STEP 03 新建一个文件制作木纹效果。选择工具栏【滤镜】-【渲染】-【云彩】选项，效果如图 5-2-21 所示。

图 5-2-20　前景色

图 5-2-21　木纹效果

STEP 04 选择工具栏【滤镜】-【杂色】-【添加杂色】选项。在弹出的【添加杂色】对话框中，设置【数量】为20%，勾选【高斯分布】，勾选【单色】，如图5-2-22所示。

STEP 05 选择工具栏【滤镜】-【模糊】-【动感模糊】选项。在弹出的【动感模糊】对话框中，设置【角度】为0度，【距离】为2000像素，如图5-2-23所示。

图 5-2-22 【添加杂色】对话框

图 5-2-23 【动感模糊】对话框

STEP 06 回到上一个图层，使用【圆角矩形工具】建立一个底板，效果如图5-2-24所示。

STEP 07 把之前做的木纹图层拖入该图层文件里，按Alt+G组合键建立【剪贴蒙版】，为建立【剪贴蒙版】后的效果如图5-2-25所示。

图 5-2-24 底板效果

图 5-2-25 【剪贴蒙版】效果

STEP 08 双击圆角矩形图层，弹出【图层样式】，勾选【斜面和浮雕】，设置【大小】为27像素，【角度】和【高度】分别为90度、30度，【高光模式】和【阴影模式】分别为滤色、正片叠底，颜色如图5-2-26所示；勾选【投影】，设置【混合模式】为正片叠底，【不透明度】为75%，【角度】为90度，【距离】、【大小】分别为30像素、59像素，如图5-2-27所示，效果如图5-2-28所示。

STEP 09 使用【椭圆工具】绘制一个圆形，如图5-2-29所示。

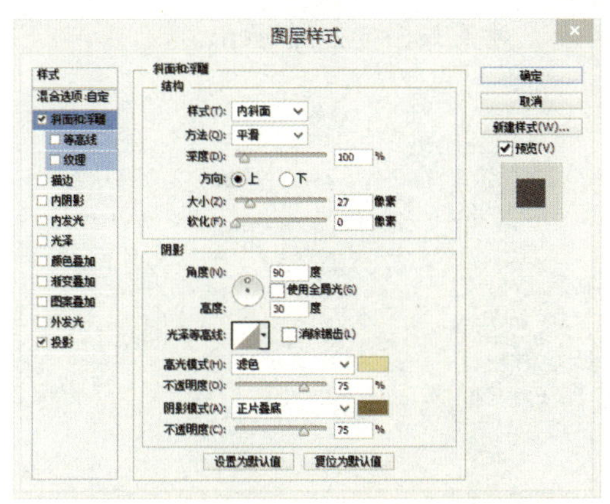

图 5-2-26　【图层样式】-【斜面和浮雕】对话框

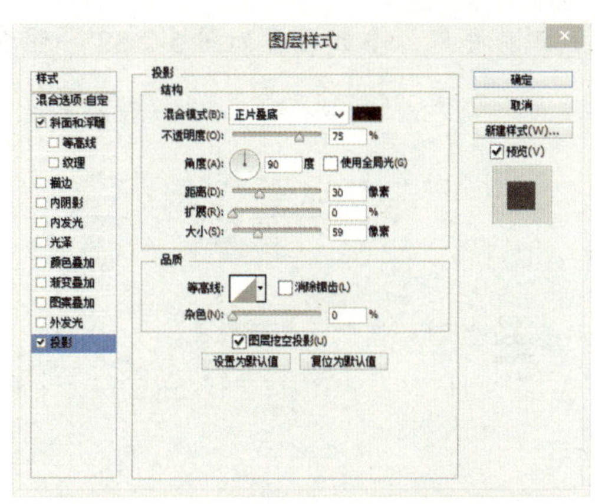

图 5-2-27　【图层样式】-【投影】对话框

图 5-2-28　木纹效果

图 5-2-29　绘制圆形

STEP 10 双击该图层，弹出【图层样式】对话框，勾选【渐变叠加】，设置【混合模式】为正常，【样式】为线性，【角度】为 90 度，如图 5-2-30 所示，效果如图 5-2-31 所示。

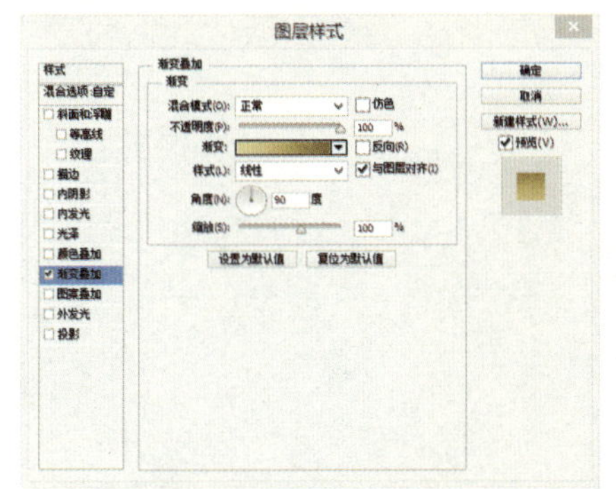

图 5-2-30　【图层样式】-【渐变叠加】对话框

图 5-2-31　渐变效果

STEP 11 使用【椭圆工具】绘制一个圆形，双击该图层，弹出【图层样式】对话框，勾选【渐变叠加】，设置【混合模式】为正常，【样式】为径向，【角度】为 90 度；勾选【投影】，设置【混合模式】为正片叠底，【不透明度】为 75%，【角度】为 120 度，【距离】、【扩展】、【大小】分别为 4 像素、10%、20 像素；勾选【斜面和浮雕】，【大小】和【软化】分别为 21 像素、16 像素，【角度】、【高度】分别为 90 度、30 度，【高光模式】和【阴影模式】分别为滤色和正片叠底，参数设置如图 5-2-32 ～图 5-2-34 所示，效果如图 5-2-35 所示。

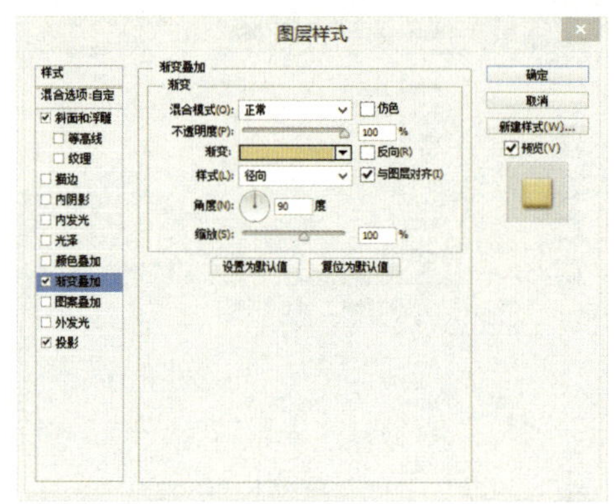

图 5-2-32　【图层样式】-【渐变叠加】对话框

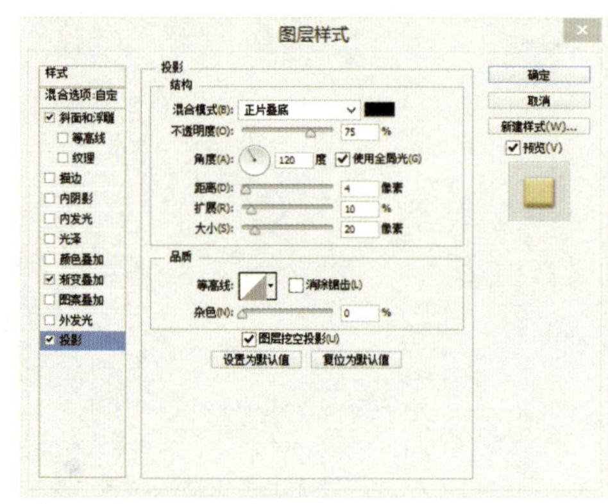

图 5-2-33　【图层样式】-【投影】对话框

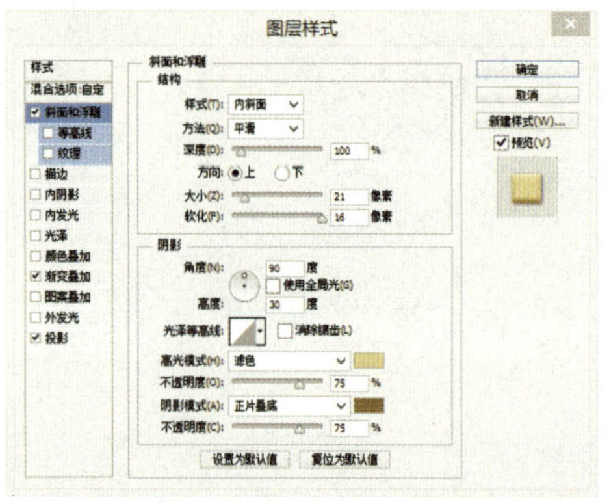

图 5-2-34　【图层样式】-【斜面和浮雕】对话框

图 5-2-35　【高光模式】效果

STEP 12 使用【文字工具】输入文字“M”，并对【图层样式】进行参数设置，最终效果如图 5-2-36 所示。

图 5-2-36　最终效果

总结： 制作这类木纹质感效果的图标，要根据图标特效质感进行分析，首先需要分析这种图标效果属于哪一种图层样式效果。特别是木纹的质感与动感模糊的表现效果，可用【滤镜】、【斜面和浮雕】等工具进行视觉效果调整。

案例 10：金属质感效果

案例描述：金属质感是一种模仿金属的天然纹理质感的真实效果，主要运用【图层样式】、【旋转复制】等工具，在制作的过程中添加【渐变叠加】、【斜面和浮雕】效果可实现最终效果。

制作步骤

STEP 01 新建文件。在【新建】对话框中，设置【宽度】为 300 毫米，【高度】为 200 毫米，【分辨率】为 300 像素/英寸，【颜色模式】为 RGB 颜色，单击【确定】按钮，如图 5-2-37 所示。

STEP 02 设置【前景色】为 R：119、G：116、B：115，并使用【油漆桶工具】进行填充，【颜色】设置如图 5-2-38 所示，单击【确定】按钮。

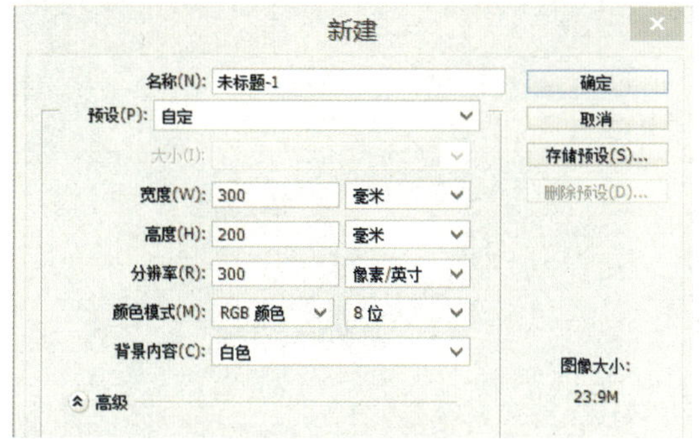

图 5-2-37　新建文件

图 5-2-38　【拾色器（前景色）】面板

STEP 03 使用【椭圆工具】绘制一个圆形，建立一个圆形底板图层，效果如图 5-2-39 所示。

图 5-2-39　绘制一个圆形

STEP 04 双击圆形底板图层，弹出【图层样式】对话框，勾选【斜面和浮雕】，设置【大小】为 21 像素，【软化】为 5 像素，不勾选【使用全局光】，【角度】为 90 度，【高度】为 30 度，【高光模式】为滤色，【阴影模式】为正片叠底，如图 5-2-40 所示；勾选【渐变叠加】，设置【混合模式】为正常，【样式】为角度，【角度】为 90 度，如图 5-2-41 所示；勾选【投影】，设置【混合模式】为正片叠底，【不透明度】为 75%，【角度】为 90 度，【距离】、【扩展】、【大小】分别为 35 像素、21%、122 像素，如图 5-2-42 所示，金属质感效果如图 5-2-43 所示。

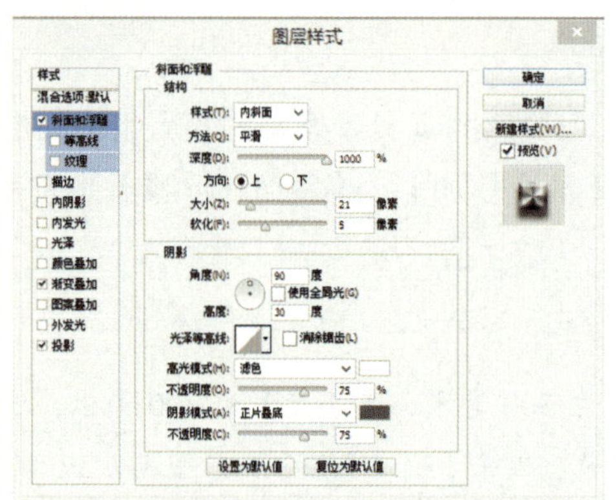

图 5-2-40 【图层样式】-【斜面和浮雕】对话框

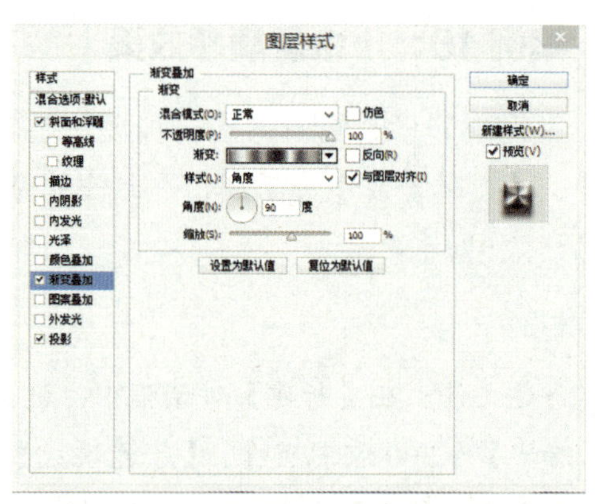

图 5-2-41 【图层样式】-【渐变叠加】对话框

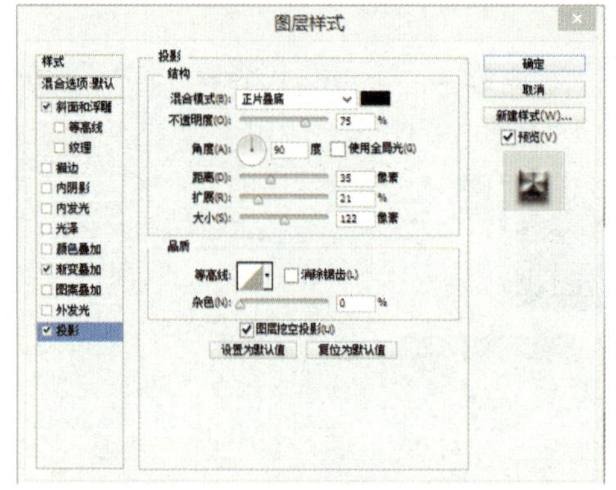

图 5-2-42 【图层样式】-【投影】对话框

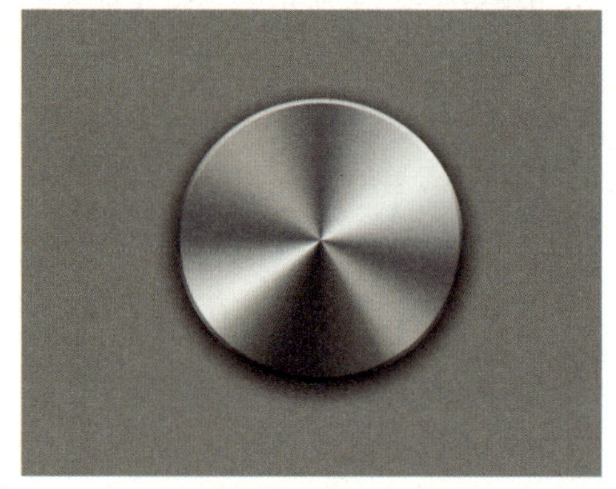
图 5-2-43 金属质感效果

STEP 05 使用【椭圆工具】，按住 Shift 键并拖曳鼠标绘制一个圆形，如图 5-2-44 所示。双击图层弹出【图层样式】对话框，如图 5-2-45 所示，勾选【斜面和浮雕】，【大小】、【软化】分别设置为 21 像素、2 像素，【角度】、【高度】分别设置为 90 度、30 度，【高光模式】、【阴影模式】分别设置为滤色、正片叠底，【不透明度】均为 75%；勾选【渐变叠加】，设置【混合模式】为正常，【样式】为角度，【角度】为 90 度，如图 5-2-46 所示；双层金属圈效果如图 5-2-47 所示。

图 5-2-44 绘制圆形

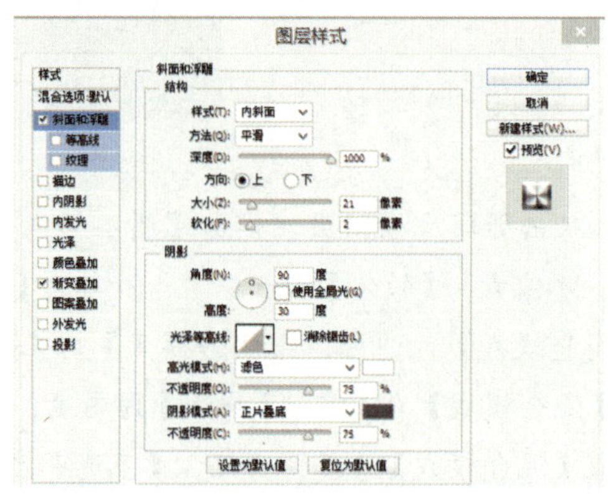

图 5-2-45 【图层样式】-【斜面和浮雕】对话框

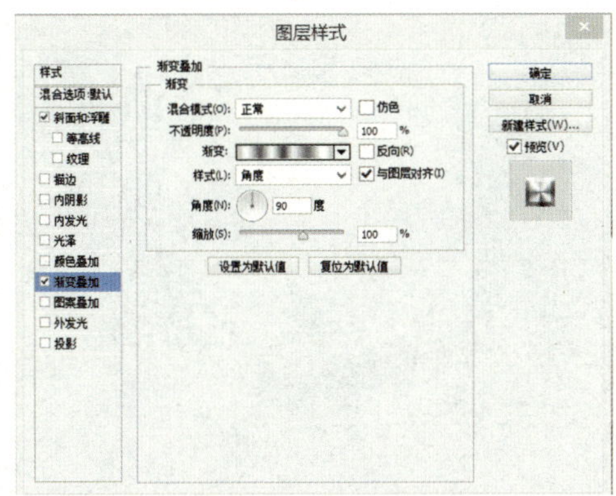

图 5-2-46　【图层样式】-【渐变叠加】对话框

图 5-2-47　双层金属圈效果

STEP 06 使用【圆角矩形工具】绘制出刻标并进行复制和旋转，效果如图 5-2-48、图 5-2-49 所示。

图 5-2-48　绘制刻标

图 5-2-49　复制和旋转刻标

STEP 07 使用【椭圆工具】绘制一个圆形，如图 5-2-50 所示。双击该图形图层，弹出【图层样式】对话框，勾选【颜色叠加】，参数如图 5-2-51 所示；勾选【投影】，设置【混合模式】为正片叠底，【不透明度】为 57%，【角度】为 90 度，【距离】、【扩展】、【大小】分别为 3 像素、29%、57 像素，如图 5-2-52 所示，叠加效果如图 5-2-53 所示。

图 5-2-50　绘制圆形

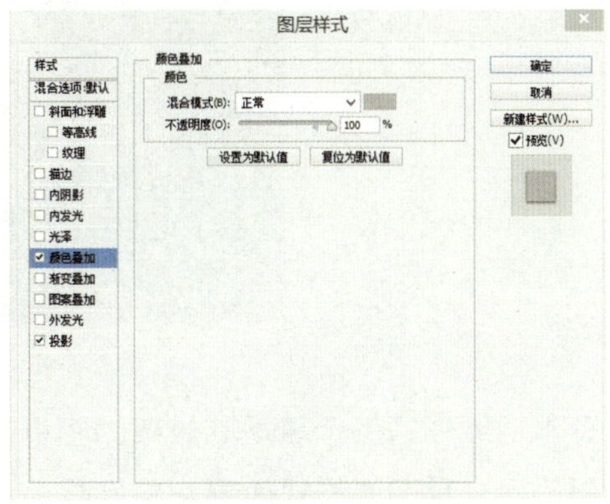

图 5-2-51　【图层样式】-【颜色叠加】对话框

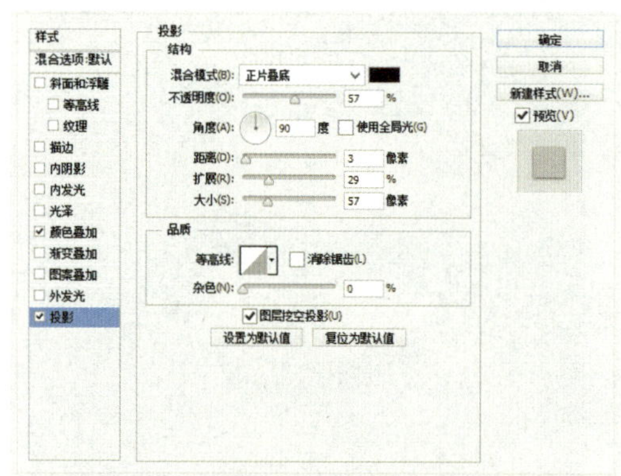

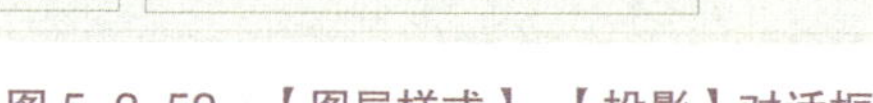
图 5-2-52 【图层样式】-【投影】对话框

图 5-2-53 叠加效果

STEP 08 使用【椭圆工具】，绘制一个圆形，如图 5-2-54 所示。双击该圆形图层，弹出【图层样式】对话框，勾选【渐变叠加】，设置【混合模式】为正常，【样式】为角度，【角度】为 90 度，如图 5-2-55 所示，金属质感最终效果如图 5-2-56 所示。

图 5-2-54 绘制圆形

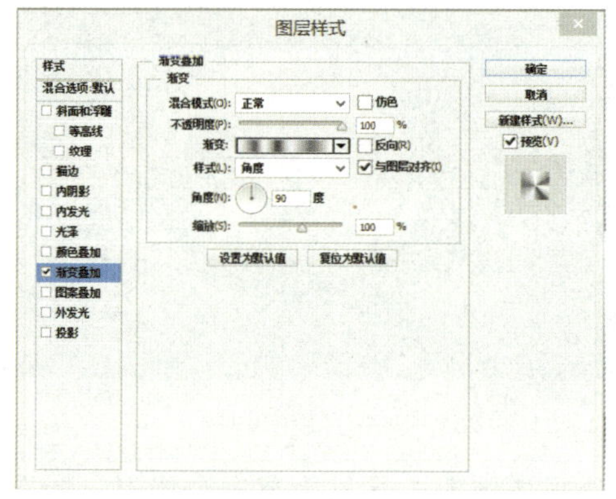

图 5-2-55 【图层样式】-【渐变叠加】对话框

图 5-2-56 金属质感最终效果

总结：制作这类金属质感效果的图标时，要根据图标特效质感进行分析，分析这种图标效果属于哪一种图层样式效果。特别是金属的质感与【混合模式】的正片叠底表现效果，需要用【复制】、【旋转】等工具进行视觉效果调整。

案例 11：布料质感效果

案例描述： 布料质感是一种模仿布料的纹理质感的真实效果，其制作方法主要运用【图层样式】、【斜面和浮雕】、【高光模式】、【正片叠底】等工具，并在制作的过程中添加内阴影以实现最终效果。

制作步骤

STEP 01 新建文件。新建画布为 300 毫米 ×200 毫米，【分辨率】为 300 像素/英寸，【颜色模式】为 RGB 颜色，单击【确定】按钮，如图 5-2-57 所示。

STEP 02 设置【前景色】，参数设置如图 5-2-58 所示，使用【油漆桶工具】填充颜色。

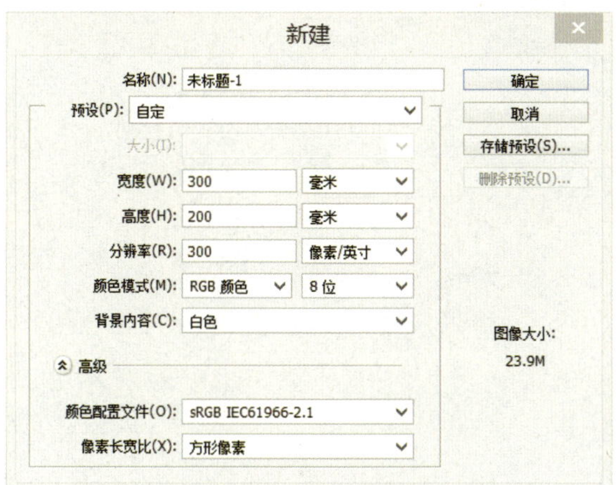

图 5-2-57　新建文档

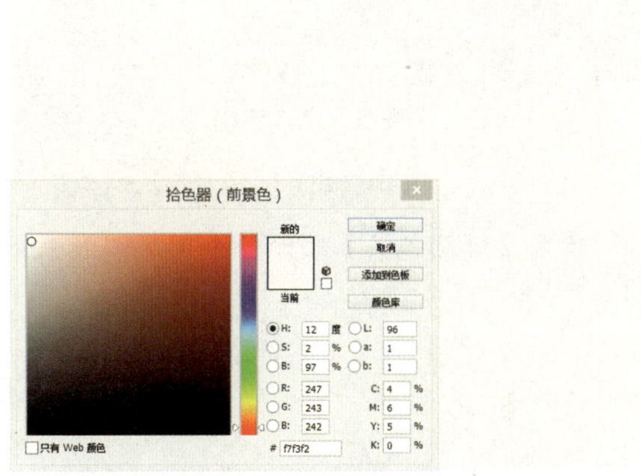

图 5-2-58　【拾色器（前景色）】面板

STEP 03 使用【圆角矩形工具】绘制图形，如图 5-2-59 所示。

STEP 04 把准备好的图片拖入文件，按 Alt+G 组合键创建【剪贴蒙版】，效果如图 5-2-60 所示。

图 5-2-59　绘制圆角矩形

图 5-2-60　创建【剪贴蒙版】

STEP 05 双击圆角矩形图层，弹出【图层样式】对话框，勾选【斜面和浮雕】，设置【大小】、【软化】分别为 84 像素、16 像素，【角度】、【高度】分别为 90 度、30 度，【高光模式】和【阴影模式】分别为滤色和正片叠底，【不透明度】为 75%，【颜色】设置如图 5-2-61 所示；勾选【投影】，设置【混合模式】为正片叠底，【不透明度】为 75%，【角度】为 90 度，【距离】、【大小】分别为 39 像素、54 像素，参数设置如图 5-2-62 所示，效果如图 5-2-63 所示。

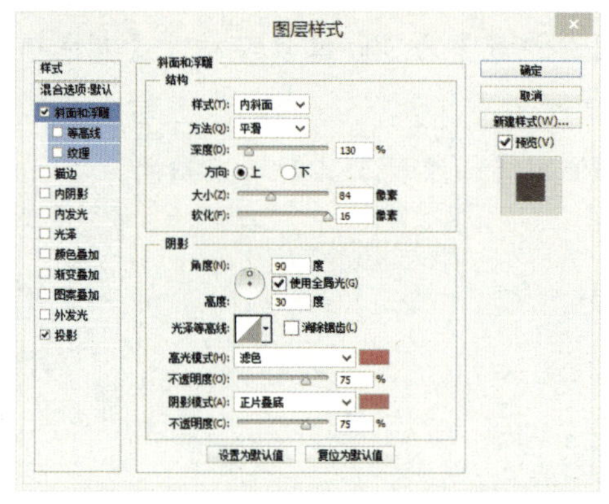

图 5-2-61 【图层样式】-【斜面】对话框

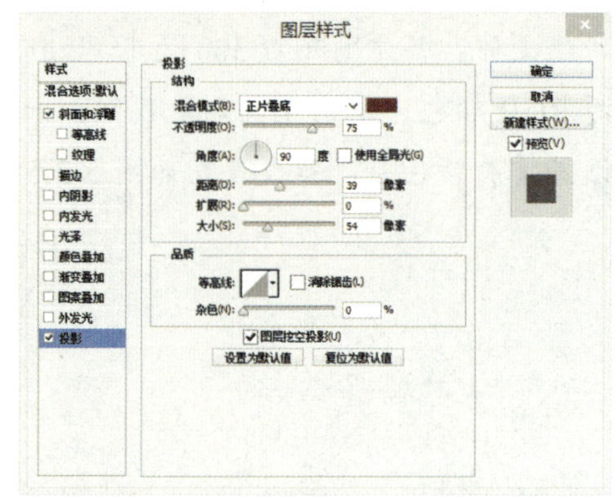

图 5-2-62 【图层样式】-【投影】对话框

使用【椭圆工具】绘制一个圆形，效果如图 5-2-64 所示。

图 5-2-63 【图层样式】参数设置后的效果

图 5-2-64 绘制圆形

STEP 07 双击圆形图层，弹出【图层样式】对话框，勾选【斜面和浮雕】，设置【大小】和【软化】分别为 120 像素、8 像素，【角度】、【高度】分别为 90 度、35 度，【高光模式】和【阴影模式】均为正常，【不透明度】为 75%，参数设置如图 5-2-65 所示；勾选【内阴影】，设置【混合模式】为正常，【不透明度】为 100%，【角度】为 84 度，【距离】、【大小】分别为 32 像素、95 像素，参数设置如图 5-2-66 所示；勾选【内发光】，设置【混合模式】为滤色，【不透明度】为 35%，【大小】为 27 像素，如图 5-2-67 所示；勾选【渐变叠加】，设置【混合模式】为正常，【样式】为线性，【角度】为 90 度，参数设置如图 5-2-68 所示；勾选【投影】，设置【混合模式】为正片叠底，【不透明度】为 75%，【角度】为 90 度，【距离】、【大小】分别为 45 像素、32 像素，如图 5-2-69 所示，效果如图 5-2-70 所示。

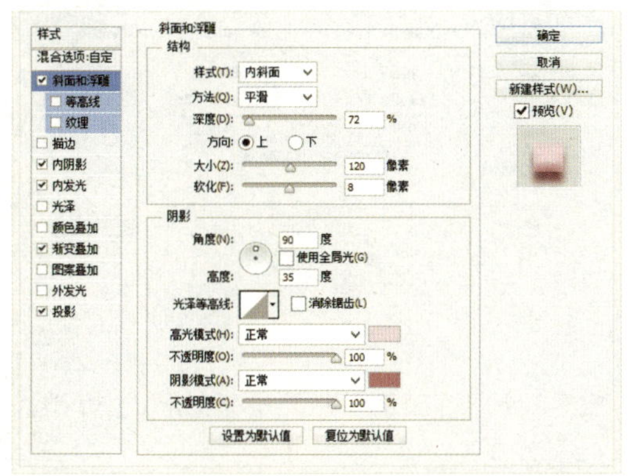

图 5-2-65　【图层样式】-【内发光】对话框

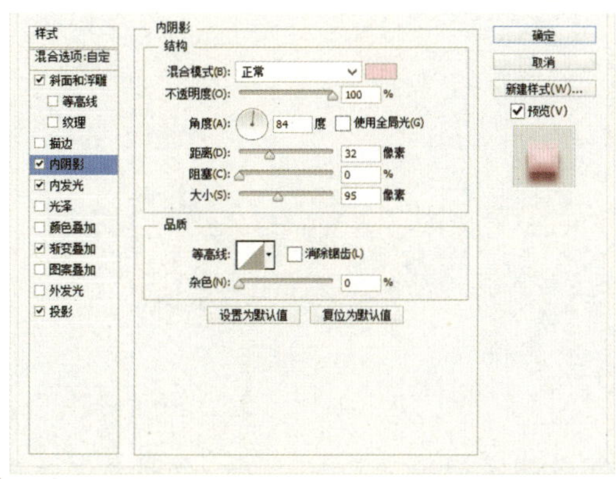

图 5-2-66　【图层样式】-【内阴影】对话框

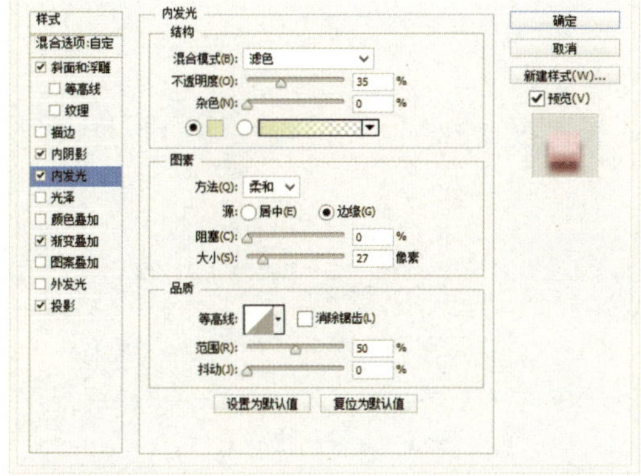

图 5-2-67　【图层样式】-【投影】对话框

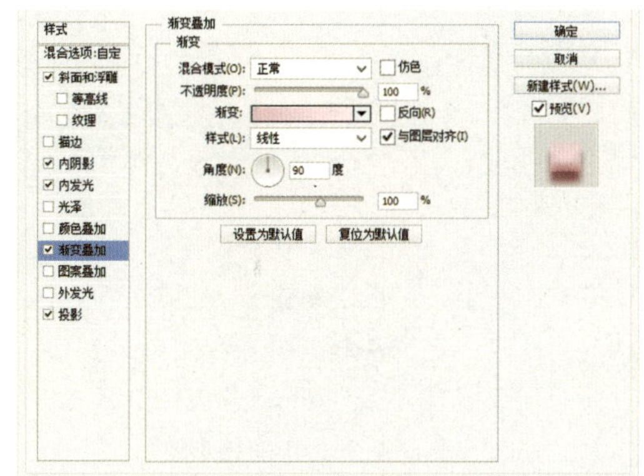

图 5-2-68　【图层样式】-【渐变叠加】对话框

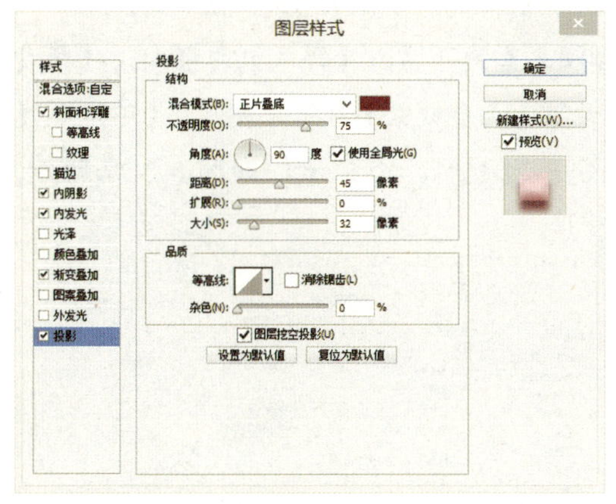

图 5-2-69　【图层样式】-【投影】对话框

图 5-2-70　立体阴影效果

STEP 08　用【椭圆工具】绘制一个圆形，效果如图 5-2-71 所示。

STEP 09　双击该图层，弹出【图层样式】对话框，勾选【渐变叠加】，设置【混合模式】为正常，【样式】为线性，【角度】为 90 度，参数设置如图 5-2-72 所示，效果如图 5-2-73 所示。

图 5-2-71　绘制一个圆形

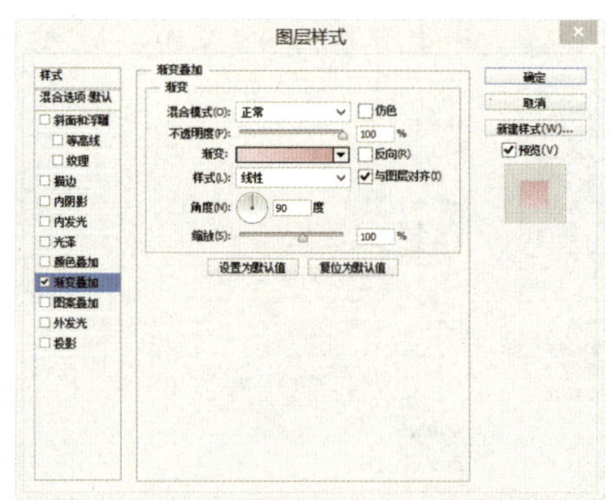

图 5-2-72　【图层样式】-【渐变叠加】对话框

STEP 10　使用【椭圆工具】建立一个圆形，效果如图 5-2-74 所示。

图 5-2-73　渐变叠加效果

图 5-2-74　绘制圆形

STEP 11　双击该图层，弹出【图层样式】对话框，勾选【内阴影】，设置【混合模式】为正常，【不透明度】为 75%，【角度】为 -90 度，【距离】、【大小】分别为 15 像素、13 像素，参数如图 5-2-75 所示；勾选【渐变叠加】，设置【混合模式】为正常，【样式】为径向，【角度】为 90 度，参数设置如图 5-2-76 所示；勾选【投影】，设置【混合模式】为正片叠底，【不透明度】为 75%，【角度】为 120 度，【扩展】、【大小】分别为 15%、40 像素，如图 5-2-77 所示，效果如图 5-2-78 所示。

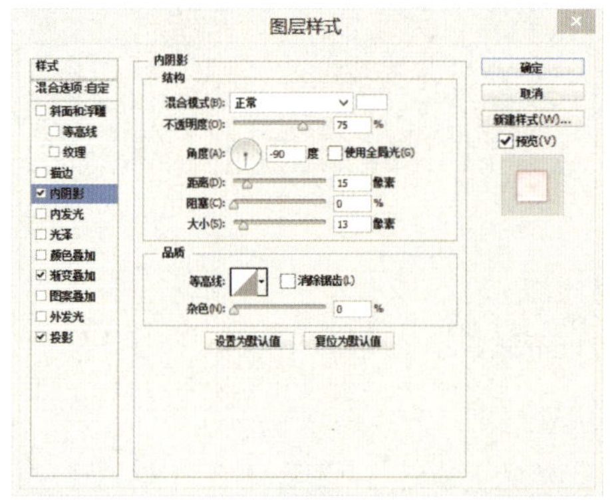

图 5-2-75　【图层样式】-【内阴影】对话框

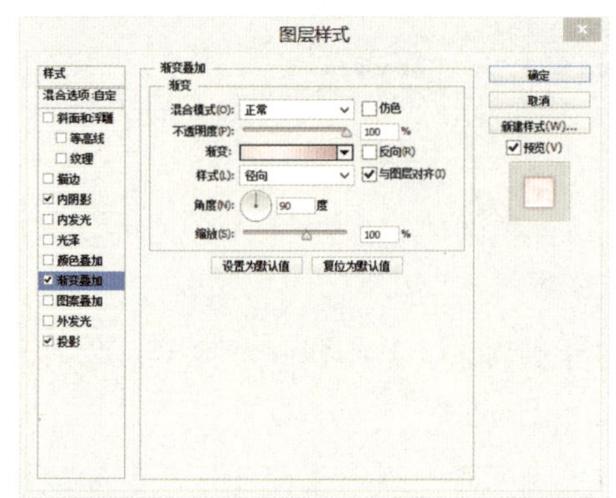

图 5-2-76　【图层样式】-【渐变叠加】对话框

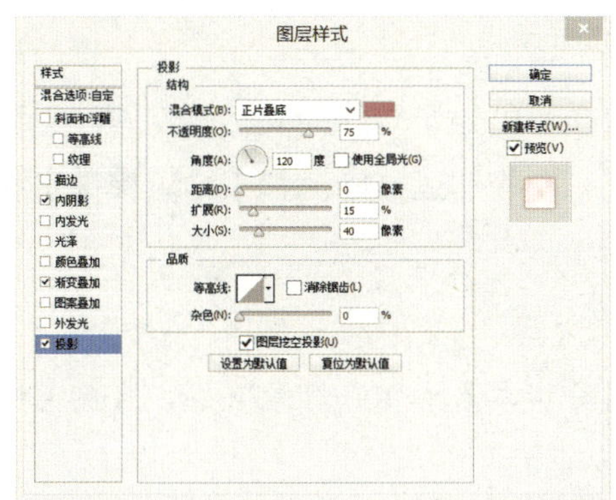

图 5-2-77　【图层样式】-【投影】对话框

图 5-2-78　投影效果

STEP 12 使用【椭圆工具】绘制一个圆形，如图 5-2-79 所示。

STEP 13 双击该图层，弹出【图层样式】对话框，勾选【内阴影】，设置【混合模式】为正常，【不透明度】为 75%，【角度】为 135 度，【距离】、【大小】分别为 14 像素、24 像素，参数设置如图 5-2-80 所示；勾选【颜色叠加】，参数设置如图 5-2-81 所示，最终效果如图 5-2-82 所示。

图 5-2-79　绘制一个圆形

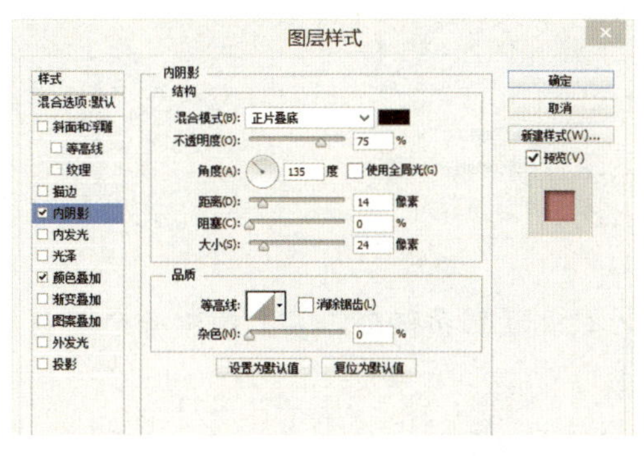

图 5-2-80　【图层样式】-【内阴影】对话框

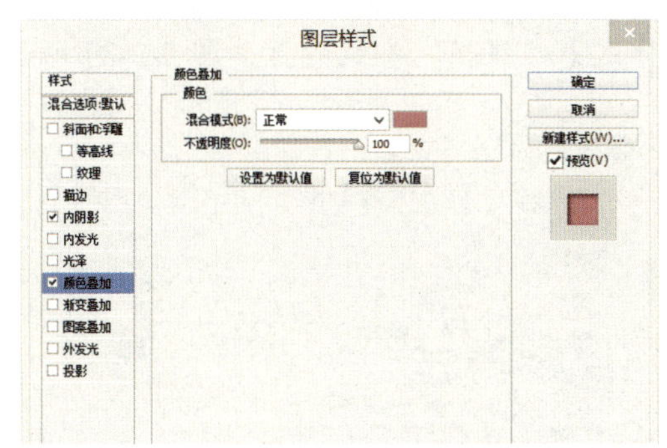

图 5-2-81　【图层样式】-【颜色叠加】对话框

图 5-2-82　最终效果

总结： 制作这类布料质感效果的图标时，要根据图标特效质感进行分析，首先需要分析这种图标效果属于哪一种图层样式效果。在制作布料的质感效果的过程中通过【混合模式】、【正片叠底】、【渐变叠加】等工具可以进行视觉效果调整。

案例 12：｜玻璃质感效果｜

案例描述：玻璃质感图标是一种模仿玻璃材料质感的效果制作的图标，制作时主要运用【图层样式】、【滤镜】、【渐变叠加】等工具，在制作的过程中添加【动感模糊】和【斜面和浮雕】效果，以实现最终效果。

制作步骤

STEP 01 新建文件。新建画布为 200 毫米 ×150 毫米，【分辨率】为 300 像素/英寸，【颜色模式】为 RGB 颜色，单击【确定】按钮，如图 5-2-83 所示。

STEP 02 设置【前景色】为 R：15、G：27、B：49，使用【油漆桶工具】填充颜色，填充后的效果如图 5-2-84 所示。

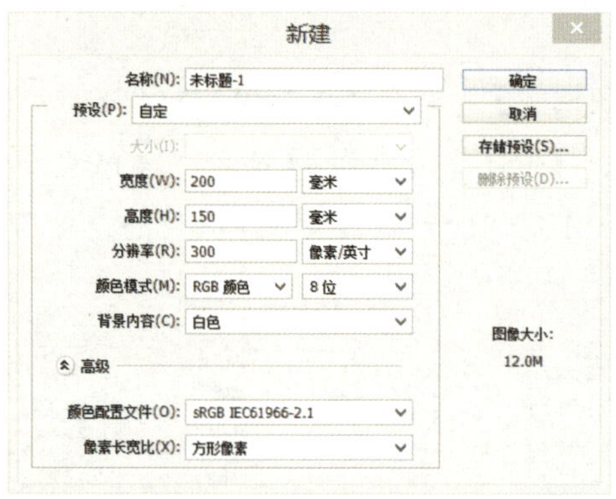

图 5-2-83　新建文件

图 5-2-84　填充后的效果

STEP 03 使用【圆角矩形工具】绘制一个圆角矩形，效果如图 5-2-85 所示。

STEP 04 双击该图层，弹出【图层样式】对话框，勾选【内发光】，设置【混合模式】为滤色，【不透明度】为 75%，【阻塞】、【大小】分别为 10%、10 像素，参数如图 5-2-86 所示；勾选【渐变叠加】，设置【混合模式】为正常，【样式】为线性，参数设置如图 5-2-87 所示，效果如图 5-2-88 所示。

图 5-2-85　绘制圆角矩形

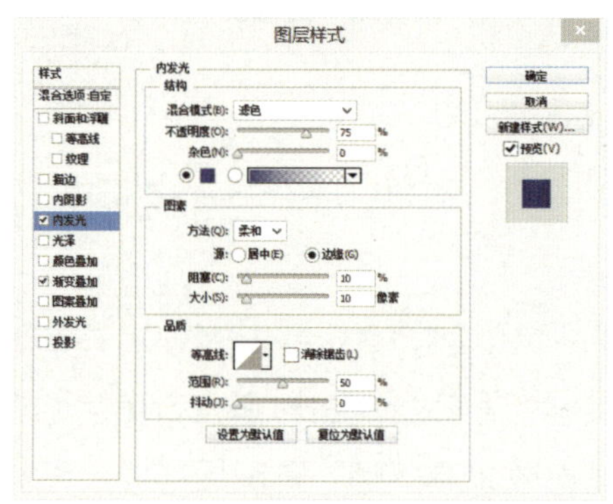

图 5-2-86　【图层样式】-【内阴影】对话框

STEP 05 使用【圆角矩形工具】绘制图形，效果如图 5-2-89 所示。双击圆角矩形图层，弹出【图层样式】对话框，勾选【内发光】，设置【混合模式】为滤色，【不透明度】为 75%，【阻塞】和【大小】分别为 10%、10 像素，如图 5-2-90 所示；勾选【渐变叠加】，设置【混合模式】为正常，【样式】为线性，【渐变】设置如图 5-2-91 所示，效果图 5-2-92 所示。

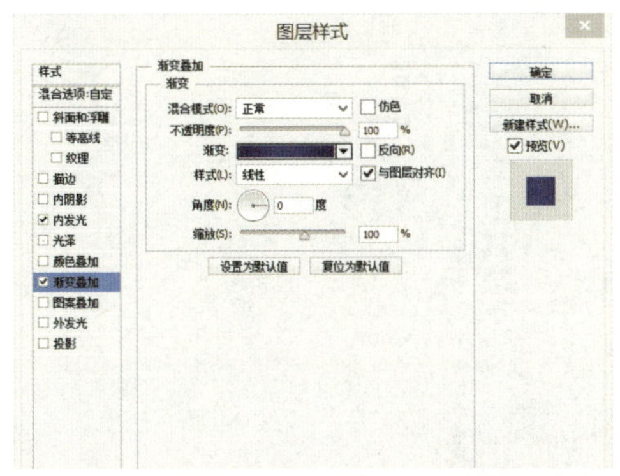

图 5-2-87　【图层样式】-【渐变叠加】对话框

图 5-2-88　渐变叠加效果

图 5-2-89　绘制圆角矩形

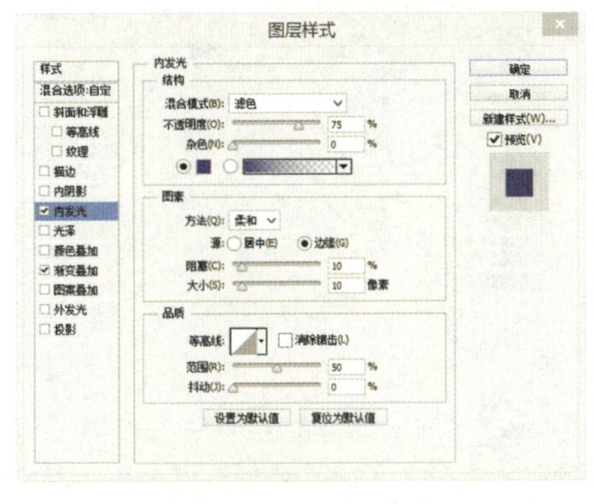

图 5-2-90　【图层样式】-【内发光】对话框

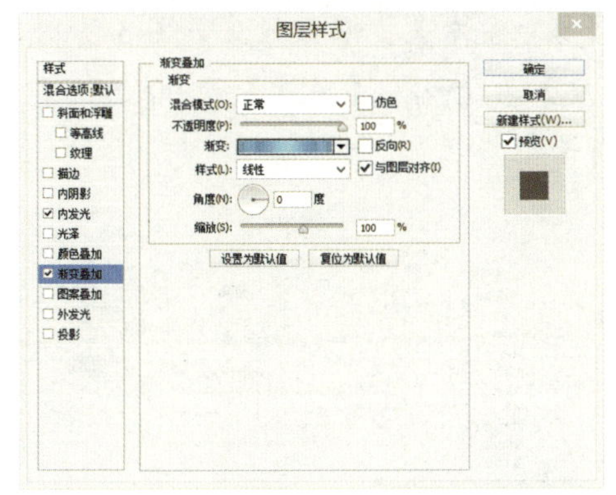

图 5-2-91　【图层样式】-【渐变叠加】对话框

图 5-2-92　渐变叠加效果

STEP 06 按 Ctrl+J 组合键复制上一图层，按 Ctrl+T 组合键缩放图形，如图 5-2-93 所示。

STEP 07 双击圆角矩形图层，弹出【图层样式】对话框，勾选【渐变叠加】，设置【混合模式】为正常，【样式】为线性，【渐变】设置如图 5-2-94 所示；勾选【投影】，设置【混合模式】为正常，【不透明度】为 75%，【角度】为 90 度，【距离】为 8 像素，如图 5-2-95 所示，效果如图 5-2-96 所示。

图 5-2-93 缩放效果

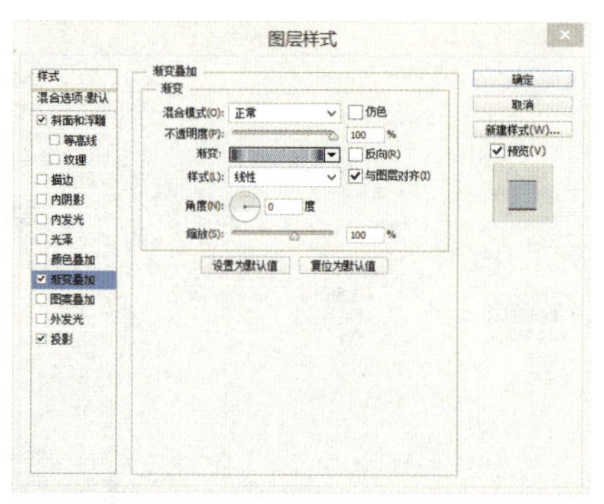

图 5-2-94 【图层样式】-【渐变叠加】对话框

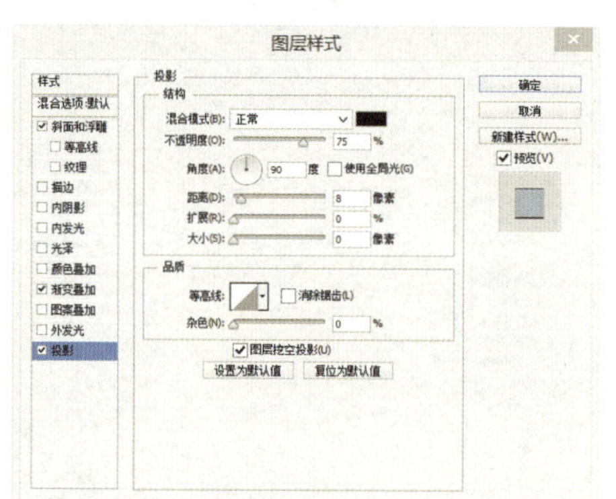

图 5-2-95 【图层样式】-【投影】对话框

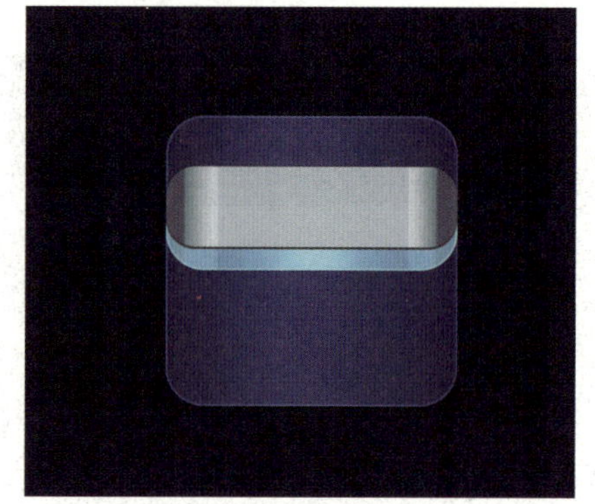

图 5-2-96 渐变效果

STEP 08 按 Ctrl+J 组合键复制上一图层，按 Ctrl+T 组合键调整位置，如图 5-2-97 所示。双击圆角矩形图层，弹出【图层样式】对话框，勾选【颜色叠加】，参数设置如图 5-2-98 所示；勾选【投影】，【混合模式】为正常，【不透明度】为 75%，【角度】为 90 度，【距离】为 5 像素，如图 5-2-99 所示，效果如图 5-2-100 所示。

图 5-2-97 【图层样式】-【投影】对话框

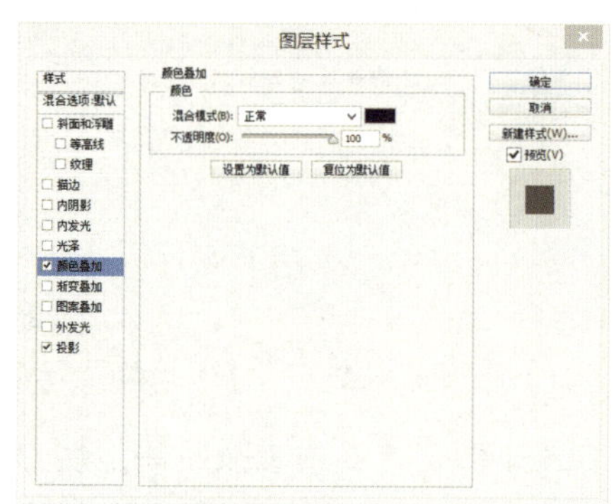

图 5-2-98 【图层样式】-【颜色叠加】对话框

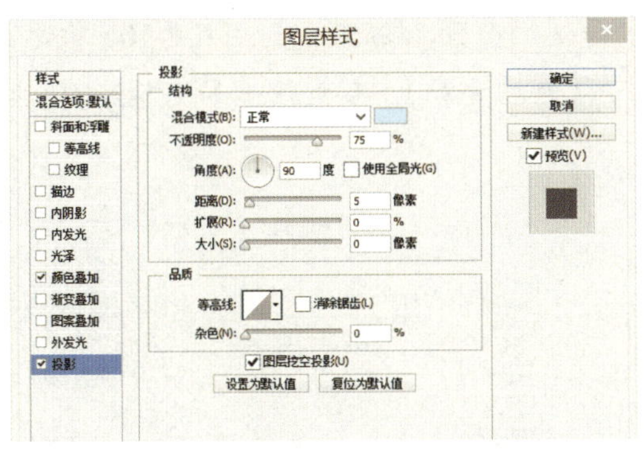

图 5-2-99　【图层样式】-【颜色叠加】对话框

图 5-2-100　颜色叠加效果

STEP 09 按 Ctrl+J 组合键复制上一图层，按 Ctrl+T 组合键调整图形的位置。双击圆形图层，弹出【图层样式】对话框，勾选【斜面和浮雕】，设置【角度】和【高度】分别为 -90 度、30 度，【高光模式】为滤色，【不透明度】为 0，【阴影模式】为正片叠底，【不透明度】为 75%，颜色设置如图 5-2-101 所示；勾选【渐变叠加】，设置【混合模式】为正常，【样式】为线性，【渐变】设置如图 5-2-102 所示；勾选【投影】，设置【混合模式】为正常，【不透明度】为 75%，【角度】为 90 度，【距离】为 8 像素，如图 5-2-103 所示，效果如图 5-2-104 所示。

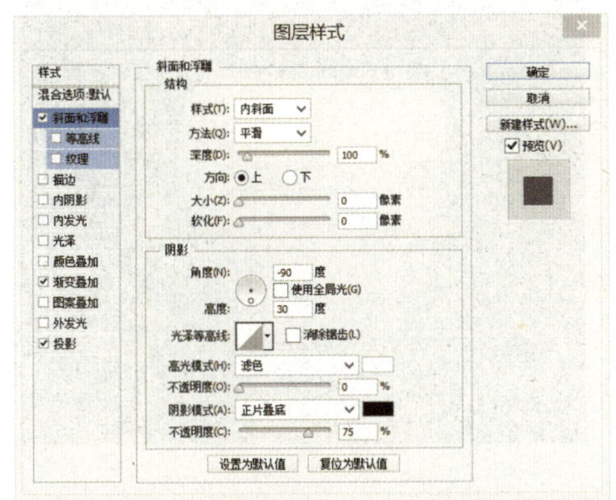

图 5-2-101　【图层样式】-【斜面】对话框

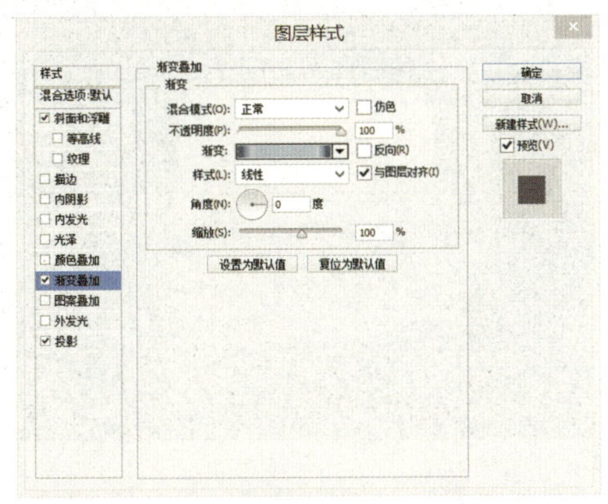

图 5-2-102　【图层样式】-【渐变叠加】对话框

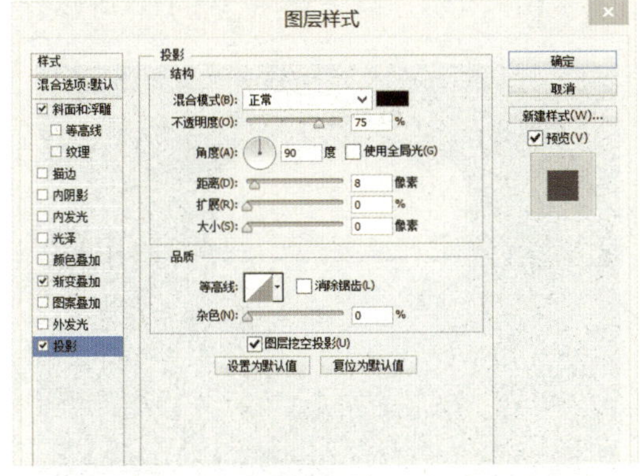

图 5-2-103　【图层样式】-【投影】对话框

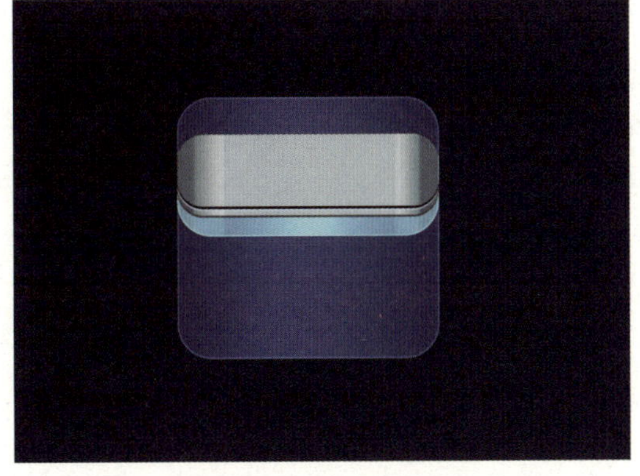

图 5-2-104　投影效果

STEP 10 按 Ctrl+J 组合键复制上一图层，按 Ctrl+T 组合键调整图形位置，如图 5-2-105 所示。双击圆角矩形图层弹出【图层样式】对话框，勾选【颜色叠加】，参数设置如图 5-2-106 所示，效果如图 5-2-107 所示。

图 5-2-105　调整位置后的效果

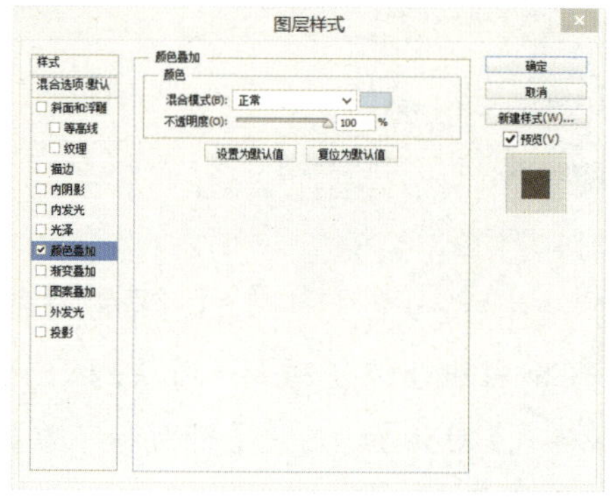

图 5-2-106　【图层样式】-【颜色叠加】对话框

STEP 11 按 Ctrl+J 组合键复制上一图层，按 Ctrl+T 组合键调整图形位置，如图 5-2-108 所示。

图 5-2-107　颜色叠加效果

图 5-2-108　调整位置后的效果

STEP 12 双击圆角矩形图层，弹出【图层样式】对话框，勾选【渐变叠加】，设置【混合模式】为正常，【样式】为线性，【渐变】设置如图 5-2-109 所示，效果如图 5-2-110 所示。

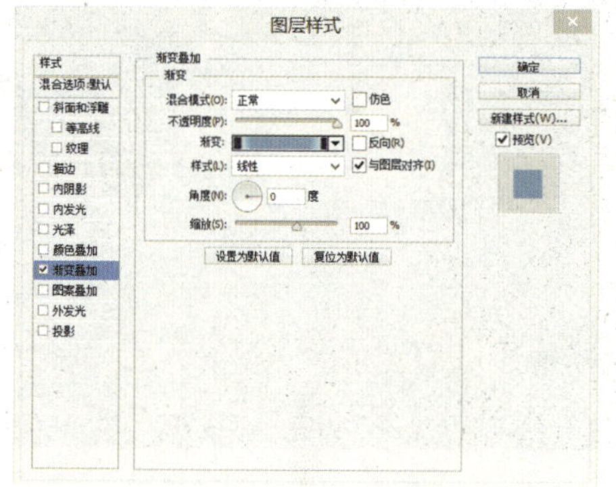

图 5-2-109　【图层样式】-【渐变叠加】对话框

图 5-2-110　渐变叠加效果

STEP 13 按 Ctrl+Alt+G 组合键创建【剪贴蒙版】，图 5-2-111 和图 5-2-112 为前后对比图。

图 5-2-111　剪贴蒙版效果

图 5-2-112　玻璃反光效果

STEP 14 复制上一图层，填充颜色，如图 5-2-113 所示。双击圆形图层，弹出【图层样式】对话框，勾选【颜色叠加】，参数设置如图 5-2-114 所示。

图 5-2-113　填充颜色效果

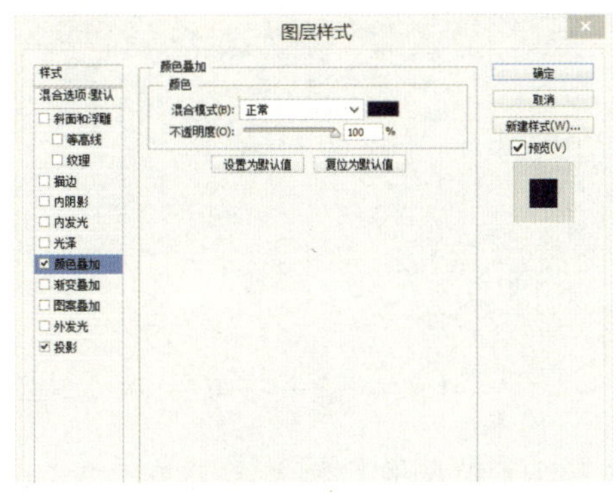

图 5-2-114　【图层样式】-【颜色叠加】对话框

STEP 15 按 Ctrl+J 组合键复制上一图层，按 Ctrl+t 组合键调整位置，如图 5-2-115 所示。双击圆形图层，弹出【图层样式】对话框，勾选【渐变叠加】，设置【混合模式】为正常，【样式】为线性，参数设置如图 5-2-116 所示。效果如图 5-2-117 所示。

图 5-2-115　调整位置后的效果

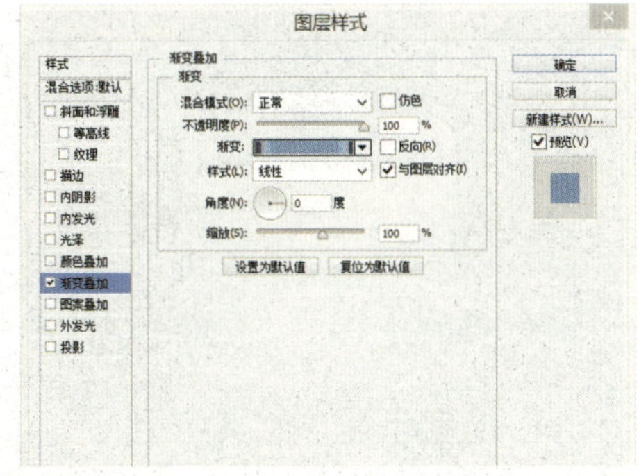

图 5-2-116　【图层样式】-【渐变叠加】对话框

STEP 16 按 Ctrl+J 组合键复制上一图层，按 Ctrl+T 组合键调整图形位置，如图 5-2-118 所示。双击圆形图层，弹出【图层样式】对话框，勾选【渐变叠加】，设置【混合模式】为正常，

【样式】为线性，【渐变】设置如图 5-2-119 所示。效果如图 5-2-120 所示。

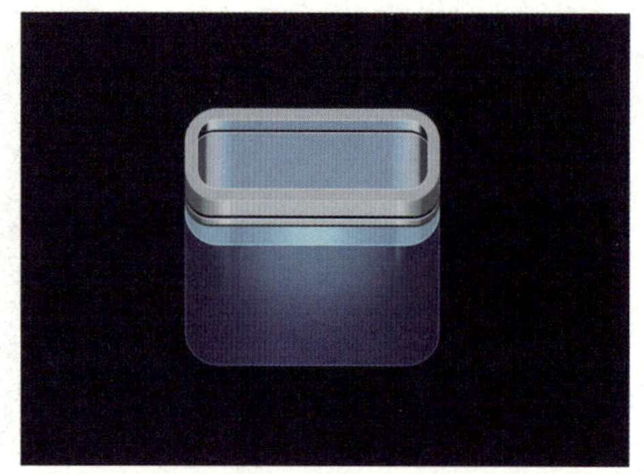

图 5-2-117　颜色调整效果

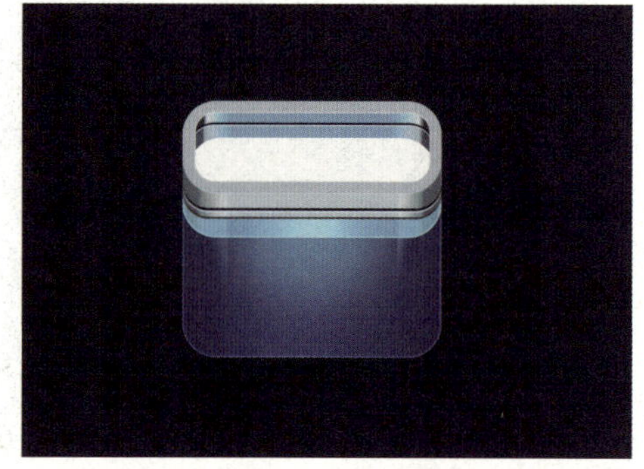

图 5-2-118　复制图层

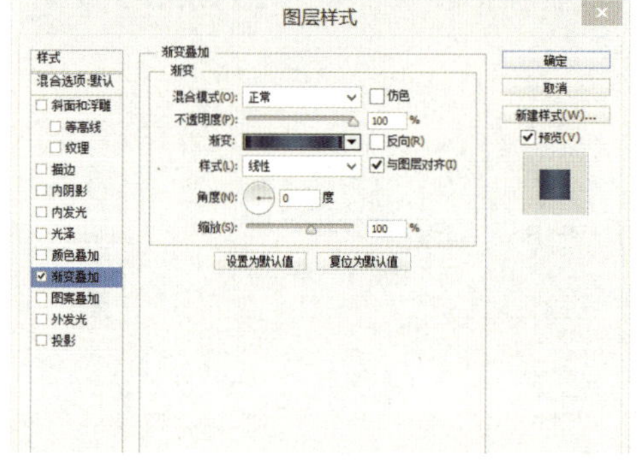

图 5-2-119　【图层样式】-【渐变叠加】对话框

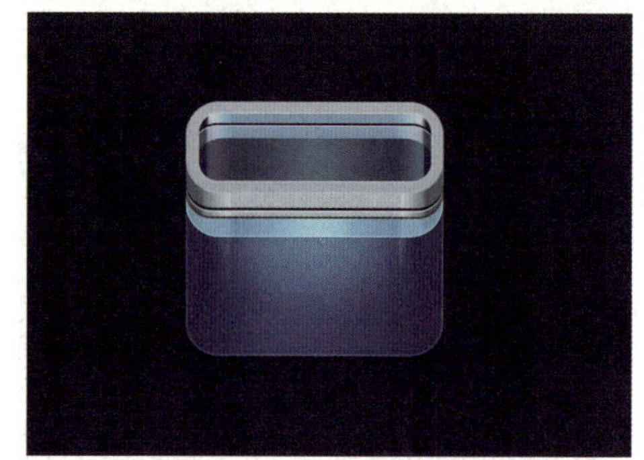

图 5-2-120　渐变效果

STEP 17 按 Ctrl+J 组合键复制上一图层，按 Ctrl+T 组合键调整图形位置，如图 5-2-121 所示。双击圆角矩形图层，弹出【图层样式】对话框，勾选【内发光】，设置【混合模式】为滤色，【不透明度】为 75%，【阻塞】、【大小】分别为 7%、8 像素，如图 5-2-122 所示；勾选【渐变叠加】，设置【混合模式】为正常，【样式】为线性，【渐变】设置如图 5-2-123 所示，效果如图 5-2-124 所示。

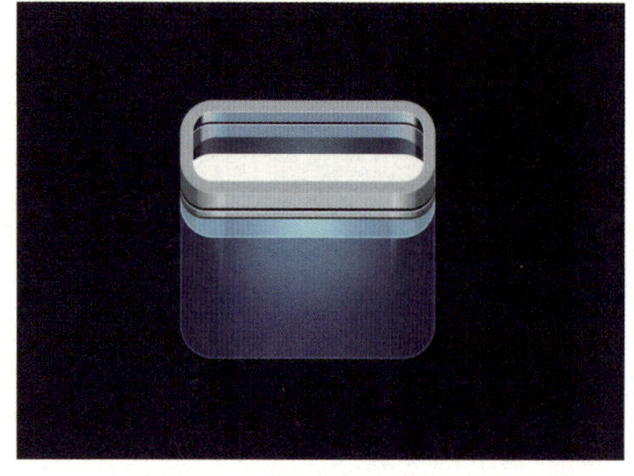

图 5-2-121　复制图层

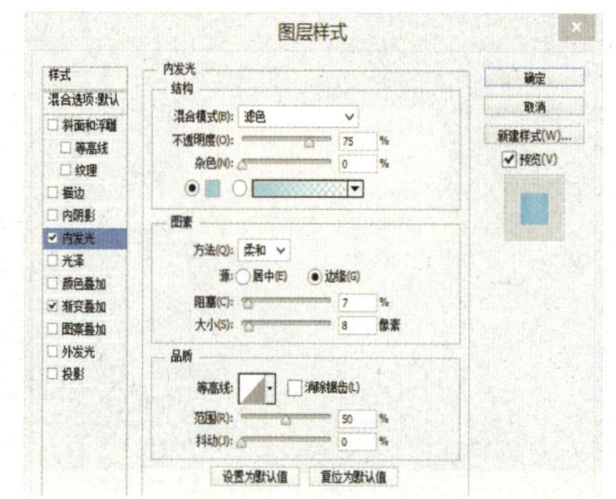

图 5-2-122　【图层样式】-【内发光】对话框

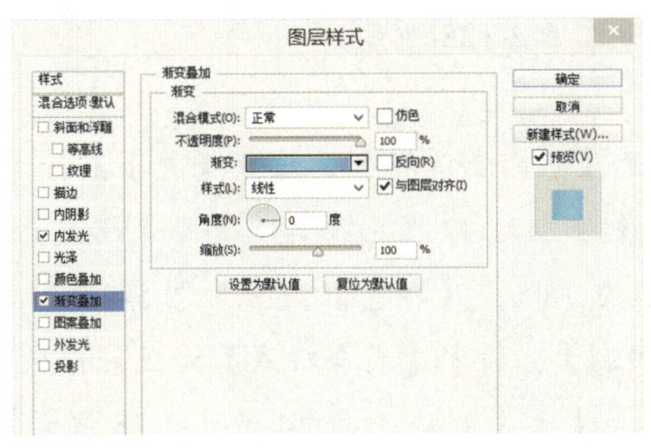

图 5-2-123　【图层样式】-【渐变叠加】对话框

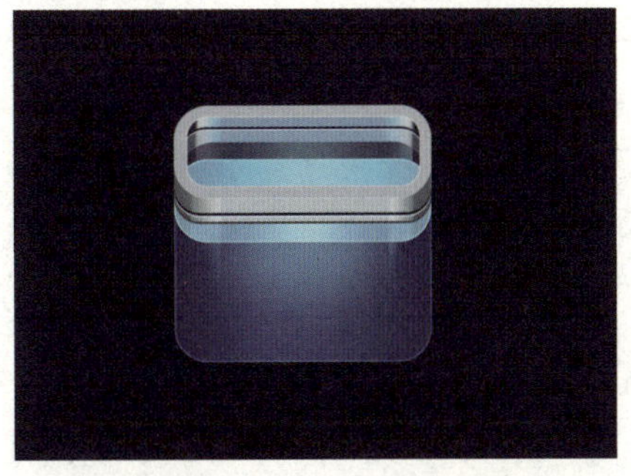

图 5-2-124　渐变效果

STEP 18 使用【椭圆工具】绘制一个圆形，进行羽化处理制作出反光效果，最终效果如图 5-2-125 所示。

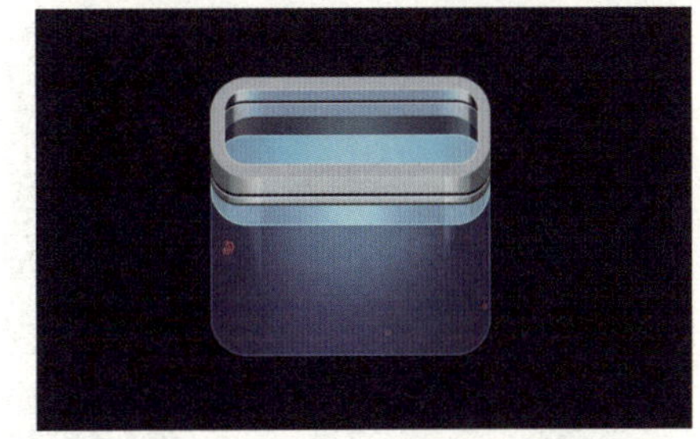

图 5-2-125　完成最终效果

总结：制作这类玻璃质感效果的图标，要根据图标特效质感进行分析，首先需要分析这种图标效果属于哪一种图层样式效果。特别是制作玻璃的质感效果时，可通过【混合模式】、【正片叠底】、【渐变叠加】等工具进行视觉效果调整。

案例 13：｜塑料质感效果｜

案例描述：塑料质感是一种模仿塑料的材料质感的真实效果，主要运用【图层样式】、【滤镜】、【渐变叠加】等工具，在制作的过程中添加【正片叠底】、【剪贴蒙版】效果，以实现最终效果。

制作步骤

STEP 01 在【新建】对话框中，设置【宽度】为 300 毫米，【高度】为 300 毫米，【分辨率】为 300 像素/英寸，【颜色模式】为 RGB 颜色，单击【确定】按钮，如图 5-2-126 所示。

STEP 02 设置【前景色】，参数设置如图 5-2-127 所示，单击【油漆桶工具】，填充颜色。

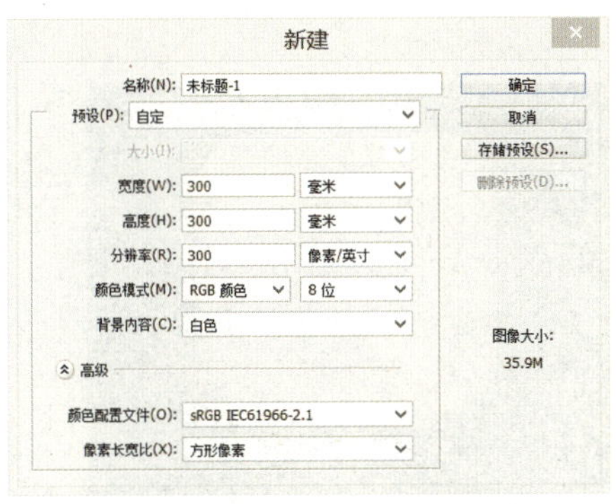

图 5-2-126　新建文件

图 5-2-127　填充【前景色】效果

STEP 03 使用【圆角矩形工具】绘制一个圆角矩形，如图 5-2-128 所示。

STEP 04 双击该图层，弹出【图层样式】对话框，勾选【斜面和浮雕】，设置【大小】、【软化】分别为 29 像素、16 像素，【角度】和【高度】分别为 90 度、30 度，【高光模式】和【阴影模式】分别为正常和正片叠底，【不透明度】为 78%，【颜色】设置如图 5-2-129 所示。勾选【颜色叠加】，如图 5-2-130 所示；勾选【投影】，设置【混合模式】为正片叠底，【不透明度】为 63%，【角度】为 90 度，【距离】、【大小】分别为 34 像素、38 像素，参数设置如图 5-2-131 所示，效果如图 5-2-132 所示。

图 5-2-128　绘制圆角矩形

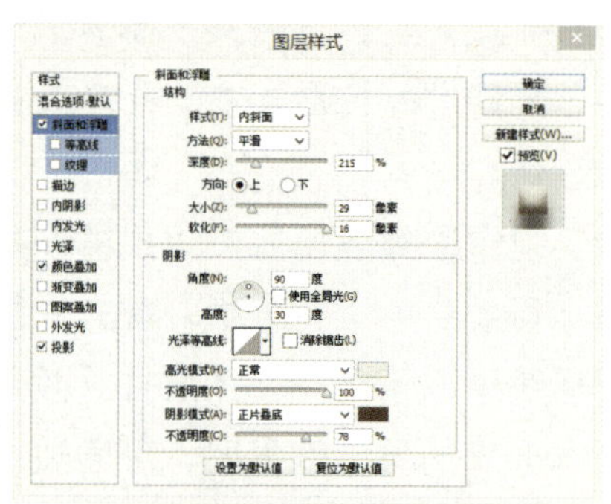

图 5-2-129　【图层样式】-【斜面和浮雕】对话框

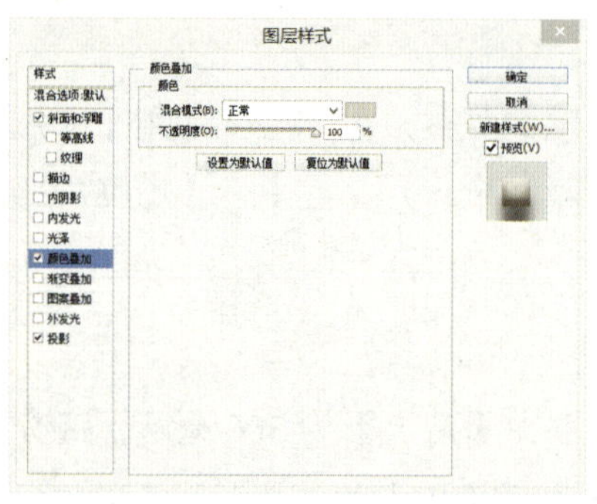

图 5-2-130　【图层样式】-【颜色叠加】对话框

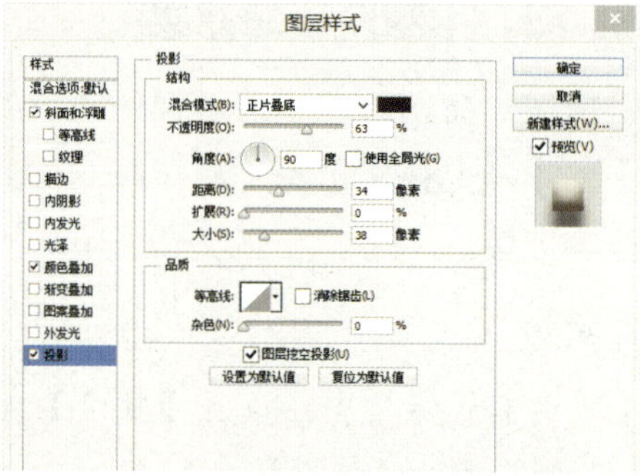

图 5-2-131　【图层样式】-【投影】对话框

STEP 05 使用【圆角矩形工具】绘制一个圆角矩形，如图 5-2-133 所示。

图 5-2-132　浮雕效果

图 5-2-133　绘制一个圆角矩形

STEP 06 双击该圆角矩形图层，弹出【图层样式】对话框，勾选【内阴影】，设置【混合模式】为叠加，【不透明度】为 20%，【角度】为 90 度，【距离】、【大小】分别为 7 像素、1 像素，参数设置如图 5-2-134 所示；勾选【渐变叠加】，设置【混合模式】为正常，【不透明度】为 79%，【样式】为线性，【角度】为 90 度，【渐变】设置如图 5-2-135 所示；勾选【外发光】，【混合模式】为滤色，【不透明度】为 75%，【大小】为 2 像素，如图 5-2-136 所示，效果如图 5-2-137 所示。

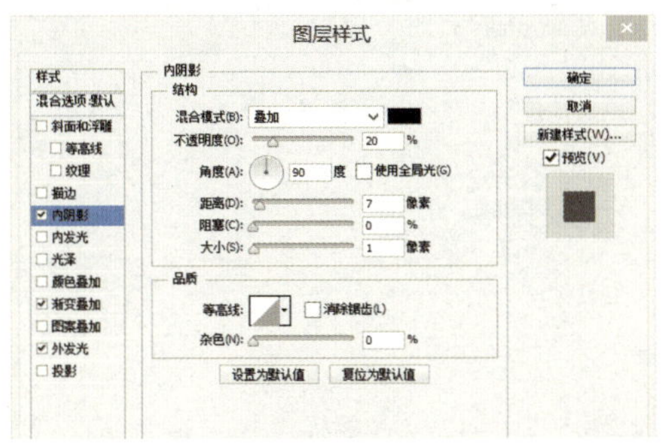

图 5-2-134 【图层样式】-【内阴影】对话框

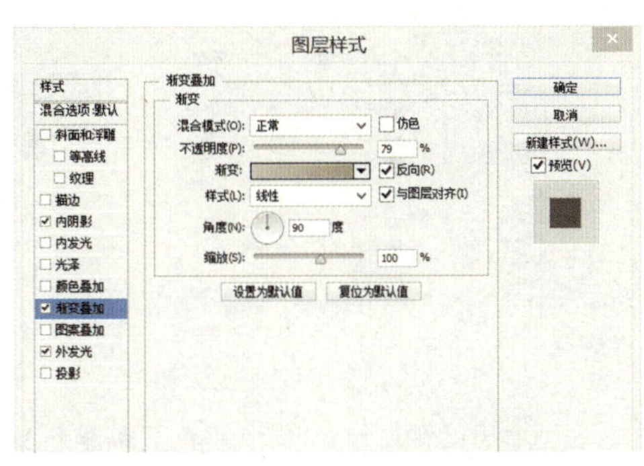

图 5-2-135 【图层样式】-【渐变叠加】对话框

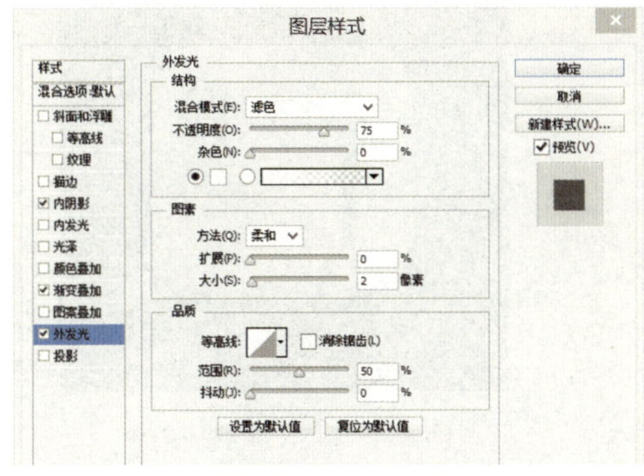

图 5-2-136 【图层样式】-【外发光】对话框

图 5-2-137 光影效果

STEP 07 按 Alt 键拖曳此图层，复制两个图层，如图 5-2-138 所示。

STEP 08 使用【圆角矩形工具】绘制一个圆角矩形，如图 5-2-139 所示。

图 5-2-138 复制两个图层

图 5-2-139 绘制一个圆角矩形

STEP 09 双击该图层，弹出【图层样式】对话框，勾选【内阴影】，设置【混合模式】为正片叠底，【不透明度】为100%，【角度】为90度，【距离】、【阻塞】、【大小】分别为8像素、16%、9像素，参数设置如图5-2-140所示；勾选【颜色叠加】，如图5-2-141所示；勾选【外发光】，设置【混合模式】为正常，【不透明度】为62%，【大小】为4像素，参数设置如图5-2-142所示，效果如图5-2-143所示。

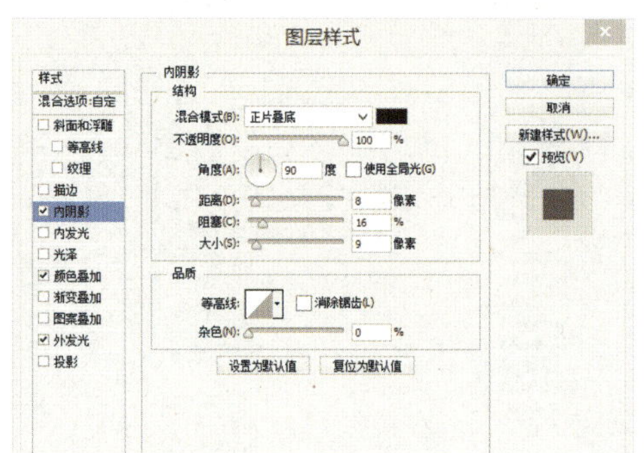

图5-2-140 【图层样式】-内阴影【内阴影】对话框

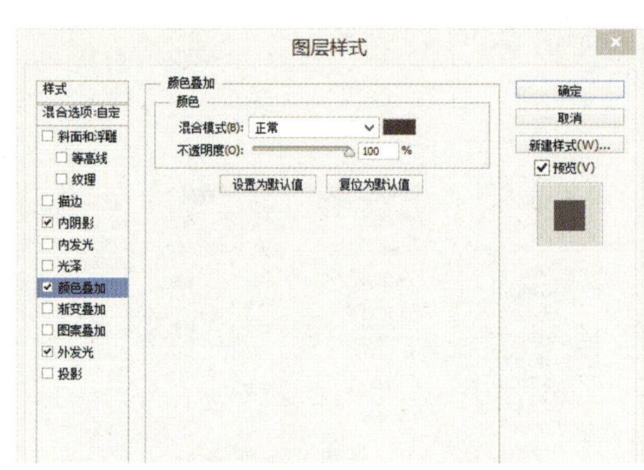

图5-2-141 【图层样式】-【颜色叠加】对话框

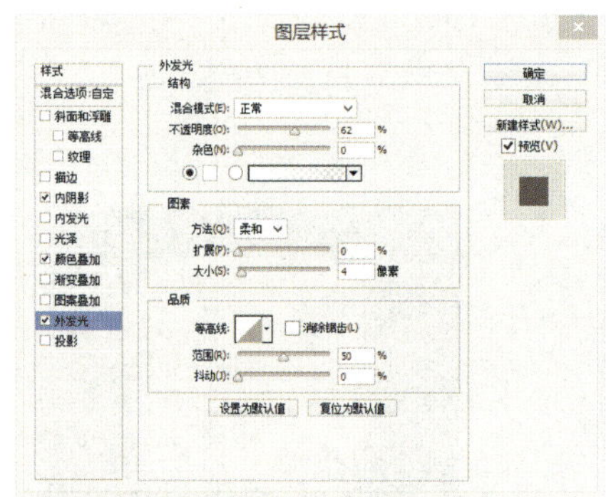

图5-2-142 【图层样式】-【外发光】对话框

图5-2-143 内阴影效果

STEP 10 按Alt键拖曳此图层复制两个图层，如图5-2-144所示。

STEP 11 使用【矩形工具】绘制一个矩形，如图5-2-145所示，并更改颜色，把此图层拖曳到第一个灰色圆角矩形图层上，并按Ctrl+Alt+G组合键设置【剪贴蒙版】，效果如图5-2-146所示。

图5-2-144 复制两个图层

图5-2-145 绘制一个矩形

图5-2-146 剪贴蒙版效果

STEP 12 再绘制两个矩形，方法同步骤 11，效果如图 5-2-147 所示。

STEP 13 使用【圆角矩形工具】绘制一个圆角矩形，如图 5-2-148 所示。

图 5-2-147　两个矩形效果

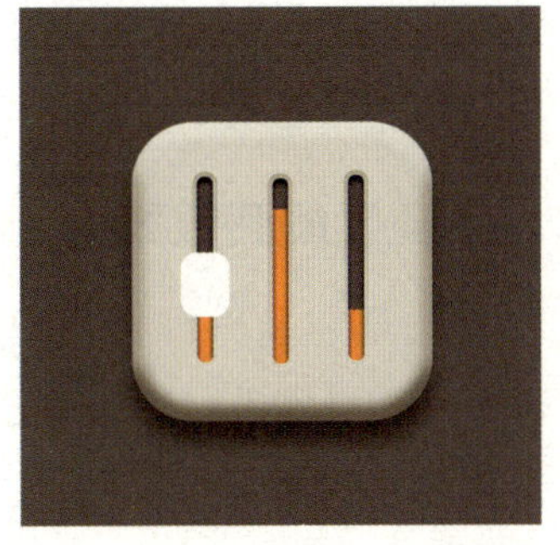
图 5-2-148　绘制一个圆角矩形

STEP 14 双击该图层，单击【图层样式】对话框，勾选【斜面和浮雕】，设置【大小】和【软化】分别为 12 像素、5 像素，【角度】和【高度】分别为 90 度、30 度，【高光模式】和【阴影模式】分别为正常和正片叠底，【不透明度】为 70%，【颜色】设置如图 5-2-149 所示；勾选【颜色叠加】，如图 5-2-150 所示；勾选【投影】，设置【混合模式】为正片叠底，【不透明度】为 100%，【角度】为 90 度，【距离】、【大小】分别为 7 像素、13 像素，如图 5-2-151 所示，效果如图 5-2-152 所示。

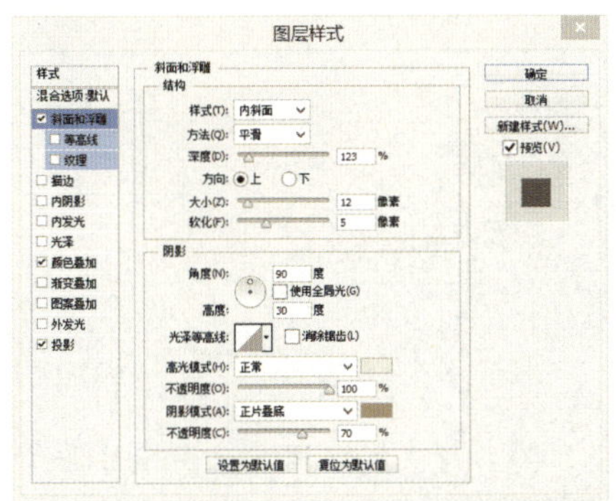

图 5-2-149　【图层样式】-【斜面和浮雕】对话框

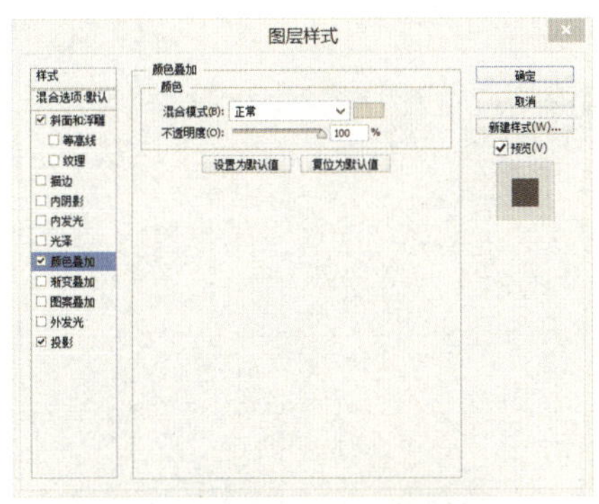

图 5-2-150　【图层样式】-【颜色叠加】对话框

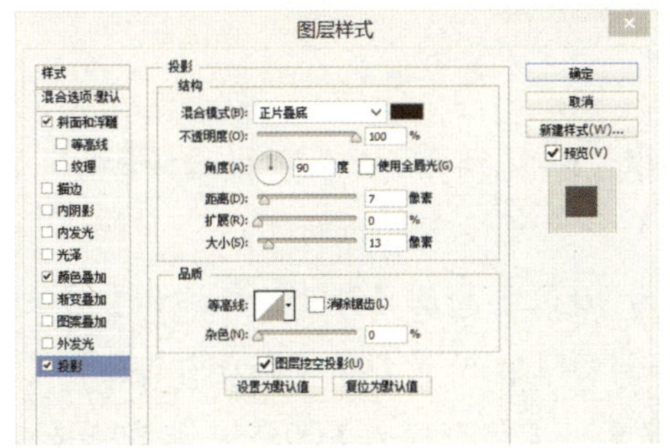

图 5-2-151　【图层样式】-【投影】对话框

图 5-2-152　滑块的效果

STEP 15 按 Alt 键拖曳此图层复制两个图层，并摆好位置，最终效果如图 5-2-153 所示。

图 5-2-153 最终效果

总结： 制作这类塑料质感效果的图标，要根据图标效果进行分析，首先需要分析这种图标效果属于哪一种图层样式效果。特别是塑料的质感是通过【混合模式】、【正片叠底】、【渐变叠加】等工具进行参数的调整。

案例 14：皮质质感效果

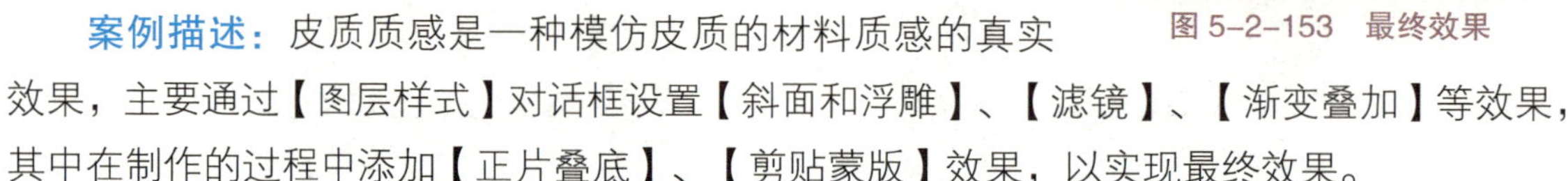

案例描述： 皮质质感是一种模仿皮质的材料质感的真实效果，主要通过【图层样式】对话框设置【斜面和浮雕】、【滤镜】、【渐变叠加】等效果，其中在制作的过程中添加【正片叠底】、【剪贴蒙版】效果，以实现最终效果。

制作步骤

STEP 01 新建自定义图案。在正式制作皮质图标之前先新建一个自定义图案，首先新建一个 1000 像素 ×1000 像素的画布，在菜单栏设置【填充】颜色为 #c5ab90，然后选择【滤镜】-【杂色】-【添加杂色】，在【添加杂色】面板添加数量为 7% 的杂色，单击【确定】按钮。在菜单栏选择【编辑】-【定义图案】，添加一个图案，命名为【磨砂纹理】，单击【确定】按钮，效果如图 5-2-154 所示。

STEP 02 新建画布。填充一个从 #d9d5cf 到 #9c8c7e 的径向渐变，参数设置如图 5-2-155 所示。

图 5-2-154 填充颜色

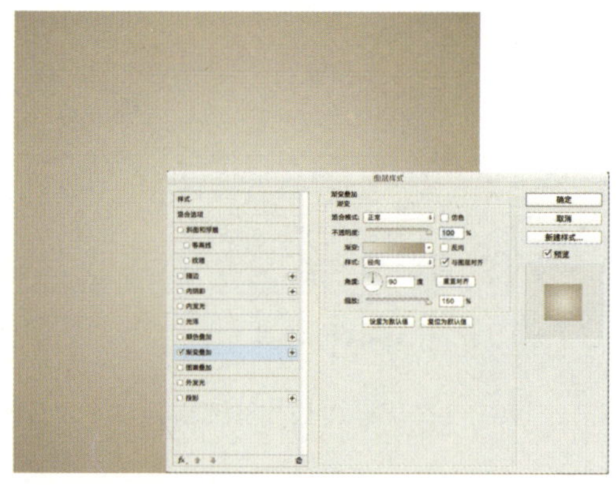

图 5-2-155 填充渐变

STEP 03 在网站上找到一张皮质效果好的皮质图片，如图 5-2-156 所示。在菜单栏选择【编辑】-【定义图案】，添加一个图案，命名为【皮质纹理】，方便接下来的制作。

STEP 04 新建图标。新建一个 512 像素 ×512 像素、半径为 90 像素的圆角矩形，并添加【图层样式】效果，在【图层样式】对话框中，勾选【斜面和浮雕】，设置【样式】为内斜面，【深度】为 800%，【大小】和【软化】分别为 3 像素和 7 像素，【阴影模式】为正片叠底，【颜色】改为 #3d1d12，参数设置如图 5-2-157 所示。其中【图案叠加】叠加的是刚才新建的【磨砂纹理】，如图 5-2-158 所示，效果如图 5-2-159 所示。

图 5-2-156　皮质效果

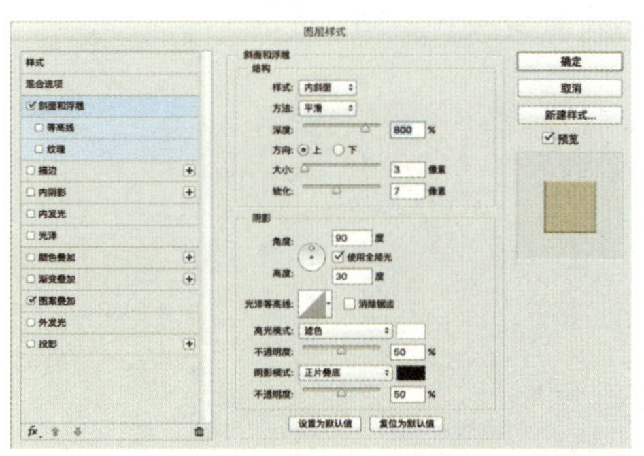
图 5-2-157　【图层样式】-【斜面和浮雕】对话框

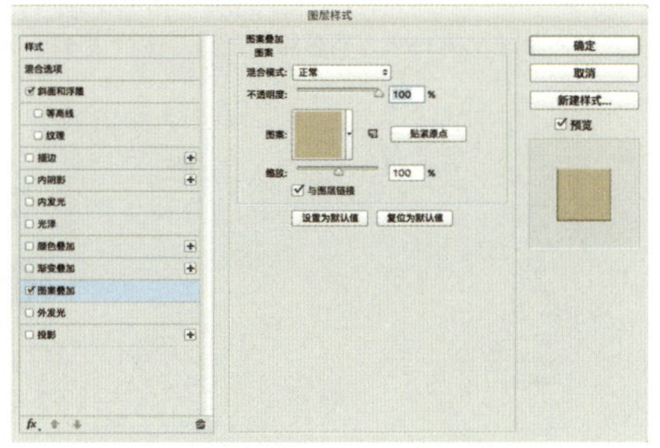
图 5-2-158　【图层样式】-【图案叠加】对话框

图 5-2-159　磨砂纹理效果

STEP 05 制作第二层圆角矩形。按 Ctrl+J 组合键复制刚刚制作的圆角矩形，按 Ctrl+T 组合键选中圆角矩形，并按 Alt+Shift 组合键等比缩小为 473 像素。然后再给这个图层添加一个【投影】样式，设置【混合模式】为线性加深，【透明度】为 70%，【距离】、【大小】分别为 3 像素、5 像素、7 像素，参数和效果如图 5-2-160 所示。

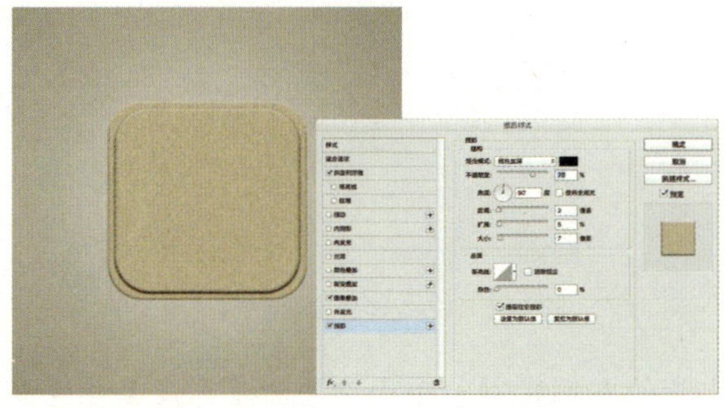
图 5-2-160　【图层样式】-【投影】对话框

STEP 06 建立皮包带。用【矩形工具】建立一个【宽度】为 67 像素、【高度】为 473 像素的小竖条，设置【颜色】为 #c5ab90，如图 5-2-161 所示。双击图层弹出【图层样式】对话框，勾选【内发光】，设置【混合模式】为线性加深，【不透明度】为 20%，【颜色】为 #000000，图案【大小】为 20 像素，如图 5-2-162 所示；勾选【图案叠加】，参数设置如图 5-2-163 所示；勾选【颜色叠加】，设置【混合模式】为明度，【颜色】为 #372715，【不透明度】为 50%，如图 5-2-164 所示，效果如图 5-2-165 所示。

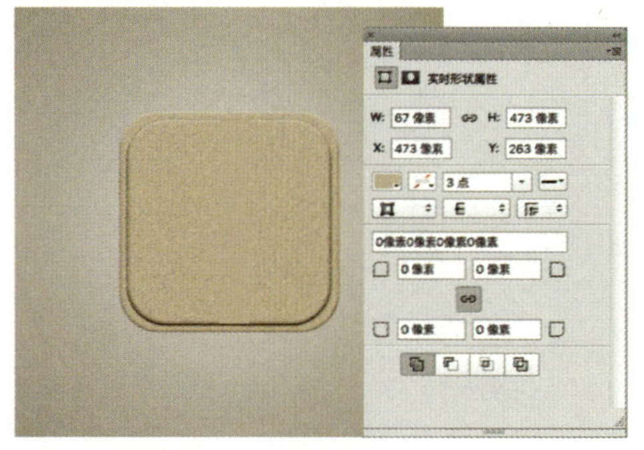

图 5-2-161　矩形的【属性】面板

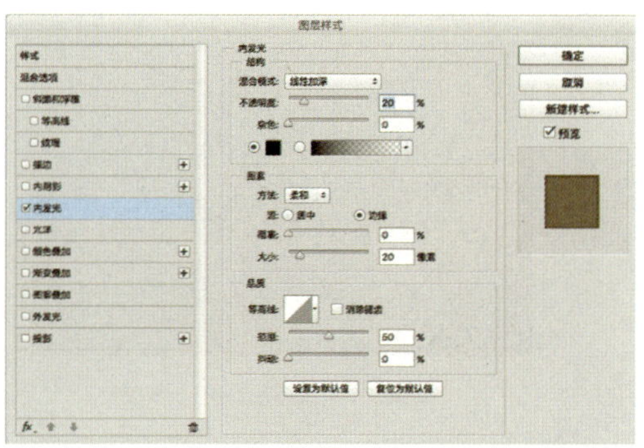

图 5-2-162　【图层样式】-【内发光】对话框

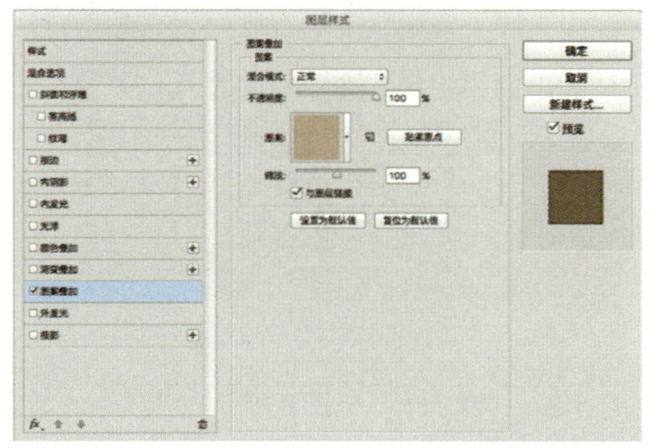

图 5-2-163　【图层样式】-【图案叠加】对话框

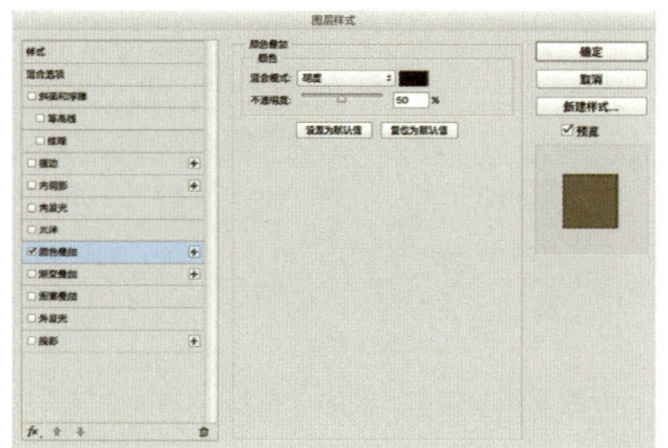

图 5-2-164　【图层样式】-【颜色叠加】对话框

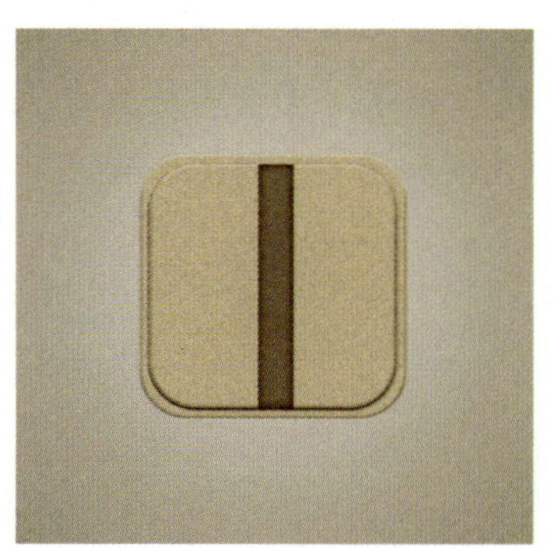

图 5-2-165　竖条皮带质感效果

STEP 07 在绘制完成的竖条皮带的右侧绘制一个小细条。【宽度】和【高度】分别设为 2 像素 × 472 像素，双击竖条皮带图层弹出【图层样式】对话框，勾选【斜面和浮雕】，设置【样式】为内斜面，【深度】为 200%，【大小】和【软化】分别为 10 像素、1 像素，【阴影模式】为正片叠底，【不透明度】为 80%，如图 5-2-166 所示。设置【颜色叠加】，【混合模式】为正常，【颜色】为 #c5ab90，如图 5-2-167 所示，单击【确定】按钮。在【图层样式】对话框中，勾选【投影】，设置【混合模式】为线性加深，【不透明度】为 70%，【角度】为 180 度，【距离】、

【大小】分别为 1 像素、4 像素，如图 5-2-168 所示，效果如图 5-2-169 所示。

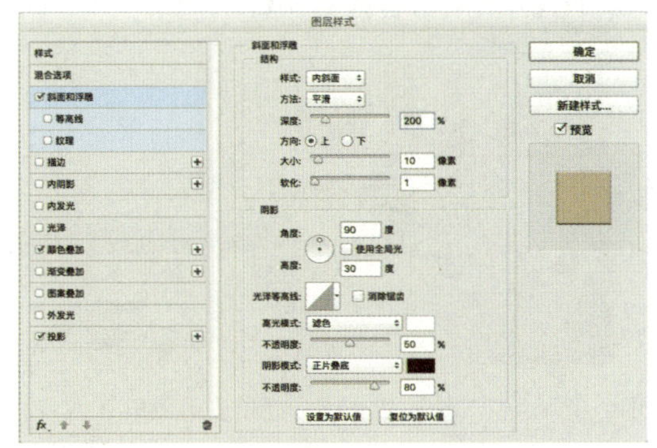

图 5-2-166　【图层样式】-【斜面】对话框

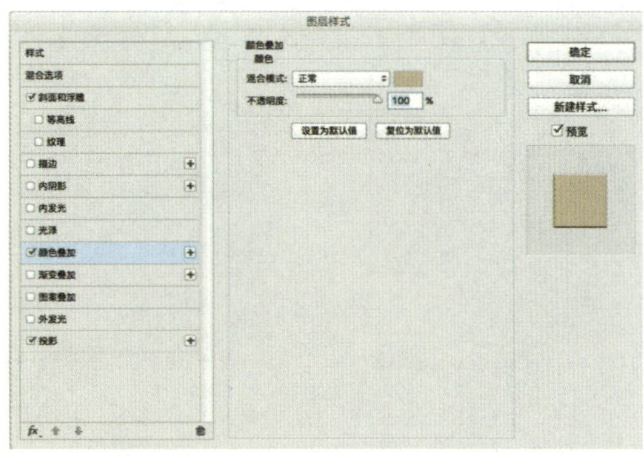

图 5-2-167　【图层样式】-【颜色叠加】对话框

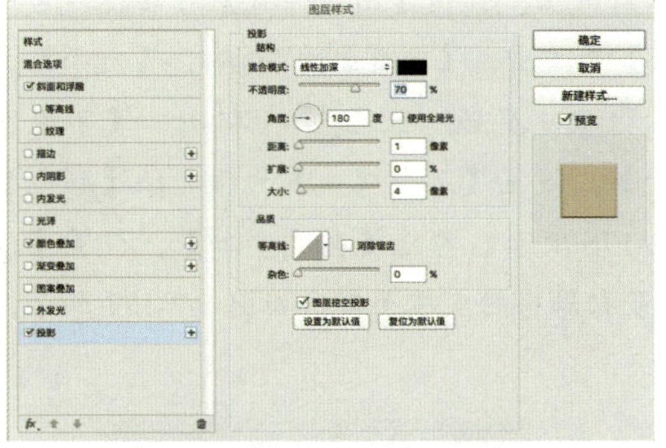

图 5-2-168　【图层样式】-【投影】对话框

图 5-2-169　竖条皮带质感效果 2

STEP 08 将右侧的小细条复制并粘贴到竖条皮带的左侧。勾选【图层样式】对话框的【投影】，将角度改为 0 度，其他参数设置不变，如图 5-2-170 所示，如图 5-2-171 所示为参考效果。

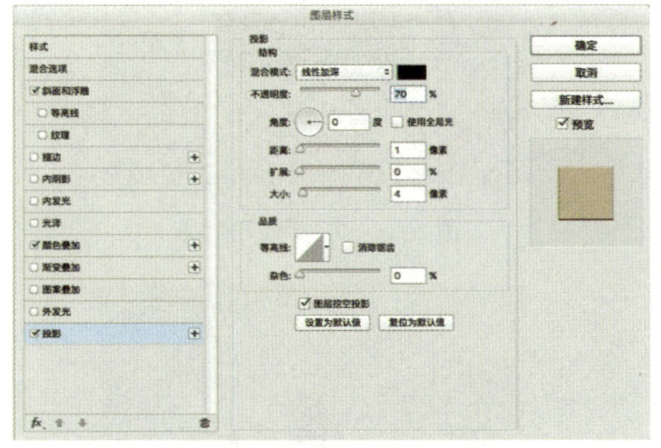

图 5-2-170　设置角度参数

图 5-2-171　竖条皮带阴影效果 3

STEP 09 给中间的皮带添加效果。绘制一个【宽度】为 312 像素、【高度】为 466 像素的矩形，设置【填充】颜色为 #e9d9c7，单击【确定】按钮，其他参数设置如图 5-2-172 所示。设置【羽化】为 95.0 像素，如图 5-2-173 所示。将【不透明度】设为 35%，将这个矩形与之前做好的竖条重合并适当调节位置，效果如图 5-2-174 所示。

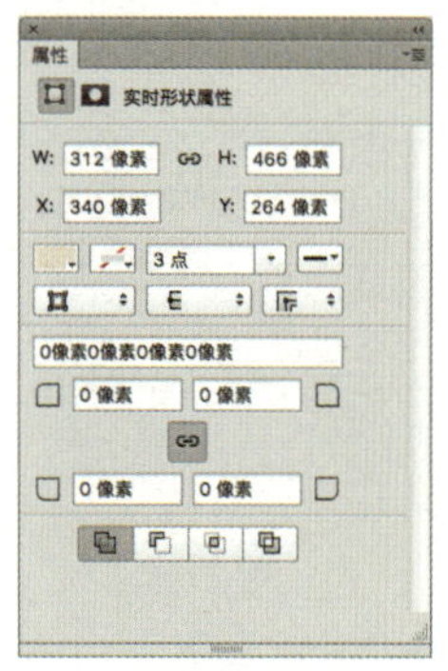

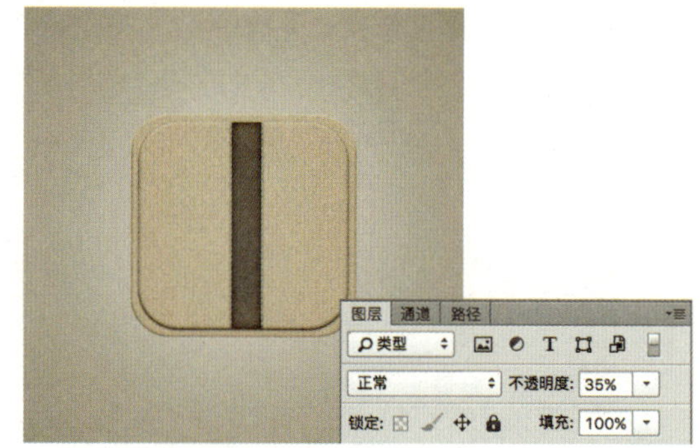

图 5-2-172 【属性】面板 图 5-2-173 路径【属性】面板 图 5-2-174 竖条皮带效果 3

STEP 10 建立皮包的底部皮质。绘制一个 473 像素 ×147 像素的矩形，将左、右两个底角都改为 90 像素的圆角，【填充】颜色为 #c5ab90。双击图层，弹出【图层样式】对话框，勾选【斜面和浮雕】，设置【样式】为内斜面，【方法】为平滑，【深度】为 900%，【大小】、【软化】分别为 3 像素、10 像素，【阴影模式】为正片叠底，颜色为 #380b01，【不透明度】为 80%，如图 5-2-175 所示。勾选【颜色叠加】，设置【混合模式】为强光，【颜色】为 #260902，【不透明度】为 60%，效果如图 5-2-176 所示。勾选【图案叠加】，设置【混合模式】为正常，【不透明度】为 100%，图案为最初保存的皮质图案，如图 5-2-177 所示，效果如图 5-2-178 所示。

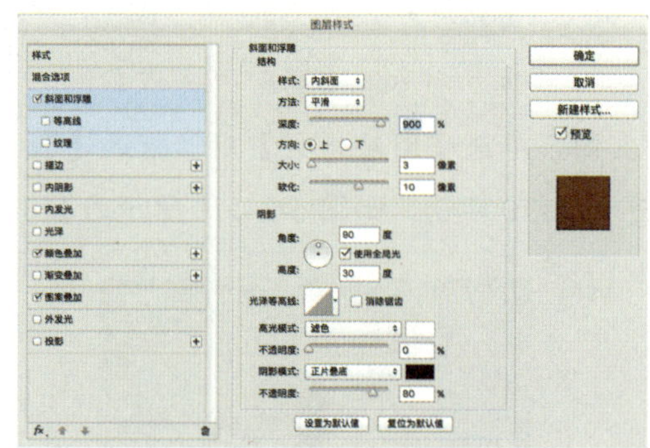

图 5-2-175 【图层样式】-【斜面和浮雕】对话框

图 5-2-176 强光效果

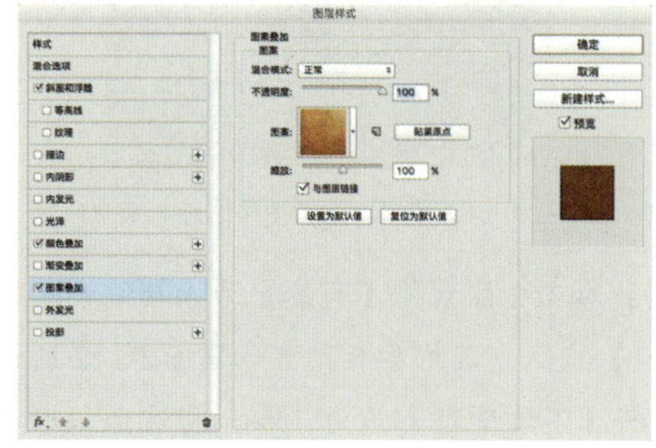

图 5-2-177 【图层样式】-【图案叠加】对话框

图 5-2-178 皮包底皮质部效果

STEP 11 为刚刚建的皮包底部皮质加高光效果。绘制一个【宽度】为 204 像素、【高度】为 148 像素的矩形，【填充】颜色为 #e6a685，参数设置如图 5-2-179 所示。设置【羽化】为 76.7 像素，如图 5-2-180 所示。【不透明度】设为 60%，如图 5-2-181 所示为参考效果。

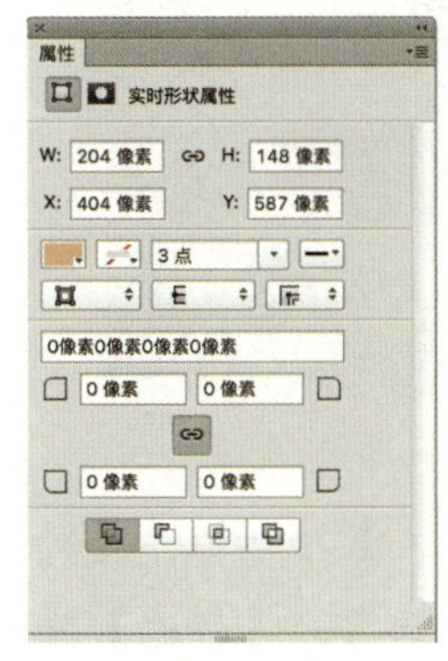

图 5-2-179 矩形的【属性】面板

图 5-2-180 设置【羽化】参数

图 5-2-181 羽化效果

STEP 12 绘制皮包底部皮质上的虚线。绘制一个【宽度】为 473.12 像素、【高度】为 2 像素，【线框】为虚线，参数如图 5-2-182 所示。双击图层弹出【图层样式】对话框，勾选【斜面和浮雕】，设置【样式】为内斜面，【方法】为平滑，【深度】为 200%，【大小】、【软化】分别为 10 像素、1 像素，【阴影模式】为正片叠底，【颜色】为 #3d1d12，【不透明度】为 80%，如图 5-2-183 所示。勾选【颜色叠加】，设置【混合模式】为正常，【颜色】为 #ec9d75，如图 5-2-184 所示。勾选【投影】，设置【混合模式】为线性加深，【不透明度】为 70%，【角度】为 90 度，【距离】、【扩展】、【大小】分别为 2 像素、3%、4 像素，参数设置如图 5-2-185 所示，效果如图 5-2-186 所示。

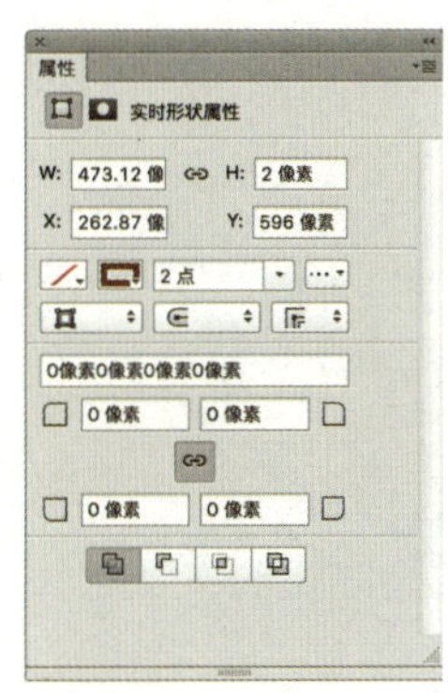

图 5-3-182 虚线的【属性】面板

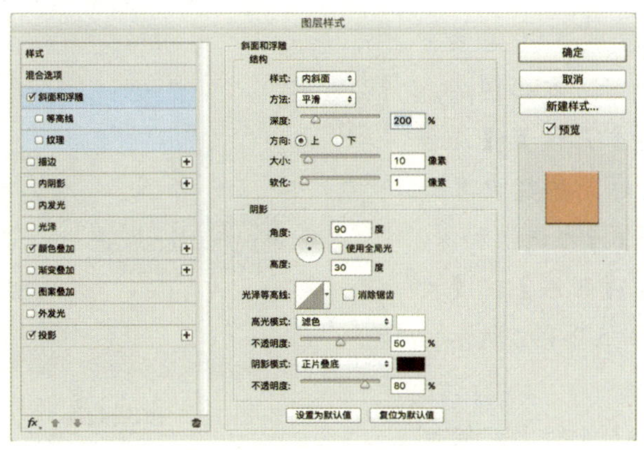

图 5-2-183 【图层样式】-【投影和浮雕】对话框

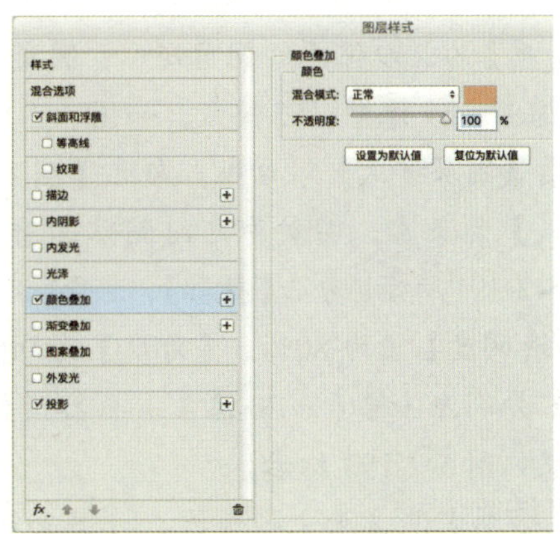

图 5-2-184 【图层样式】-【颜色叠加】对话框

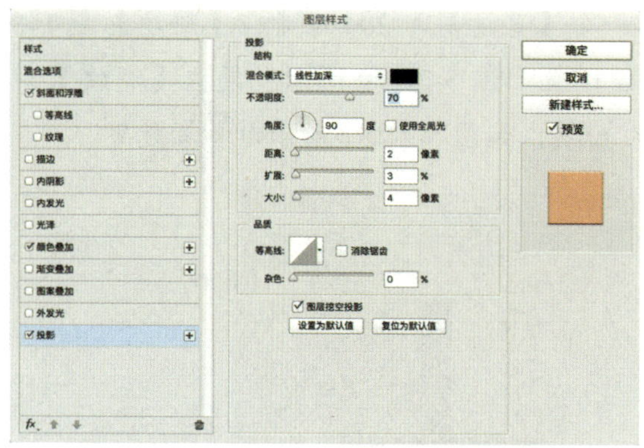

图 5-2-185　【图层样式】-【投影】对话框

图 5-2-186　虚线的效果

STEP 13 在虚线上绘制一条实线，在前一个图层，双击图层，弹出【图层样式】对话框，【斜面和浮雕】所有数值不变。勾选【颜色叠加】，设置【混合模式】为正常，【颜色】改为 #fab768，如图 5-2-187 所示。勾选【投影】，设置【混合模式】为线性加深，【不透明度】改为 30%，【角度】为 90 度，【距离】、【大小】分别为 1 像素、4 像素，参数设置如图 5-2-188、效果如图 5-2-189 所示。

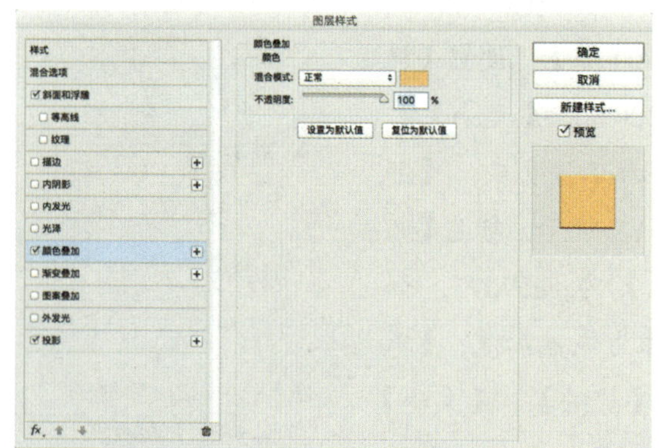

图 5-2-187　【图层样式】-【颜色叠加】对话框

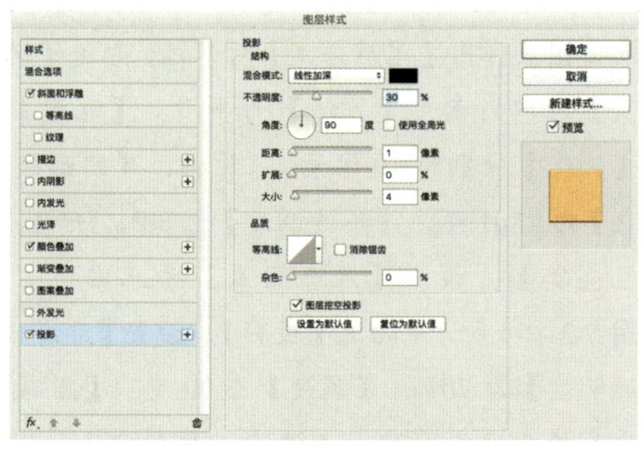

图 5-2-188　【图层样式】-【投影】对话框

STEP 14 绘制皮包的盖子。绘制一个【宽度】为 489 像素、【高度】为 239 像素的圆角矩形，圆角度数分别为 90 像素、90 像素、55 像素、55 像素，如图 5-2-190 所示。双击图层，弹出【图层样式】对话框，勾选【图案叠加】，设置【混合模式】为正常，图案为之前制作的磨砂质感，参数设置如图 5-2-191 所示。勾选【投影】，设置【混合模式】为线性加深，【不透明度】设为 80%，【角度】为 90 度，【距离】、【大小】分别为 3 像素、20 像素，参数设置如图 5-2-192 所示，效果如图 5-2-193 所示。

图 5-2-189　实线效果

STEP 15 绘制皮包盖子上的虚线。效果如图 5-2-194 所示。绘制一个【宽度】为 481 像素、【高度】为 230 像素的圆角矩形，圆角度数分别为 90 像素、

90 像素、55 像素、55 像素。双击此图层，弹出【图层样式】对话框，勾选【斜面和浮雕】，设置【样式】为内斜面，【深度】为 500%，【大小】、【软化】分别为 6 像素、1 像素，【阴影模式】为正片叠底，【颜色】为 #3d1d12，【不透明度】为 20%，参数设置如图 5-2-195 所示。勾选【颜色叠加】，设置【混合模式】为正常，【颜色】为 #73675a，参数设置如图 5-2-196 所示。勾选【投影】，设置【混合模式】为颜色加深，【不透明度】为 50%，【角度】为 90 度，勾选【使用全局光】，【距离】、【大小】分别为 1 像素、1 像素，参数设置如图 5-2-197 所示。

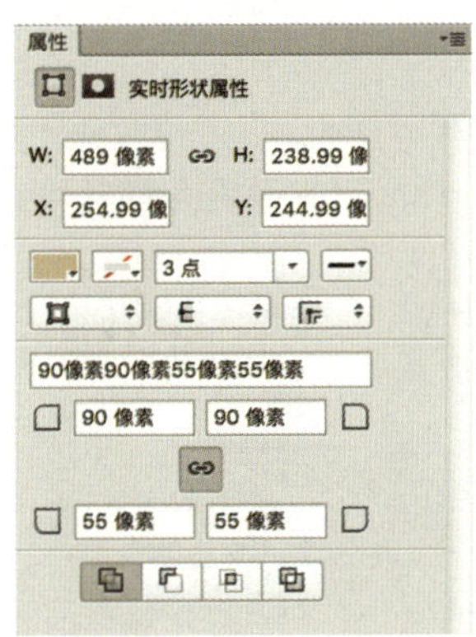

图 5-2-190　圆角矩形属性面板

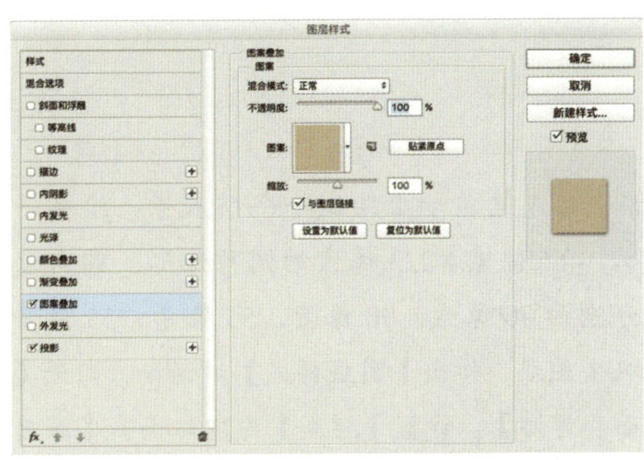

图 5-2-191　【图层样式】-【图案叠加】对话框

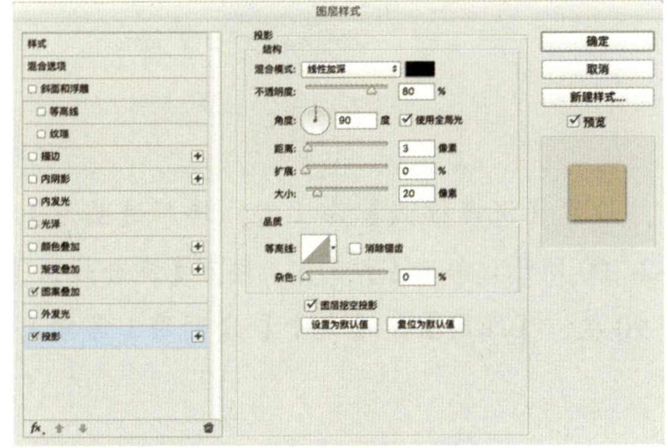

图 5-2-192　【图层样式】-【投影】对话框

图 5-2-193　皮包盖子效果

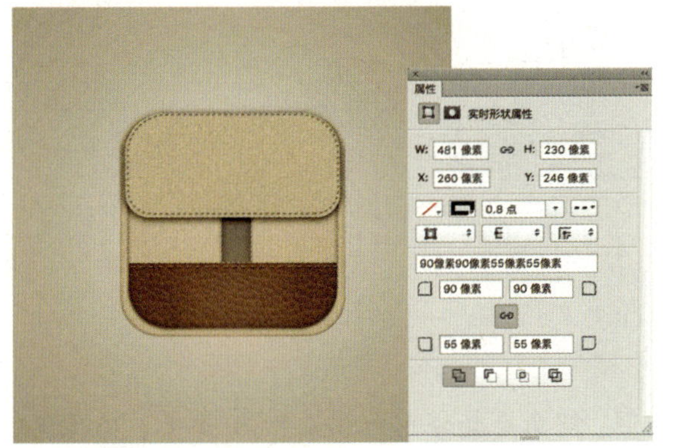

图 5-2-194　皮包盖子上的虚线

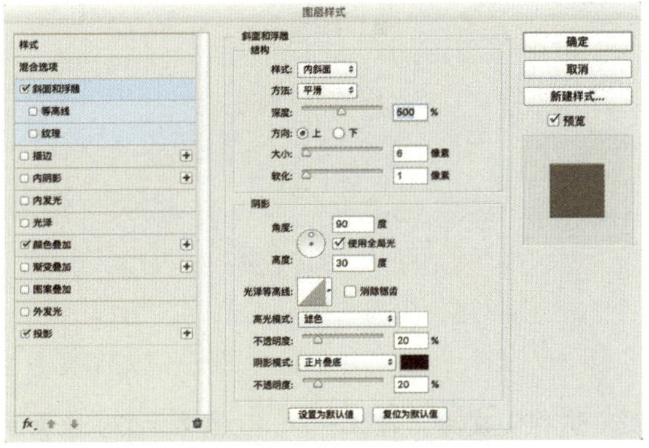

图 5-2-195　【图层样式】-【斜面和浮雕】对话框

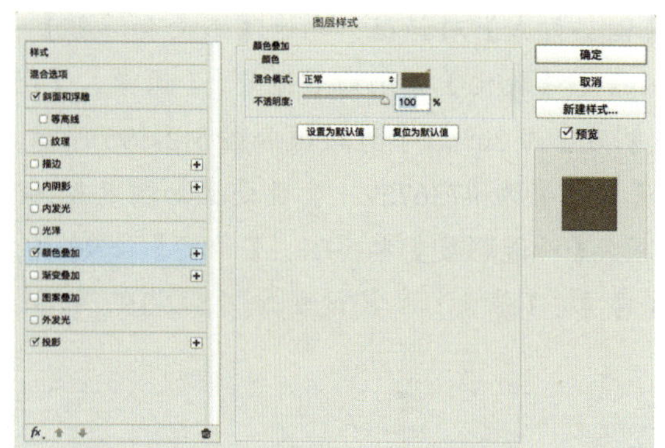

图 5-2-196 【图层样式】-【颜色叠加】对话框

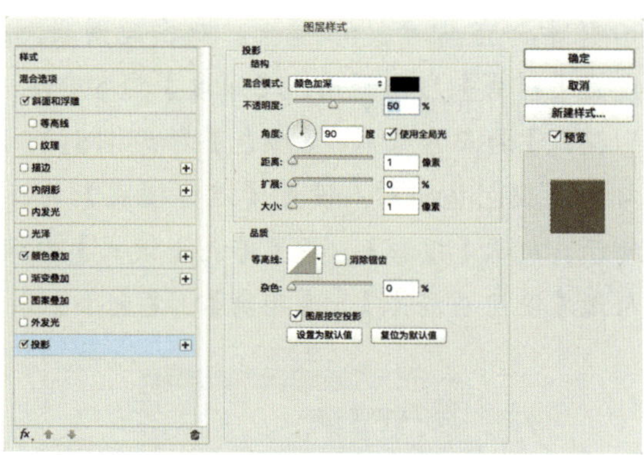

图 5-2-197 【图层样式】-【投影】对话框

STEP 16 在皮包盖子上绘制一个小盖子。绘制一个466像素×223像素的圆角矩形，圆角度数分别为90像素、90像素、55像素、55像素。双击图层，弹出【图层样式】对话框，勾选【斜面和浮雕】，设置【样式】为内斜面，【深度】为800%，【大小】、【软化】分别为2像素、3像素，【阴影模式】为正片叠底，【不透明度】为20%，参数设置如图5-2-198所示。勾选【内发光】，设置【混合模式】为正片叠底，【颜色】为#3d1d12，【不透明度】为30%，参数设置如图5-2-199所示。勾选【图案叠加】，设置【混合模式】为正常，【不透明度】为100%，【图案】为磨砂质感，参数设置如图5-2-200所示。勾选【投影】，设置【混合模式】为正片叠底，【不透明度】为20%，【角度】为90度，【距离】、【大小】分别为1像素、2像素，效果如图5-2-201、图5-2-202所示。

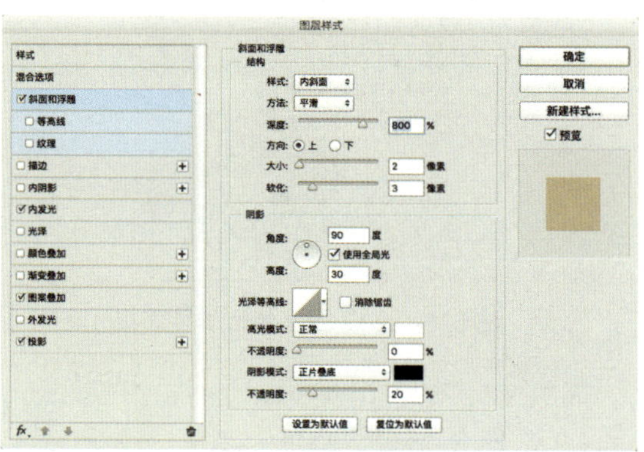

图 5-3-198 【图层样式】-【斜面和浮雕】对话框

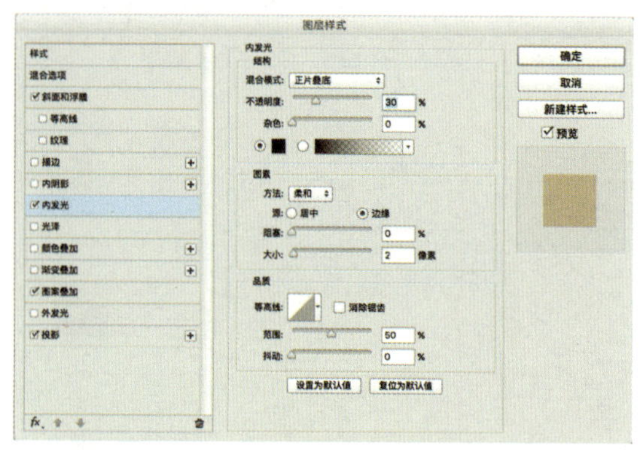

图 5-2-199 【图层样式】-【内发光】对话框

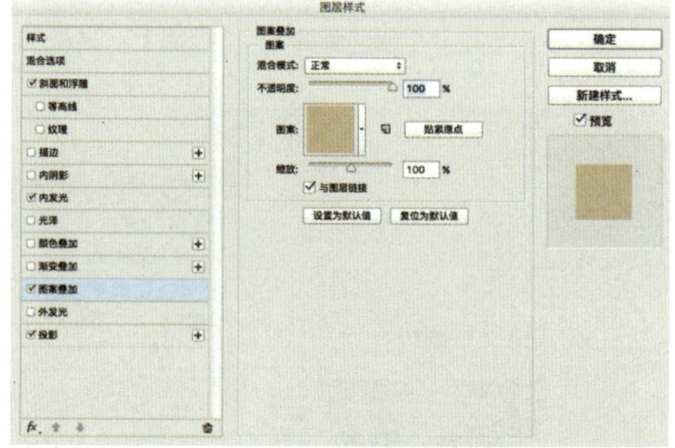

图 5-2-200 【图层样式】-【图案叠加】对话框

STEP 17 制作小皮带。建立一个40像素×439像素的矩形，圆角度数分别为0像素、0像素、20像素、20像素，如图5-2-203所示。双击图层弹出【图层样式】对话框，勾选【斜面和浮雕】，

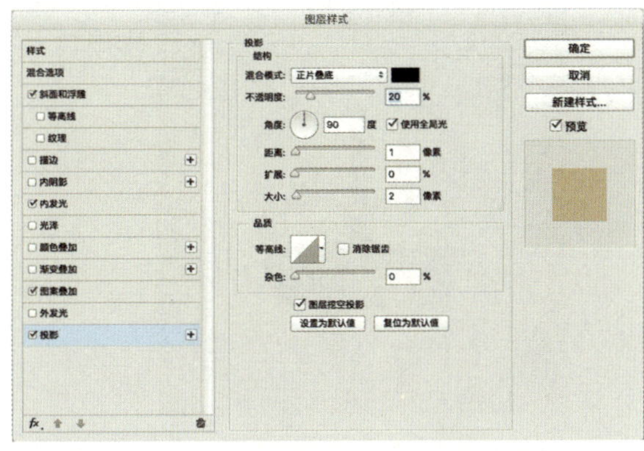

图 5-2-201　【图层样式】-【投影】对话框

图 5-2-202　皮包小盖子的效果

设置【样式】为内斜面，【深度】为 900%，【大小】、【软化】分别为 3 像素、10 像素，【阴影模式】为正片叠底，【颜色】为 #380b01，【不透明度】为 80%，参数设置如图 5-2-204 所示。勾选【颜色叠加】，设置【混合模式】为强光，【颜色】为 #260902，【不透明度】为 60%，参数设置如图 5-2-205 所示。勾选【图案叠加】，设置【混合模式】为正常，【不透明度】为 100%，【图案】为磨砂质感，参数设置如图 5-2-206 所示。勾选【投影】，设置【混合模式】为线性加深，【颜色】为 #582f17，【不透明度】为 69%，【角度】为 90 度，【距离】、【大小】分别为 4 像素、9 像素，参数如图 5-2-207，效果图 5-2-208 所示。

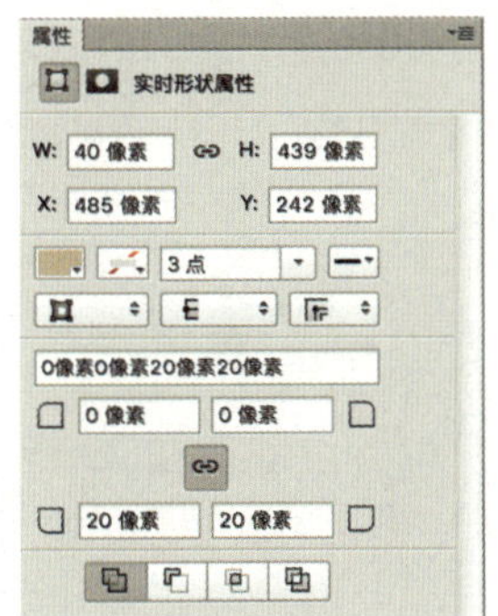

图 5-2-203　圆角矩形属性面板

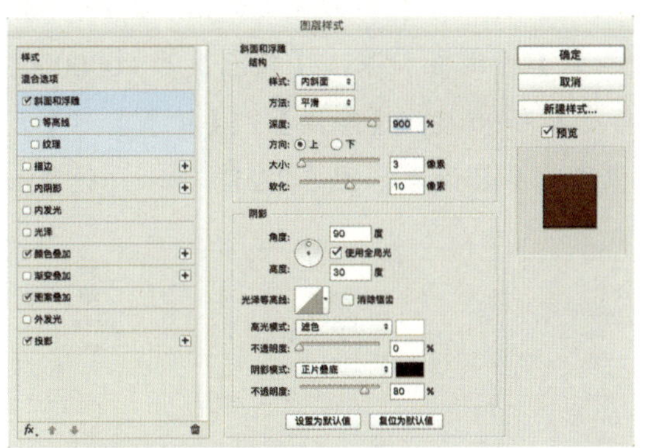

图 5-2-204　【图层样式】-【斜面和浮雕】对话框

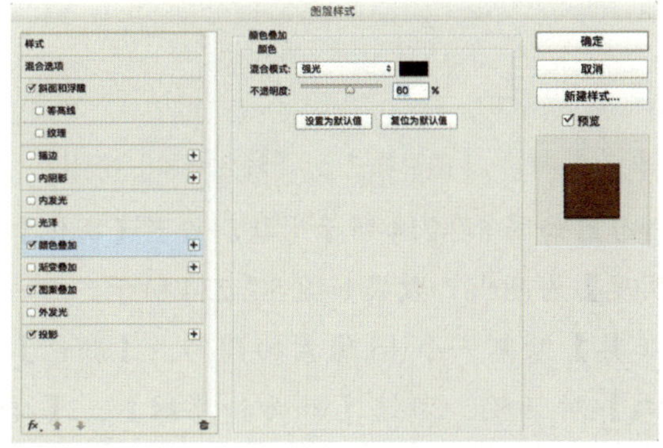

图 5-2-187　【图层样式】-【颜色叠加】对话框

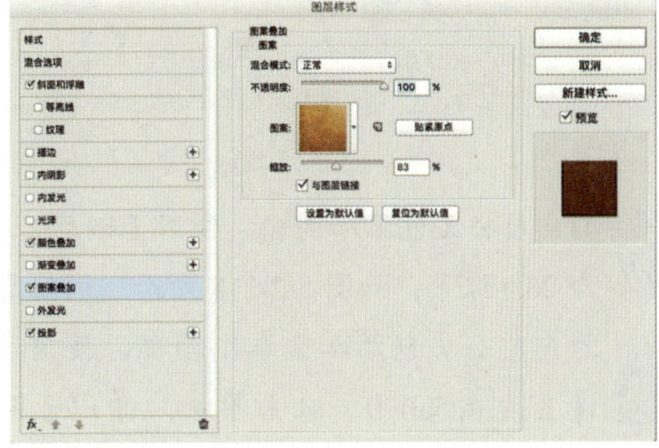

图 5-2-206　【图层样式】-【图案叠加】对话框

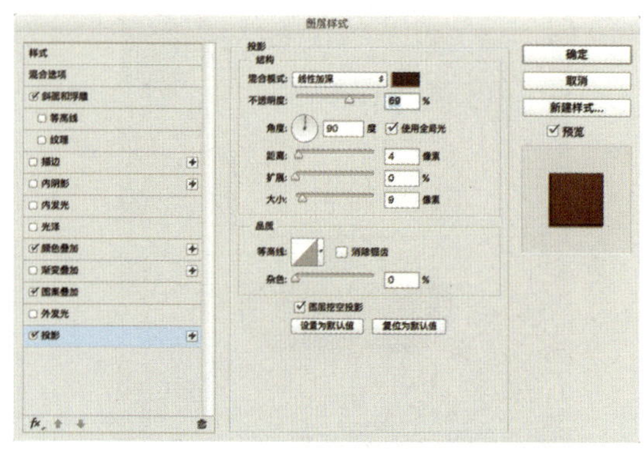

图 5-2-207 "投影"【图层样式】对话框

图 5-2-208 小皮带效果

STEP 18 绘制小皮带上的虚线。绘制一个 32 像素 ×489 像素的虚线框，圆角度数分别为 0 像素、0 像素、16 像素、16 像素，参数如图 5-2-209 所示。双击图层，弹出【图层样式】对话框，勾选【斜面和浮雕】，设置【样式】为内斜面，【深度】为 200%，【大小】、【软化】分别为 10 像素、1 像素，【阴影模式】为正片叠底，【颜色】为 #3d1d12，【不透明度】为 80%，参数设置如图 5-2-210 所示。勾选【颜色叠加】，设置【混合模式】为正常，【颜色】为 #ebb397，【不透明度】为 100%，参数设置如图 5-2-11 所示。勾选【投影】，设置【混合模式】为线性加深，【颜色】为 #000000，【不透明度】为 70%，【角度】为 90 度，【距离】、【扩展】、【大小】分别为 2 像素、3%、4 像素，参数设置如图 5-2-212 所示，效果如图 5-2-213。

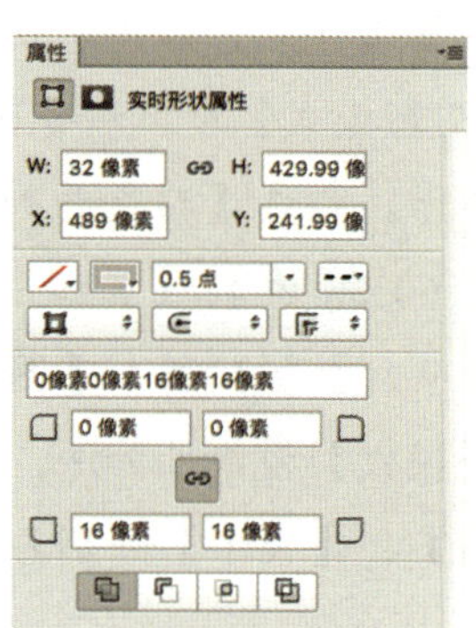

图 5-2-209 圆角矩形【属性】面板

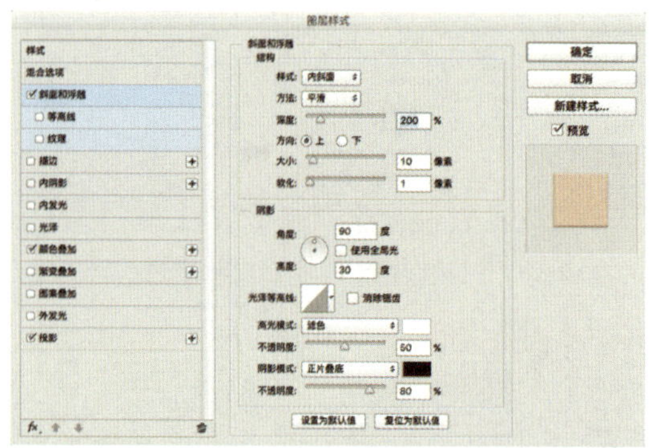

图 5-2-210 【图层样式】-【斜面和浮雕】对话框

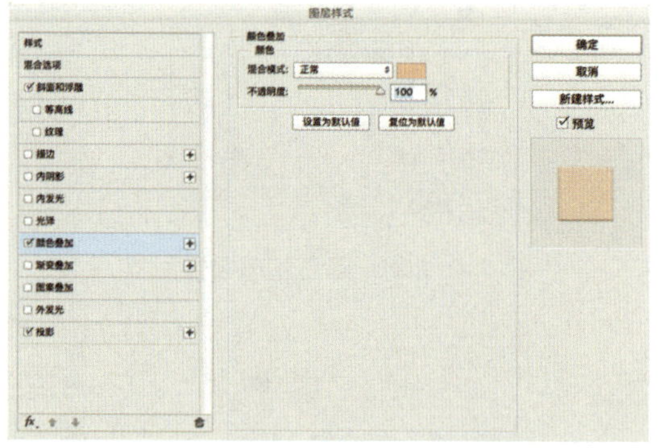

图 5-2-211 【图层样式】-【颜色叠加】对话框

STEP 19 为皮质公文包添加高光。使用【钢笔工具】勾出如图 5-2-214 所示形状。设置【羽化】为 28.0 像素，如图 5-2-218 所示。调节【不透明度】为 90%，效果如图 5-2-234 所示。

STEP 20 为皮质公文包添加金属小圆环。使用【椭圆工具】绘制一个 15 像素的圆形，【颜色】设置为 #c5ab90，双击图层，弹出【图层样式】对话框，勾选【斜面和浮雕】，【样式】为内斜面，【方法】为平滑，【深度】为 100%，【大小】、【软化】分别为 10 像素、

1 像素，【阴影模式】为正片叠底，【颜色】为 #3d1d12，【不透明度】为 80%，参数设置如图 5-2-217 所示。勾选【颜色叠加】，设置【混合模式】为正常，【颜色】为 #ebb397，单击【确定】按钮，参数设置如图 5-2-218 所示。勾选【投影】，设置【混合模式】为线性加深，【不透明度】为 70%，【角度】为 90 度，【距离】、【大小】分别为 1 像素、2 像素，参数设置如图 5-2-219 所示。在绘制好的小圆环的内侧再绘制一个 11 像素的内环，【颜色】为 #000000，参考效果如图 5-2-220 所示为。将绘制的圆环进行编组，命名为“圆环 1”。

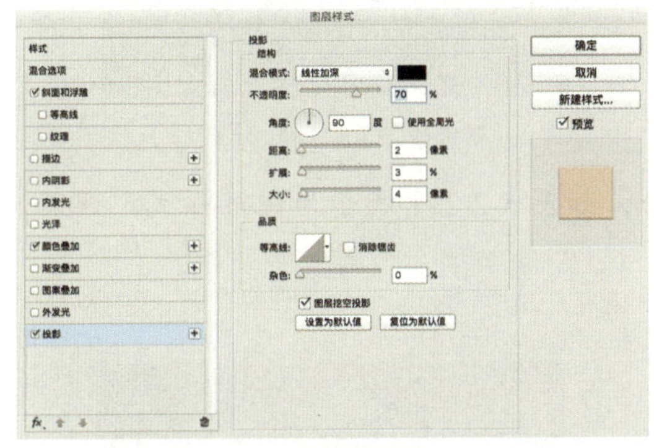

图 5-2-212　【图层样式】-【投影】对话框

图 5-2-213　小皮带上的虚线效果

图 5-2-214　勾出效果形状

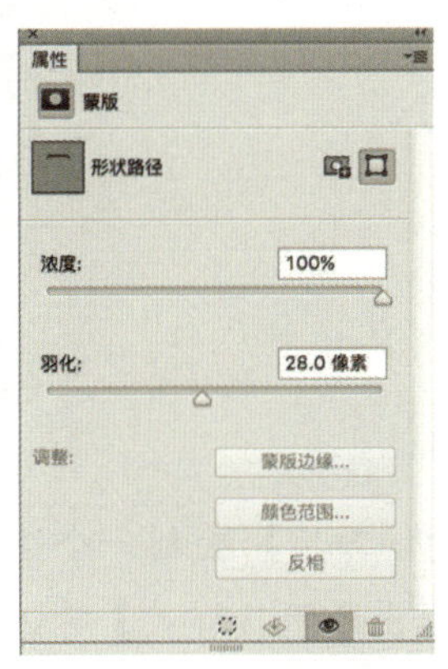

图 5-2-215　设置羽化参数

图 5-2-216　添加高光效果

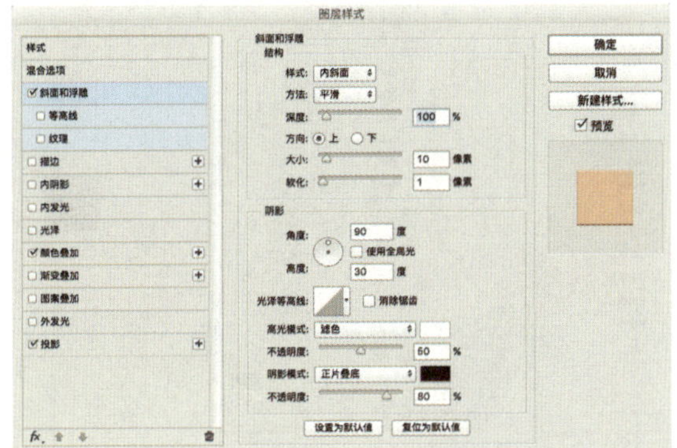

图 5-2-217　【图层样式】-【斜面和浮雕】对话框

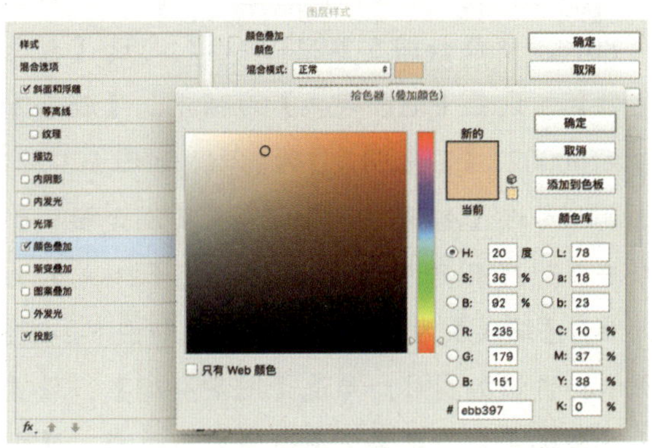

图 5-2-218　【拾色器（叠加颜色）】对话框

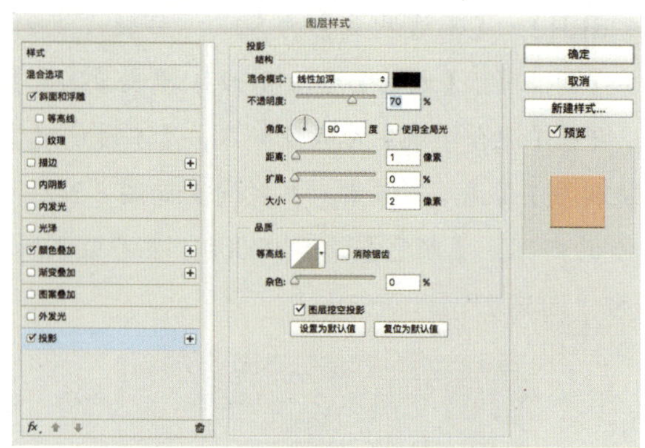

图 5-2-219 【图层样式】-【投影】对话框

图 5-2-220 内环效果

STEP 21 按 Ctrl+J 组合键将编组的“小环 1”复制 5 个，如图 5-2-221 所示为图层样式，效果如图 5-2-222 所示。

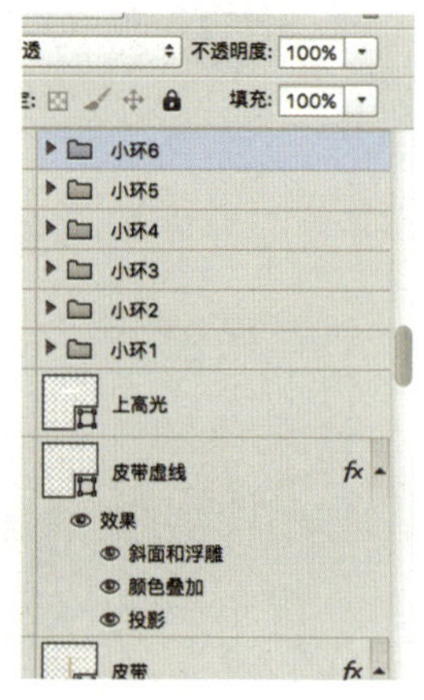

图 5-2-221 图层样式

图 5-2-222 皮带的皮质效果

STEP 22 制作皮包的横排皮带。使用【矩形工具】绘制一个 135 像素 ×52 像素的矩形，将其变形为皮带的形状，双击皮带图层，弹出【图层样式】对话框，勾选【斜面和浮雕】，设置【样式】为内斜面，【方法】为平滑，【深度】为 100%，【大小】、【软化】分别为 10 像素、1 像素，【阴影模式】为正片叠底，【不透明度】为 80%，参数如图 5-2-223 所示。勾选【颜色叠加】，设置【混合模式】为强光，【颜色】为 #260902，【不透明度】为 60%，如图 5-2-224 所示。勾选【渐变叠加】，设置【混合模式】为叠加，【不透明度】为 35%，【样式】为线性，【缩放】为 60%，参数设置如图 5-2-225 所示。再添加图层，勾选【图案叠加】，设置【混合模式】为正常，图案为皮质质感，【缩放】为 40%，参数设置如图 5-2-226 所示。勾

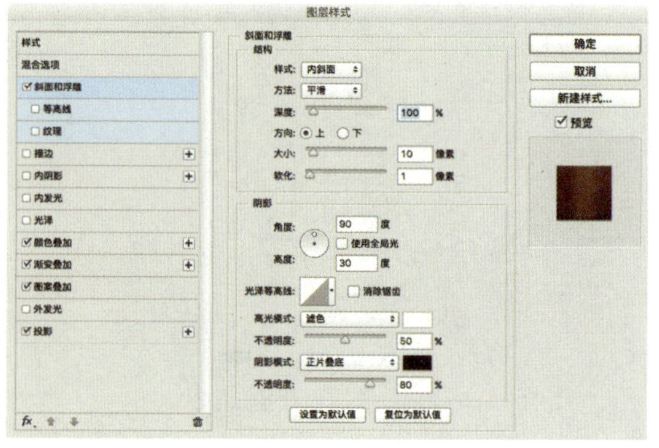

图 5-2-223 【图层样式】-【斜面和浮雕】对话框

选【投影】，设置【混合模式】为线性加深，【不透明度】为 70%，【角度】为 90 度，【距离】、【大小】分别为 3 像素、8 像素，参数设置如图 5-2-227 所示，效果如图 5-2-228 所示。

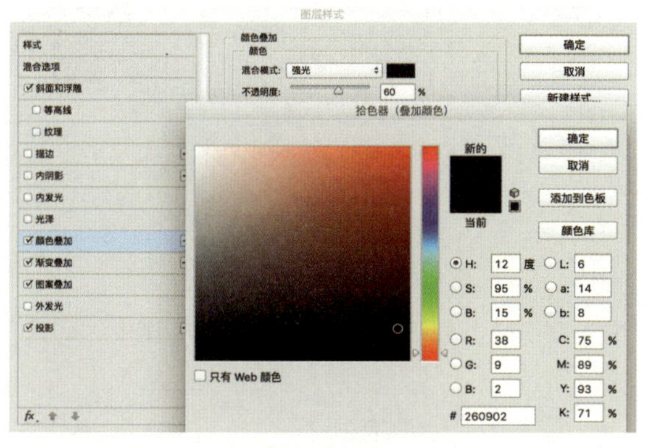

图 5-2-224　【图层样式】-【颜色叠加】对话框

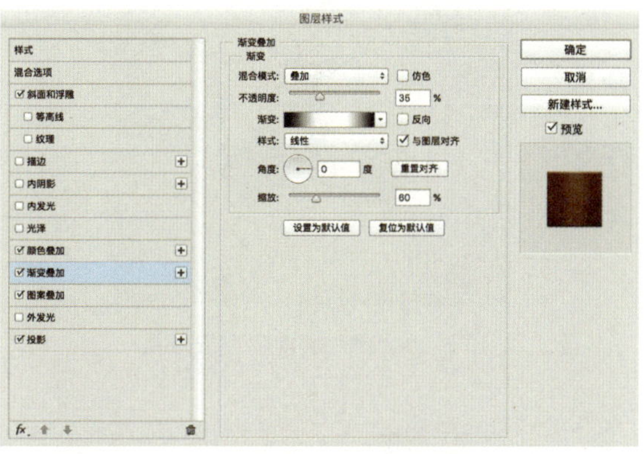

图 5-2-225　【图层样式】-【渐变叠加】对话框

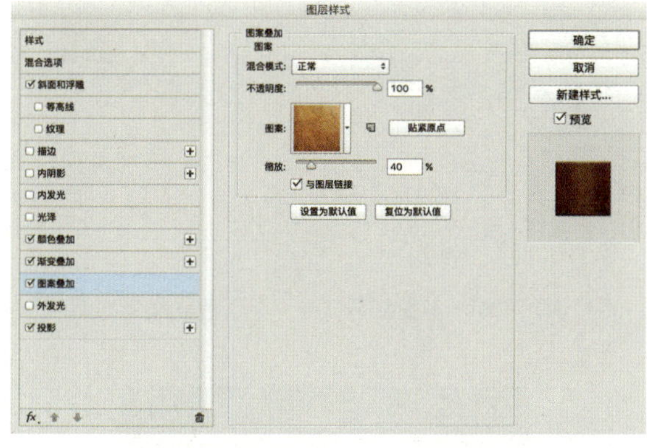

图 5-2-226　【图层样式】-【图案叠加】对话框

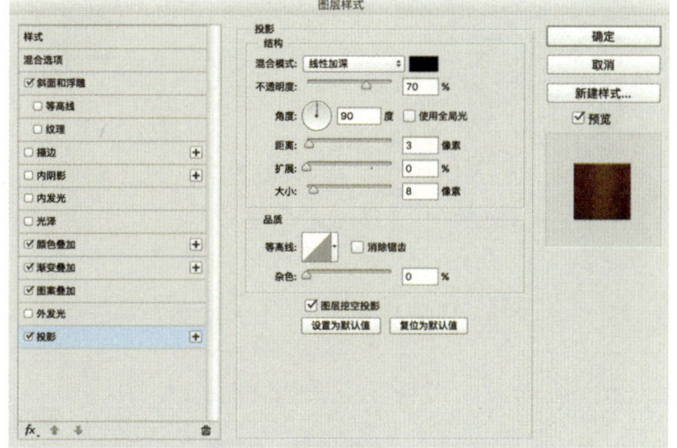

图 5-2-227　【图层样式】-【投影】对话框

STEP 23 在横排皮带上绘制两个金属纽扣。使用【椭圆工具】绘制一个 19 像素的圆形，双击图形图层，弹出【图层样式】对话框。勾选【斜面和浮雕】，设置【样式】为内斜面，【方法】为平滑，【深度】为 500%，【大小】、【软化】分别为 38 像素、1 像素，【阴影模式】为正片叠底，【不透明度】为 50%，参数设置如图 5-2-229 所示。勾选【内发光】，设置【混合模式】为滤色，【不透明度】为 20%，【大小】为 7 像素，如图 5-2-230 所示。勾选【颜色叠加】，设置【混合模式】为正常，【颜色】为 #d58830，【不透明度】为 100%，如图 5-2-231 所示。最后勾选【投影】，【混合模式】为线性加深，【不透明度】为 50%，【角度】为 120 度，【距离】、【扩展】、【大小】分别为 1 像素、3%、10 像素，参数设置如图 5-2-232 所示。将做好的金属纽扣复制一个到左侧，效果如图 5-2-233 所示。

STEP 24 在刚刚的横排皮带下建立一个小的横排皮带。使用【矩形工具】建立一个 59 像素 ×80 像素的矩形，调节其形状，双击矩形图层，弹出【图层样式】对话框，勾选【斜面和浮雕】，设置【样式】为内斜面，【方法】为平滑，【深度】为 100%，【大小】、【软化】分别为 10 像素、1 像素，【阴影模式】为正片叠底，【不透明度】为 60%，参数设置如图 5-2-234 所示。

图 5-2-228　横排皮带的效果

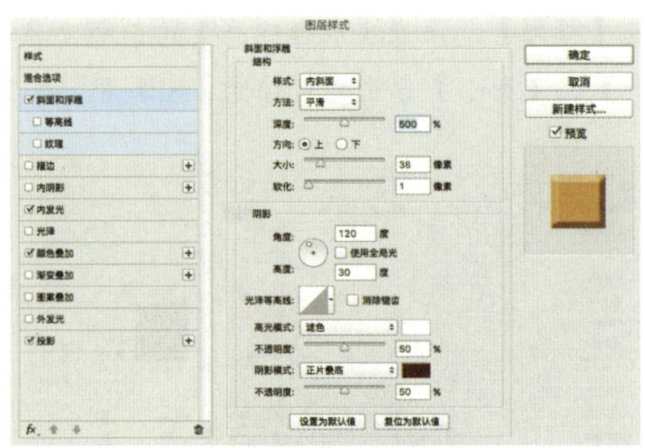

图 5-2-229　【图层样式】-【斜面和浮雕】对话框

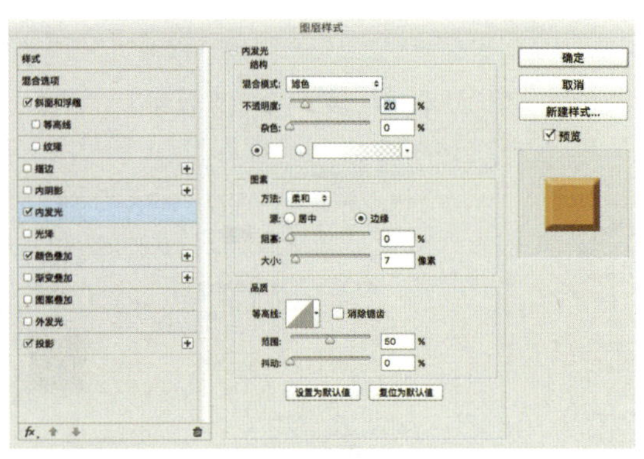

图 5-2-230　【图层样式】-【内发光】对话框

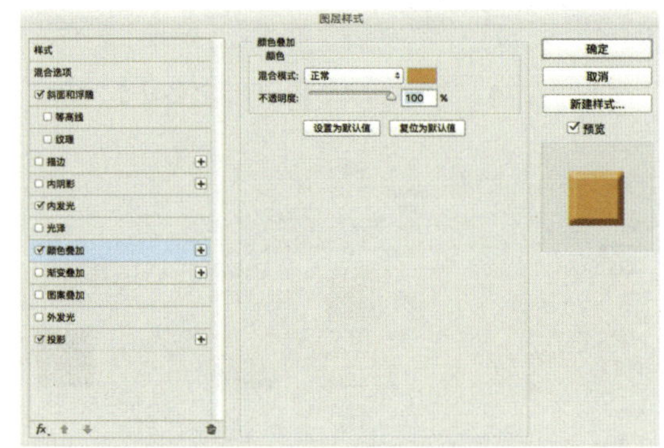

图 5-2-231　【图层样式】-【颜色叠加】对话框

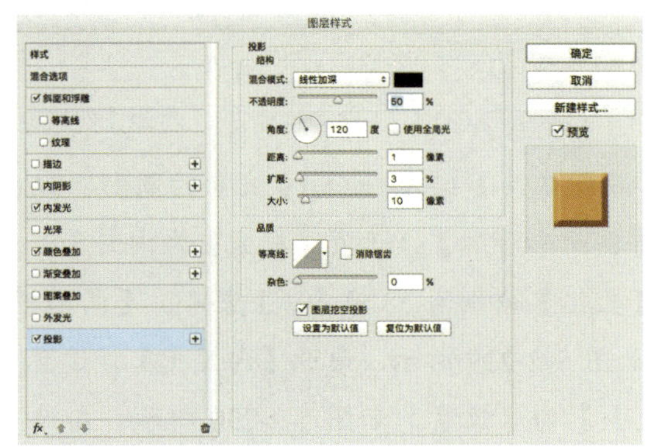

图 5-2-232　【图层样式】-【投影】对话框

图 5-2-233　金属纽扣效果

勾选【颜色叠加】，设置【混合模式】为强光，【颜色】为 #260902，【不透明度】为 60%，如图 5-2-235 所示。勾选【渐变叠加】，设置【混合模式】为叠加，【不透明度】为 35%，【样式】为线性，【缩放】为 60%，参数设置如图 5-2-236 所示。再勾选【图案叠加】，设置【混合模式】为正常，图案添加之前做好的皮质质感，【缩放】为 25%，参数如图 5-2-237 所示。勾选【投影】，设置【混合模式】为线性加深，【不透明度】为 70%，【角度】为 90 度，【距离】、【大小】分别为 3 像素、8 像素，参数设置如图 5-2-238 所示，效果如图 5-2-239 所示。

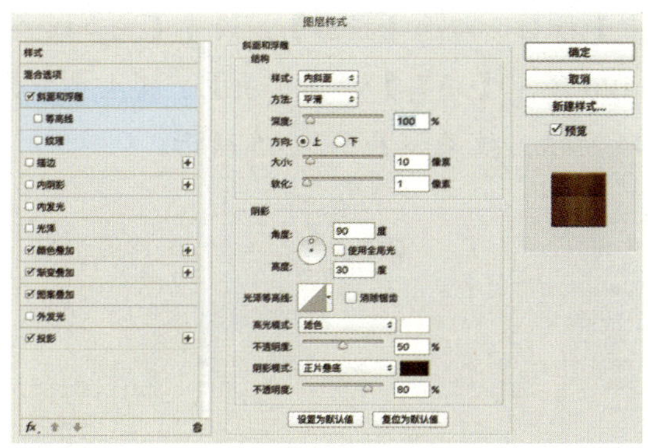

图 5-2-234　【图层样式】-【斜面和浮雕】对话框

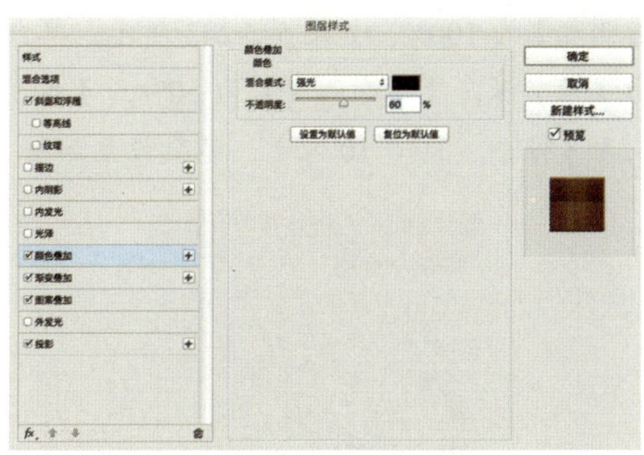

图 5-2-235　【图层样式】-【颜色叠加】对话框

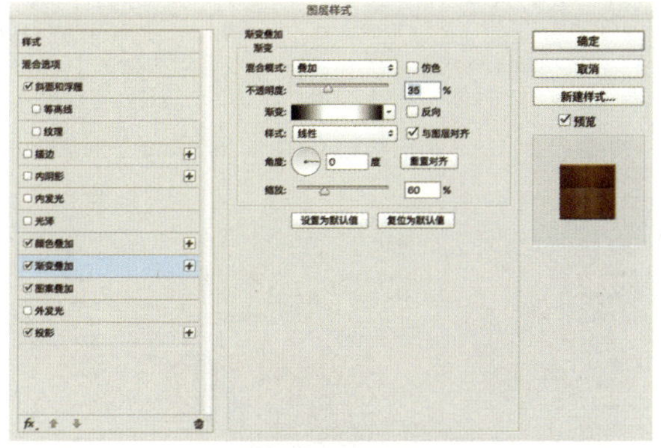

图 5-2-236　【图层样式】-【渐变叠加】对话框

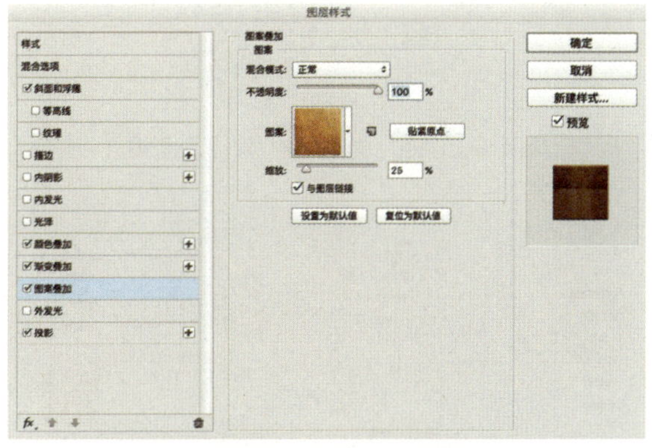

图 5-2-237　【图层样式】-【图案叠加】对话框

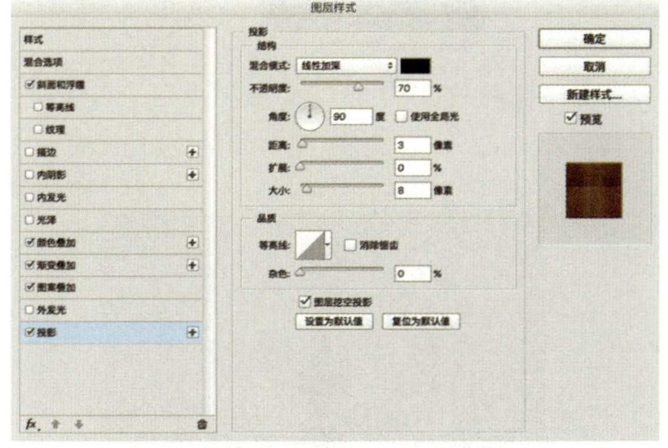

图 5-2-238　【图层样式】-【投影】对话框

图 5-2-239　横排皮带的效果

STEP 25 绘制金属排扣。使用【矩形工具】绘制一个 59 像素 ×47.6 像素的矩形，圆角度数均为 3 像素，如图 5-2-240 所示。双击矩形图层，弹出【图层样式】对话框，勾选【斜面和浮雕】，设置【样式】为内斜面，【方法】为平滑，【深度】为 500%，【大小】、【软化】分别为 38 像素、1 像素，【阴影模式】为正片叠底，【不透明度】为 50%，参数设置如图 5-2-241 所示。勾选【内发光】，设置【混合模式】为滤色，【不透明度】为 20%，【大小】为 7 像素，参数设置如图 5-2-242 所示。勾选【颜色叠加】，设置【混合模式】为正常，【颜色】为 #d58830，【不透明度】为 100%，如图 5-2-243 所示，单击【确定】按钮。勾选【投影】，设置【混合模式】为线性加深，【不透明度】为 50%，【角度】为 120 度，【距离】、【扩展】、【大小】分别为 3 像素、3%、10 像素，参数设置如图 5-2-244 所示，效果如图 5-2-245 所示。

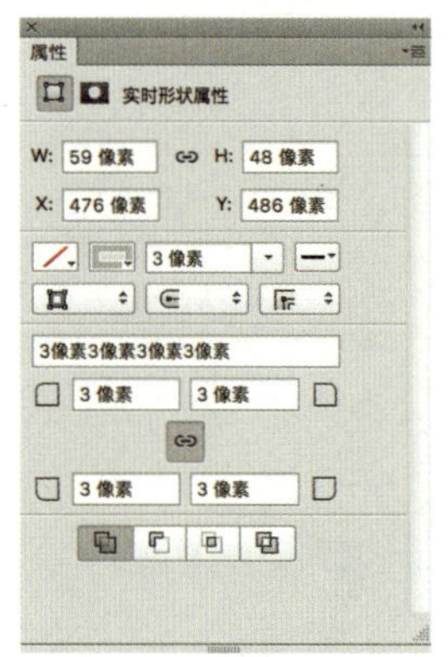

图 5-2-240　矩形的【属性】面板

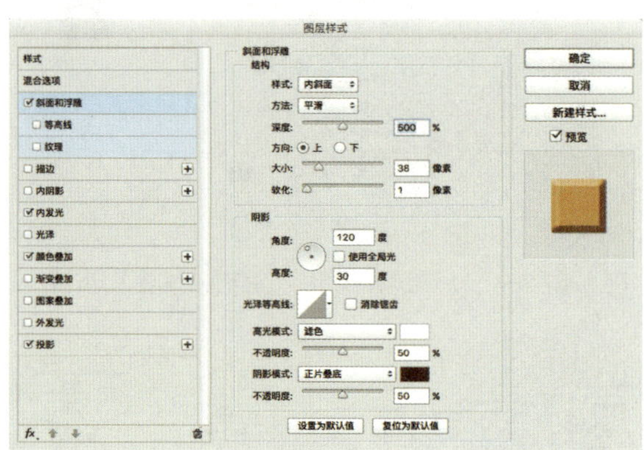

图 5-2-241　【图层样式】-【斜面和浮雕】对话框

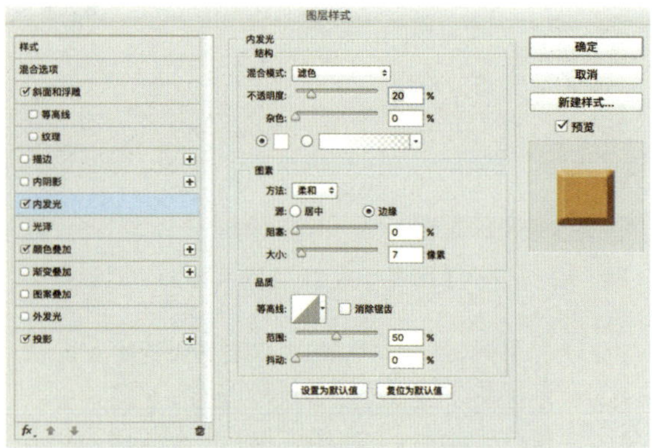

图 5-2-242　【图层样式】-【内发光】对话框

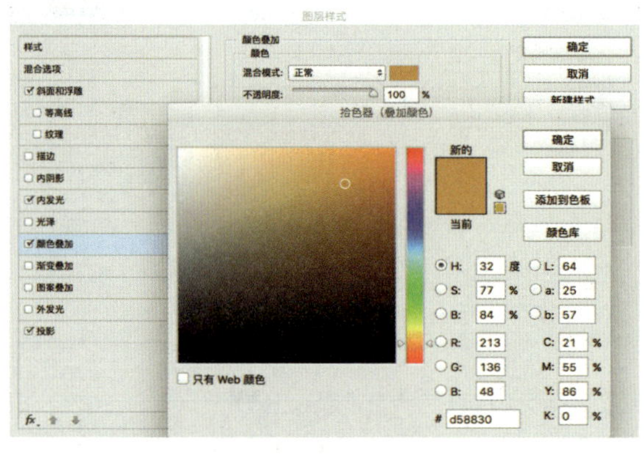

图 5-2-243　【拾色器（叠加颜色）】对话框

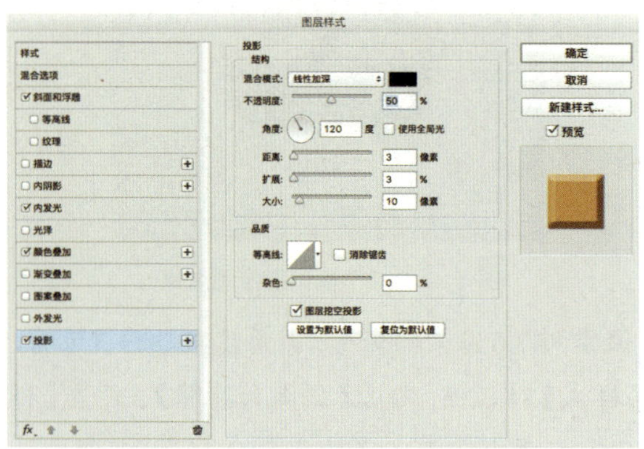

图 5-2-244　【图层样式】-【投影】对话框

图 5-2-245　金属排扣效果

STEP 26 绘制金属插扣。使用【矩形工具】建立一个 5 像素 ×42 像素的矩形，圆角度数分别为 0 像素、0 像素、1.67 像素、1.67 像素，参数设置如图 5-2-246 所示。双击矩形图层，弹出

【图层样式】对话框，勾选【斜面和浮雕】，设置【样式】为内斜面，【方法】为平滑，【深度】为 500%，【大小】、【软化】分别为 38 像素、1 像素，【阴影模式】为正片叠底，【不透明度】为 50%，参数设置如图 5-2-247 所示。勾选【内发光】，设置【混合模式】为滤色，【不透明度】为 20%，【大小】为 7 像素，参数设置如图 5-2-248 所示。勾选【颜色叠加】，设置【混合模式】为正常，【颜色】为 #d58830，【不透明度】为 100%，如图 5-2-249 所示。最后选择【投影】，设置【混合模式】为线性加深，【不透明度】为 50%，【角度】为 120 度，【距离】、【扩展】、【大小】分别为 3 像素、3%、10 像素，参数设置如图 5-2-250 所示，效果如图 5-2-251 所示。

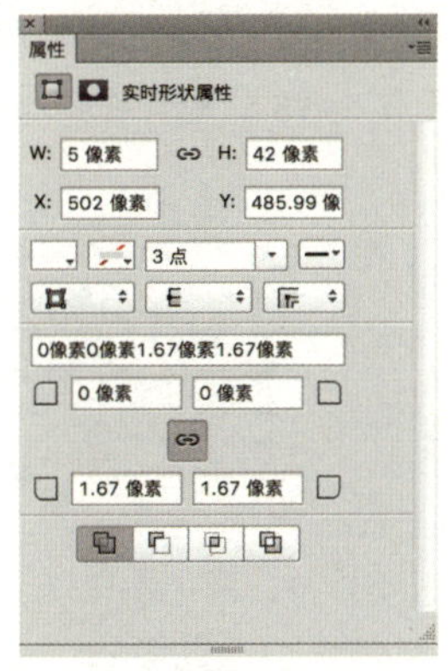

图 5-2-246　矩形的【属性】面板

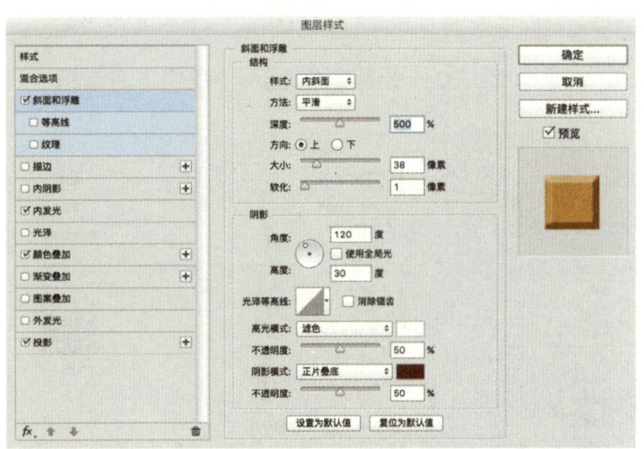

图 5-2-247　【图层样式】-【斜面和浮雕】对话框

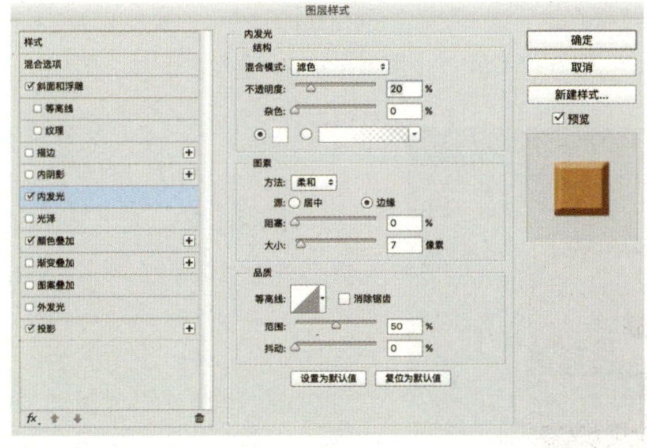

图 5-2-248　【图层样式】-【内发光】对话框

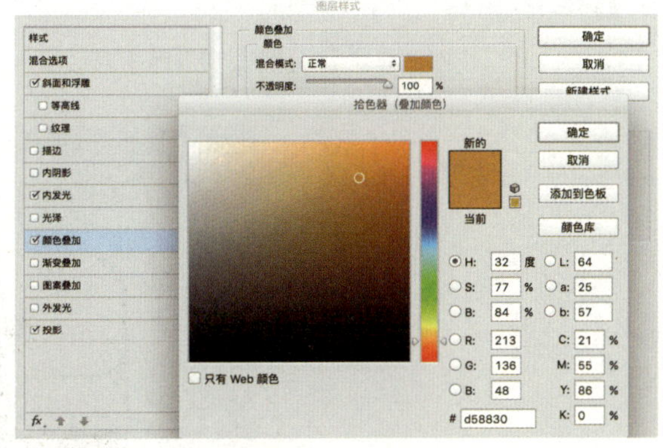

图 5-2-249　【拾色器（叠加颜色）】对话框

STEP 27 为皮质图标添加外边框。使用【矩形工具】绘制一个 512 像素 ×512 像素的矩形，【圆角】为 90 像素，双击矩形图层，弹出【图层样式】对话框，勾选【斜面和浮雕】，设置【样式】为内斜面，【方法】为平滑，【深度】为 800%，【大小】、【软化】分别为 80 像素、1 像素，【阴影模式】为正片叠底，【不透明度】为 50%，参数设置如图 5-2-252 所示。勾选【投影】，设置【混合模式】为线性加深，【不透明度】为 50%，【角度】为 120 度，【距离】、【扩展】、【大小】分别为 3 像素、3%、10 像素，参数设置如图 5-2-253 所示，最终完成效果如图 5-2-254 所示。

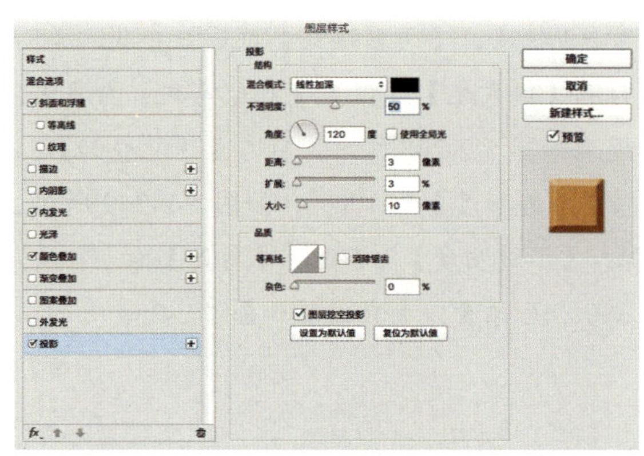

图 5-2-250 【图层样式】-【投影】对话框

图 5-2-251 金属插扣的效果

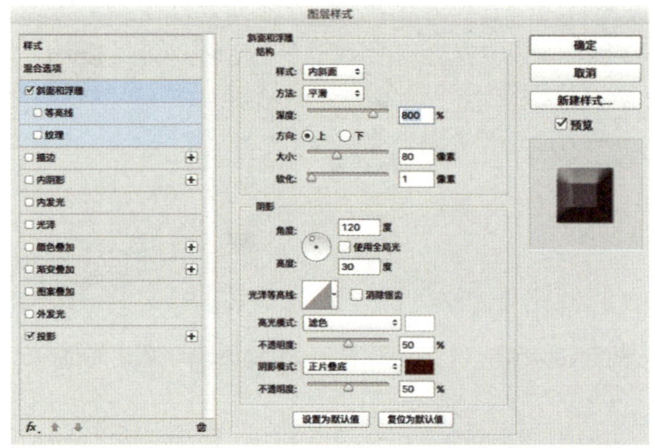

图 5-2-252 【图层样式】-【斜面和浮雕】对话框

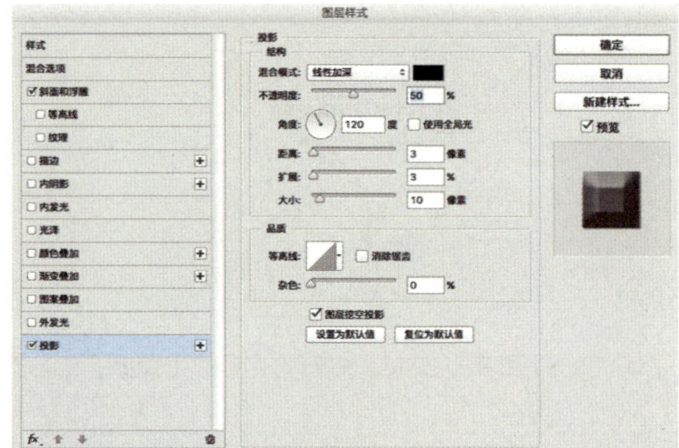

图 5-2-253 【图层样式】-【投影】对话框

图 5-2-254 最终完成效果

总结：制作这类皮革质感效果的图标，要根据图标特效质感进行分析，首先需要分析这种图标效果属于哪一种图层样式效果。特别是皮革材料的表面质感与【光泽质感】、【内阴影】、【正片叠底】、【渐变叠加】等的参数设置密切相关。

5.3 立体 UI 图标设计

案例 15：| 3D 字体图标设计 |

案例描述：立体 UI 图标设计是一种模仿 3D 效果的特效字体图标设计。设计时主要运用图层样式设置【斜面和浮雕】、【滤镜】、【渐变叠加】等工具，其中在制作的过程中添加正片叠底【剪贴蒙版】，以达到最终效果。

制作步骤

STEP 01 新建文件。在【新建】对话框中，设置【宽度】为 10 厘米，【高度】为 10 厘米，【颜色模式】为 RGB 颜色，【分辨率】为 300 像素/英寸，【背景内容】为白色，参数设置如图 5-3-1 所示，单击【确定】按钮。

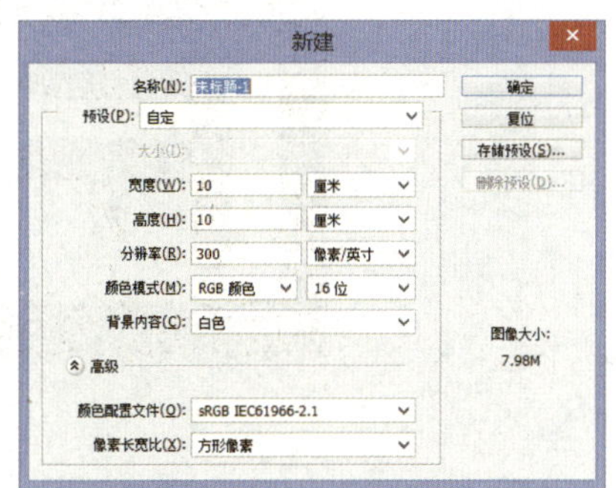

图 5-3-1　【新建】对话框

STEP 02 设置背景。将【背景色】设置为 #eaeac6，然后按 Ctrl+Delete 组合键或 Ctrl+Backspace 组合键，填充【背景色】，单击【图层样式】fx，在打开的【图层样式】对话框中勾选【渐变叠加】，设置【不透明度】为 75%，【样式】为线性；单击渐变颜色条，弹出【渐变编辑器】对话框，左色标【颜色】为 #b3a4a4，右色标【颜色】为 #eaeac6，如图 5-3-2 所示。

STEP 03 调整背景效果。复制“背景”图层，双击“背景”图层，弹出【图层样式】对话框，勾选【渐变叠加】，设置【不透明度】为 75%，【样式】为线性，单击渐变颜色条，弹出【渐变编辑器】对话框，设置左色标【颜色】为 #985b38，设置右色标【颜色】为 #eaeac6。修改图层【不透明度】为 30%，如图 5-3-3 所示。

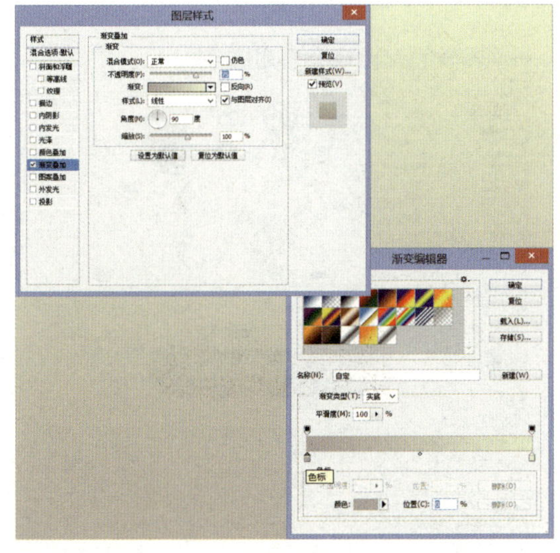

图 5-3-2　【渐变编辑器】对话框

图 5-3-3　【图层样式】-【渐变叠加】对话框

STEP 04 绘制图标形状。选择【钢笔工具】，先勾出字的“匚”部分，然后新建一个图层，同样用【钢笔工具】勾出“斤”字部分，效果如图 5-3-4 所示。

STEP 05 绘制图标立体形状。单击新建组，命名为“字体”。按 Ctrl 键，同时选中字体部首图层和“斤”字图层，并将其拖入“字体”组，然后复制“字体”组，调整位置后的效果如图 5-3-5 所示。

图 5-3-4　勾出“匠”字效果

图 5-3-5　组合图层效果

STEP 06 为“匚”添加效果。选中部首图层，单击【图层样式】，在打开的【图层样式】对话框中勾选【斜面和浮雕】，设置【深度】为 1000%，【大小】为 57 像素，【软化】为 16 像素，【角度】为 131 度，【高度】为 32 度，如图 5-3-6 所示。

STEP 07 为“斤”添加效果。选中“斤”字图层，单击【图层样式】，在弹出的【图层样式】对话框中勾选【斜面和浮雕】，设置【深度】为 1000%，【大小】为 27 像素，【软化】为 11 像素，【角度】为 131 度，【高度】为 32 度，如图 5-3-7 所示。

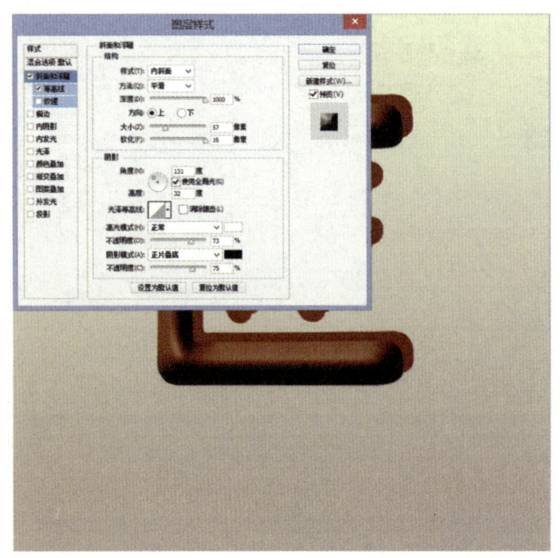

图 5-3-6　为“匚”添加效果的参数设置

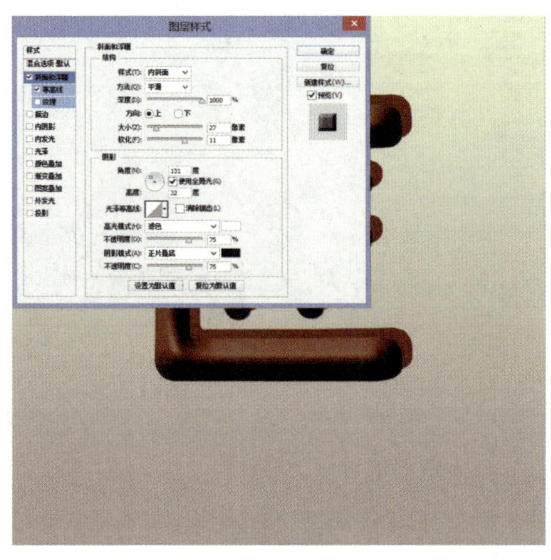

图 5-3-7　为“斤”添加效果的参数设置

STEP 08 为图标添加立体效果。选中“字体”组，双击字体图层，弹出【图层样式】对话框，勾选【投影】，设置【混合模式】为正片叠底，【不透明度】为 75%，【距离】为 21 像素，【大小】为 10 像素，【角度】为 -137 度，效果如图 5-3-8 所示。

STEP 09 完善图标立体效果。选中“字体组拷贝图层”，双击该图层弹出【图层样式】对话框，勾选【描边】，设置【大小】为 2 像素，【位置】为外部，【颜色】为 #6d2700；勾选【内发光】，【颜色】为 #9a5935，【大小】为 51 像素，效果如图 5-3-9 所示。

图 5-3-8　“正片叠底”效果

图 5-3-9　图标“内发光”立体效果

STEP 10 绘制投影。按 Ctrl 键，选中“字体组拷贝图层”，复制该图层，然后右击，选择合并图层。在菜单栏选择【编辑】-【变换】-【垂直翻转】命令，将图层翻转，并拖曳到与图标底部相对的位置。然后单击菜单栏的【滤镜】-【模糊】-【高斯模糊】命令，设置【半径】为 9.2 像素，如图 5-3-10 所示。

STEP 11 文字 3D 图标绘制完成，最终效果如图 5-3-11 所示。

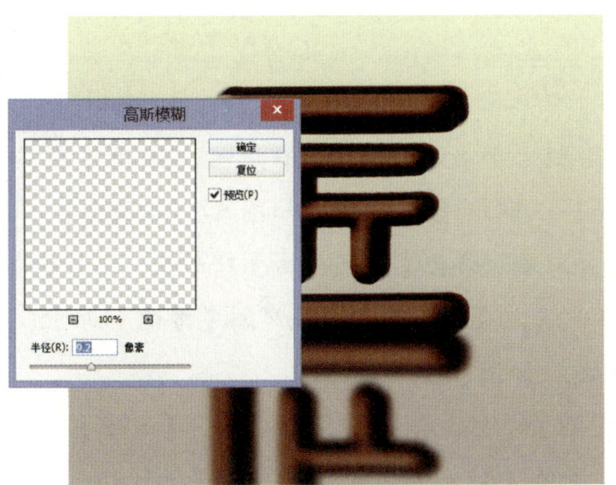

图 5-3-10　【高斯模糊】对话框

图 5-3-11　文字 3D 图标

总结：制作这类 3D 效果的图标，要根据图标特效质感进行分析，分析这种图标效果属于哪一种图层样式效果。特别是立体效果表面与光泽质感，需要使用【斜面和浮雕】、【渐变叠加】等工具进行视觉效果调整。

案例 16：丨手机应用图标设计丨

案例描述：本图标是炫彩主题图标设计，适用于手机主题下载商城，定位于智能手机用户中的拟物化风格爱好者，色彩和造型写实，质感突出。绘制本图标的重点在于熟练使用图层样式，通过图层样式的叠加来加强图标的质感等效果。

制作步骤

STEP 01 新建文件。在【新建】对话框中，设置【宽度】为 10 厘米，【高度】为 10 厘米，【颜色模式】为 RGB 颜色，【分辨率】为 300 像素/英寸，【背景内容】为白色，单击【确定】按钮，如图 5-3-12 所示。

STEP 02 设置前景。将【前景色】设置为 #fff2cd，然后按 Ctrl+Delete 组合键或 Ctrl+Backspace 组合键，填充【前景色】，如图 5-3-13 所示。

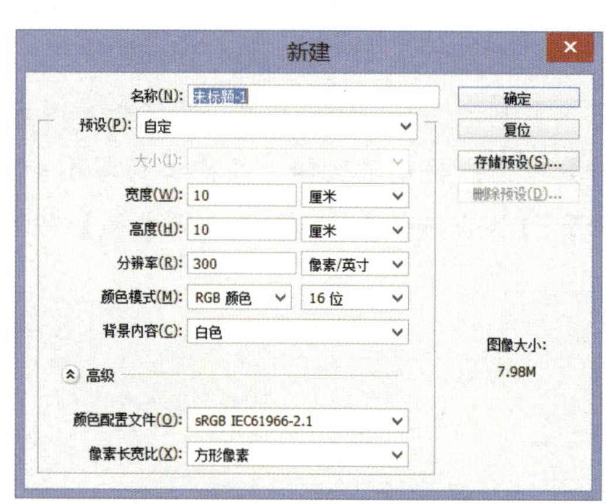

图 5-3-12 【新建】对话框

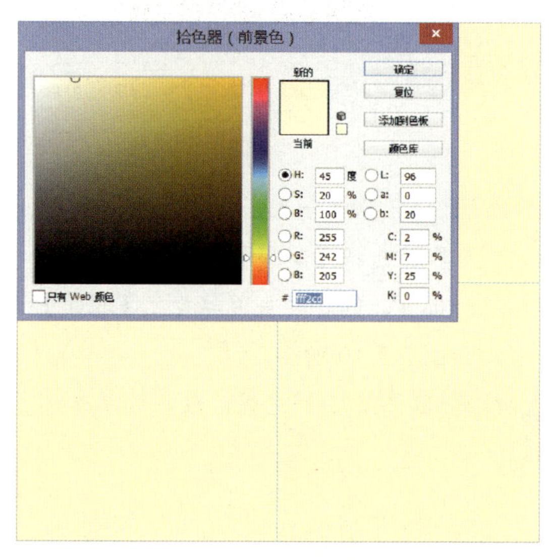

图 5-3-13 【拾色器（前景色）】对话框

STEP 03 绘制图标轮廓。选择【圆角矩形工具】，绘制一个 850 像素 ×850 像素，圆角度数均为 80 像素的圆角矩形，【填充】颜色为 #ec7323，取消【描边】，如图 5-3-14 所示。

STEP 04 为图标轮廓添加立体效果。选中图标轮廓图层并双击，弹出【图层样式】对话框，勾选【斜面和浮雕】，【样式】为内斜面，【方法】为平滑，【深度】为 100%，【方向】为上，【大小】为 25 像素，【软化】为 2 像素，调整参数，如图 5-3-15 所示。

STEP 05 为图标轮廓添加光泽质感。单击【图层样式】fx，弹出【图层样式】对话框，勾选【光泽】,【混合模式】为实色混合，【不透明度】为 41%，【角度】为 123 度，【距离】为 31 像素，【大小】为 87 像素，调整参数，如图 5-3-16 所示。

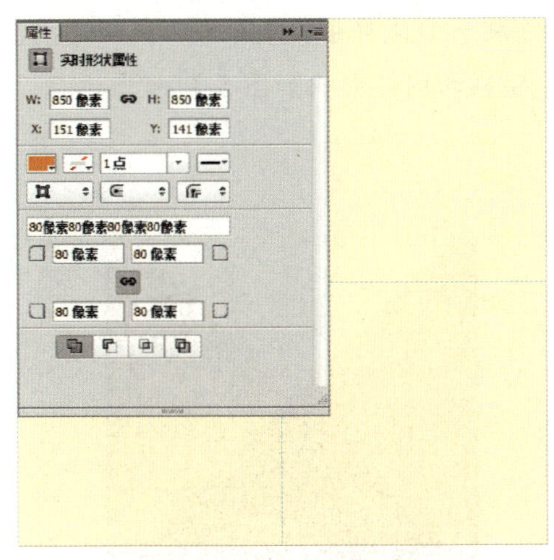

图 5-3-14 【属性】面板

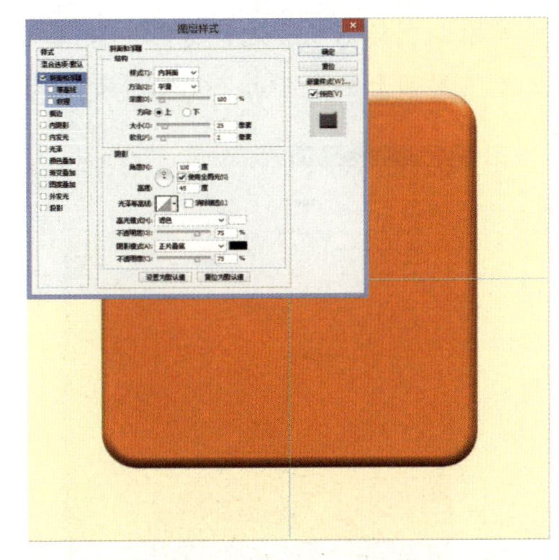

图 5-3-15 【图层样式】-【斜面和浮雕】对话框

STEP 06 为图标轮廓添加色彩变化。单击【图层样式】fx，在弹出的【图层样式】对话框中勾选【渐变叠加】，设置【混合模式】为正常，【样式】为角度，单击【渐变】色条，弹出【渐变编辑器】对话框，在颜色条下方单击添加色标，第一个色标【颜色】为 #fdac56，位置 0；第二个色标【颜色】为 #fdac56，位置 12%；第三个色标【颜色】为 #c56a19，位置 13%；第四个色标【颜色】为 #cc66b1a，位置 37%；第五个色标【颜色】为 #820000，位置 38%；第六个色标【颜色】为 #820000，位置 62%；第七个色标【颜色】为 #c54b00，位置为 63%；第八个色标【颜色】为 #c44a01，位置 87%；第九个色标【颜色】为 #fdac56，位置 88%，如图 5-3-17 所示。

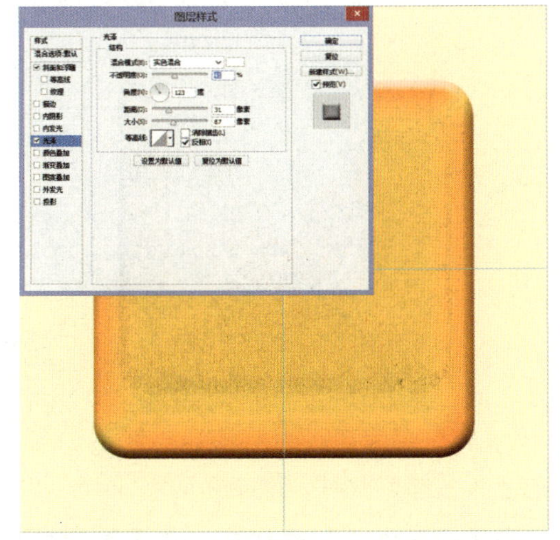

图 5-3-16 【图层样式】-【光泽】对话框

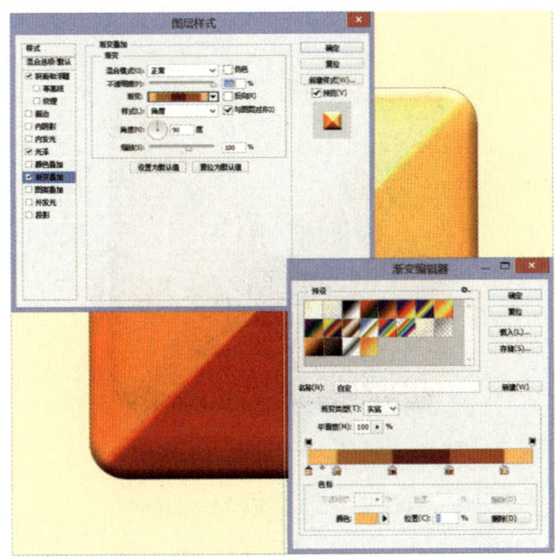

图 5-3-17 【渐变编辑器】对话框

STEP 07 为图标轮廓添加投影。单击【图层样式】fx，在弹出的【图层样式】对话框中，勾选【投影】，设置【混合模式】为正片叠底，【不透明度】为 85%，【距离】为 15 像素，【扩展】为 25%，【大小】为 20 像素，设置参数如图 5-3-18 所示。

STEP 08 开始绘制图标形状。选择【自定义工具】，绘制一个钝角等腰三角形，取消【填充】，设置【描边】颜色为 #606060，大小为 3.5 点，绘制的图标形状如图 5-3-19 所示。

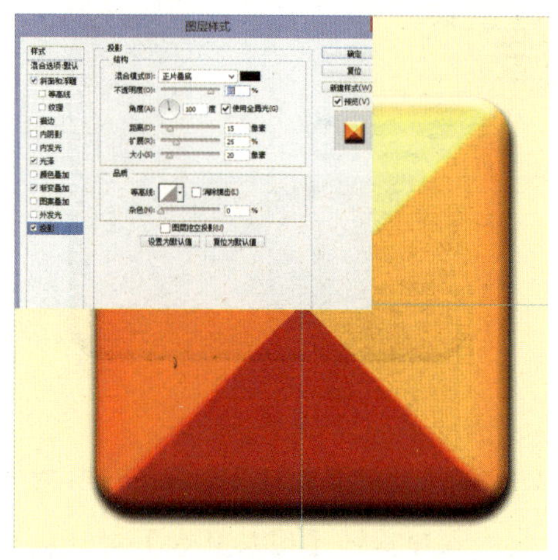

图 5-3-18 【图层样式】-【投影】对话框

图 5-3-19 绘制的图标形状

STEP 09 继续绘制图标形状。选择【椭圆工具】，按住 Shift 键，在图标中心绘制一个直径 86 像素的圆形，【填充】为白色，取消【描边】，将该图层【命名】为“中心圆”图层。继续绘制一个直径 390 像素的圆形，取消【填充】，【描边】为白色，【大小】为 3.5 点，将该图层命名为“小圈”。然后复制这个圆形，将之放大，将该图层命名为“大圈”，如图 5-3-20 所示。选中两个图层，右击，在弹出的快捷菜单中选择【栅格化图层】，然后用【橡皮擦工具】擦去多余的部分，效果如图 5-3-21 所示。

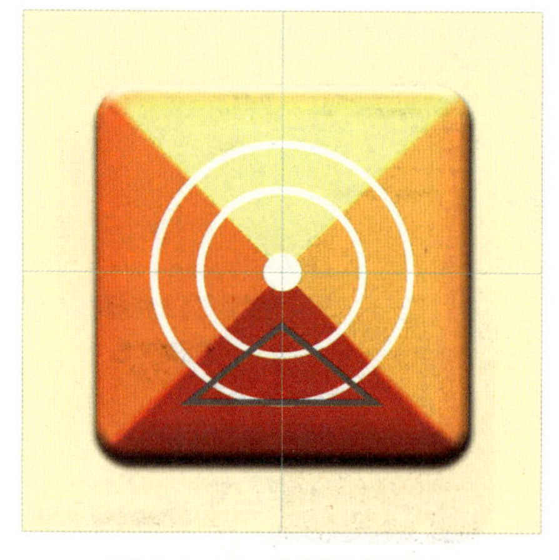

图 5-3-20 绘制两个圆形

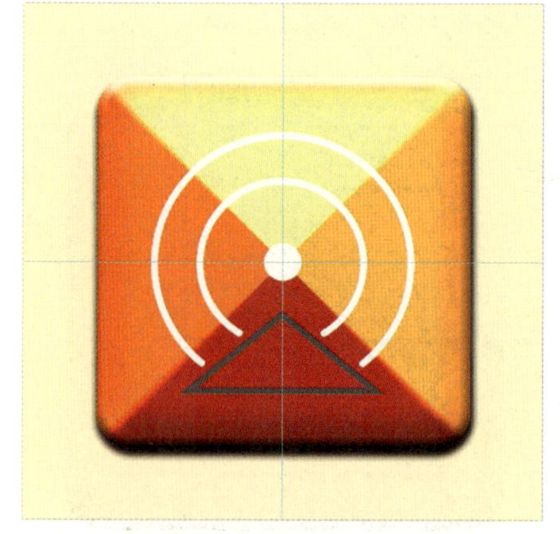

图 5-3-21 擦除多余部分

STEP 10 为中心圆图层添加效果。选中中心圆图层，单击【图层样式】按钮，在【图层样式】对话框中，勾选【渐变叠加】，设置【混合模式】为正常，【样式】为角度，打开【渐变编辑器】对话框，单击颜色条下方添加色标。第一个色标【颜色】为 #ffffff，位置 0；第二个色标【颜色】为 #ffffff，位置 12%；第三个色标【颜色】为 #edefee，位置 13%；第四个色标【颜色】为 #989897，位置 37%；第五个色标【颜色】为 #5d5956，位置 38%；第六个色标【颜色】为 #606060，位置 62%；第七个色标【颜色】为 #9f9ea0，位置 63%；第八个色标【颜色】为 #b1c3c9，位置 87%；第九个色标【颜色】为 #f2f1f2，位置 88%；第十个色标【颜色】为 #ffffff，位置 100%，如图 5-3-22 所示。

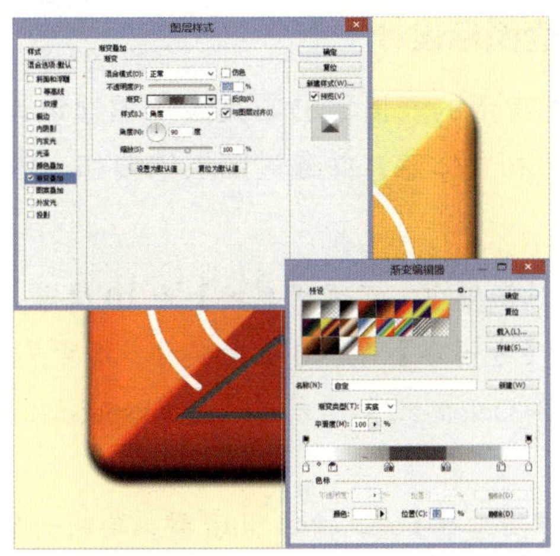

图 5-3-22　【渐变编辑器】对话框

STEP 11 为“小圈”图层添加效果。选中“小圈”图层，单击【图层样式】按钮 fx，弹出【图层样式】对话框，勾选【渐变叠加】，同样打开【渐变编辑器】对话框，应用上一步新建的渐变预设，适当调整参数。将第二个色标的位置调整为 13%，第三个色标的位置调整为 14%，将第六个色标的位置调整为 61%，将第七个色标的位置调整为 62%，将第九个色标的位置调整为 87%，如图 5-3-23 所示。

STEP 12 为“大圈”图层添加效果。选中“大圈”图层，单击【图层样式】按钮 fx，弹出【图层样式】对话框，勾选【渐变叠加】，打开【渐变编辑器】对话框，应用之前的渐变预设，适当调整参数。将第五个色标的位置调整为 39%，将第八个色标的位置调整为 86%，其余参数同“小圈”图层的参数一致，最终效果如图 5-3-24 所示。

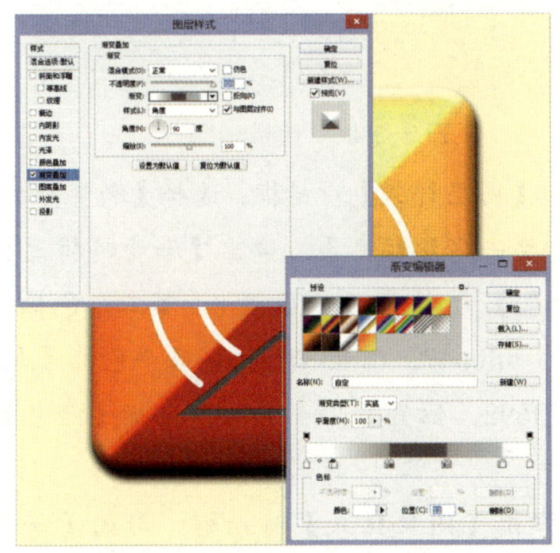

图 5-3-23　为“小圈”图层添加效果

图 5-3-24　图标最终的效果

总结： 制作这类手机应用类图标，要根据图标图形与背景特效质感进行分析，分析这种图标效果属于哪一种图层样式效果。特别是图形造型与背景光泽视觉效果，需要使用【渐变编辑器】、【渐变叠加】等工具进行视觉效果调整。

案例 17：| 面具表情图标设计 |

案例描述： 本图标模仿常用的表情包的面具表情图标设计。绘制本图标的重点是灵活使用图层样式，形成光感和立体感，并通过图层的叠加，增强视觉效果。

制作步骤

STEP 01 新建文件。在【新建】对话框中，设置【宽度】为 10 厘米，【高度】为 10 厘米，【颜色模式】为 RGB 颜色，【分辨率】为 300 像素/英寸，【背景内容】为白色，将【背景色】设置为 #9eea6a，然后按 Ctrl+Delete 组合键或 Ctrl+Backspace 组合键，填充【背景色】，如图 5-3-25 所示。

STEP 02 绘制头部轮廓。选择【椭圆工具】，按住 Shift 键，绘制一个直径 638 像素的圆形，【填充】颜色为 #fdad31，取消【描边】，将图层命名为“脸”。复制图层，在【图层样式】对话框中取消【填充】，设置【描边】大小为 3 像素，效果如图 5-3-26 所示。

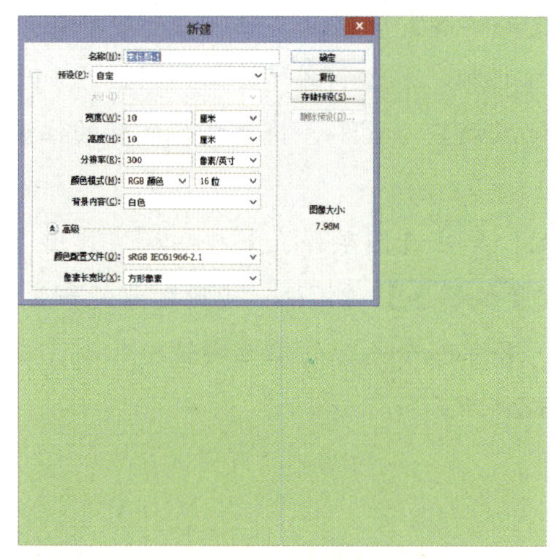

图 5-3-25 新建文档

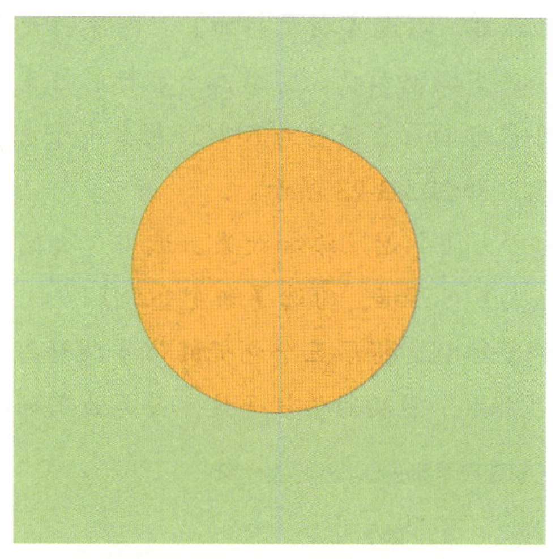
图 5-3-26 绘制一个圆形

STEP 03 为“脸”图层添加效果。双击“脸”图层，弹出【图层样式】对话框，选择【渐变叠加】，设置【混合模式】为正常，【样式】为线性。单击渐变颜色条，弹出【渐变编辑器】对话框，单击颜色条下方添加色标。第一个色标【颜色】为 #e6660c，位置 0；第二个色标【颜色】为 #f6a52e，位置 19%；第三个色标【颜色】为 #ffc647，位置 37%；第四个色标【颜色】为 #ffdc22，位置 51%；第五个色标【颜色】为 #fff692，位置 66%；第六个色标【颜色】为 #fffff1，【位置】为 100%，如图 5-3-27 所示。

STEP 04 为“脸”轮廓添加效果。双击“脸”图层，弹出【图层样式】对话框，勾选【渐变叠加】，设置【混合模式】为正常，【样式】为线性，设置渐变颜色条左侧色标【颜色】

为 #ff6e02，右侧色标【颜色】为 #fee749，如图 5-3-28 所示。

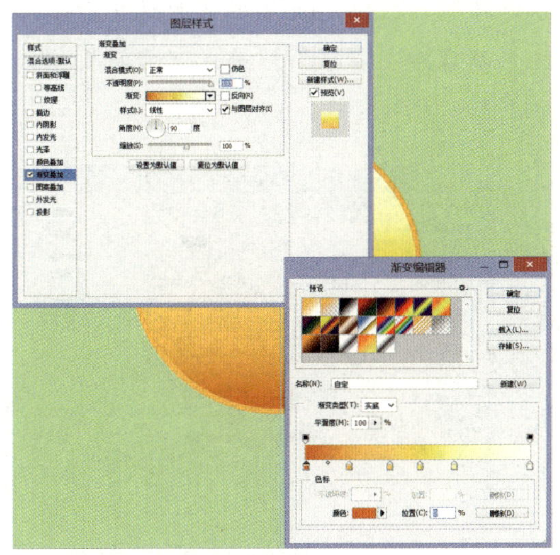
图 5-3-27 【渐变编辑器】对话框

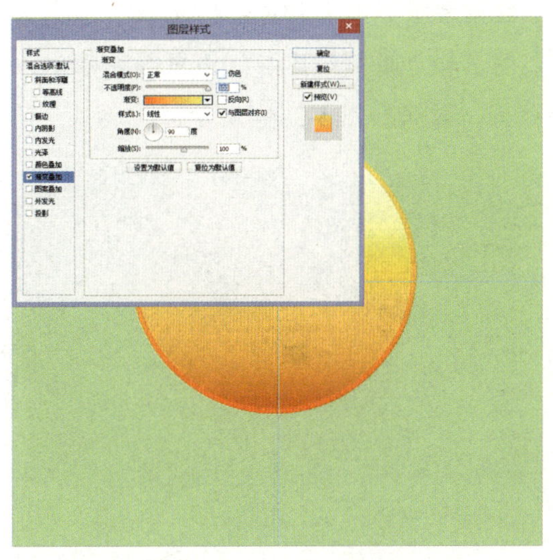
图 5-3-28 【图层样式】-【渐变叠加】对话框

STEP 05 绘制左眼基本形状。选择【椭圆工具】，按住 Shift 键，绘制一个直径为 216 像素的圆形，【填充】为白色，取消【描边】，将图层命名为“眼白”，如图 5-3-29 所示。继续绘制一个直径为 78 像素的圆形，【填充】为黑色，取消【描边】，将图层命名为“眼珠”对话框，双击“眼珠”图层，弹出【图层样式】对话框，参数设置如图 5-3-30 所示。

图 5-3-29 眼白

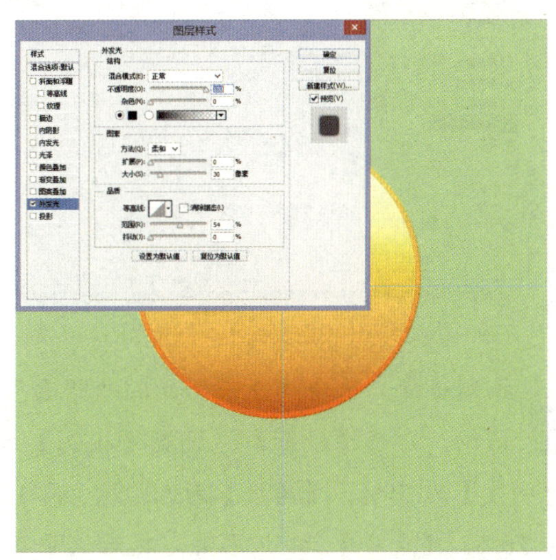
图 5-3-30 “眼珠”图层的【图层样式】对话框

STEP 06 为左眼添加效果。选中“眼珠”图层，单击【图层样式】fx，在弹出的【图层样式】对话框中勾选【描边】，设置【大小】为 5 像素，【不透明度】为 60%，其他参数设置如图 5-3-31 所示；再勾选【内阴影】，设置【混合模式】为正片叠底，【不透明度】为 75%，【角度】为 132 度，勾选【使用全局光】，其他参数设置如图 5-3-32 所示；再勾选【外发光】，混合模式为【正片叠底】，【不透明度】为 67%，【颜色】为 #efe74a，【扩展】29%，【大小】43 像素，其他参数设置如图 5-3-33 所示。

STEP 07 绘制右眼。单击新建组按钮，命名为“左眼”，然后按住 Ctrl 键的同时选中“眼珠”图层和“眼白”图层，拖曳到左眼组，复制组，命名为“右眼”，选中“右眼”组，调整位置，效果如图 5-3-34 所示。

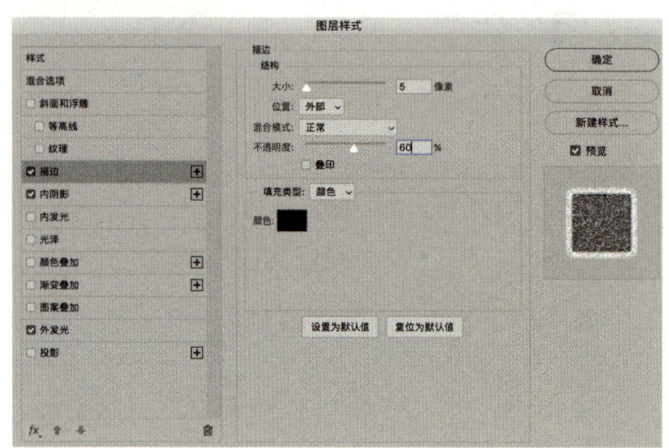

图 5-3-31 【图层样式】-【描边】对话框

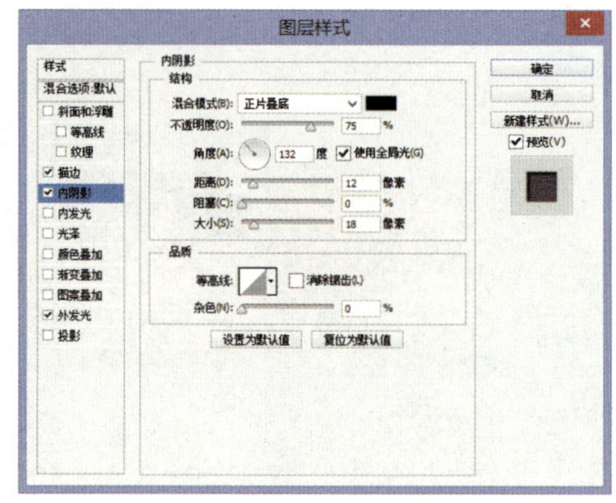

图 5-3-32 【图层样式】-【内阴影】对话框

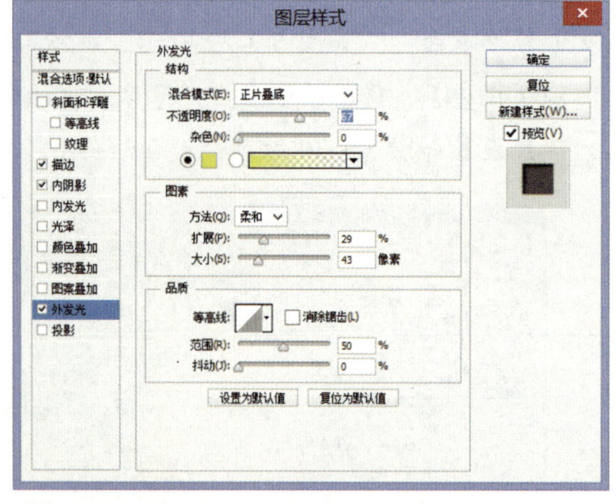

图 5-3-33 【图层样式】-【外发光】对话框

图 5-3-34 “眼睛”效果

STEP 08 绘制腮红。选中“左眼”组的“眼白”图层，双击“眼白”图层，弹出【图层样式】对话框，勾选【投影】，设置【投影】颜色为 #e5550a，【混合模式】为正片叠底，【不透明度】为 75%，【角度】为 50 度，不勾选【使用全局光】，【距离】为 43 像素，【扩展】为 20%，【大小】为 57 像素。然后选中“右眼”组的“眼白”图层，弹出【图层样式】对话框，勾选【投影】，设置【角度】为 140 度，其余参数与“左眼”组的参数一致，参数设置如图 5-3-35 所示。

STEP 09 绘制嘴。选择【钢笔工具】，勾出嘴的基本形状，取消【填充】，设置【描边】颜色为 #936222，【大小】为 32 像素，单击【确定】按钮。然后在【图层样式】对话框中勾选【外发光】，设置【颜色】为 #8b5b1e，如图 5-3-36 所示。

图 5-3-35 【图层样式】-【投影】对话框

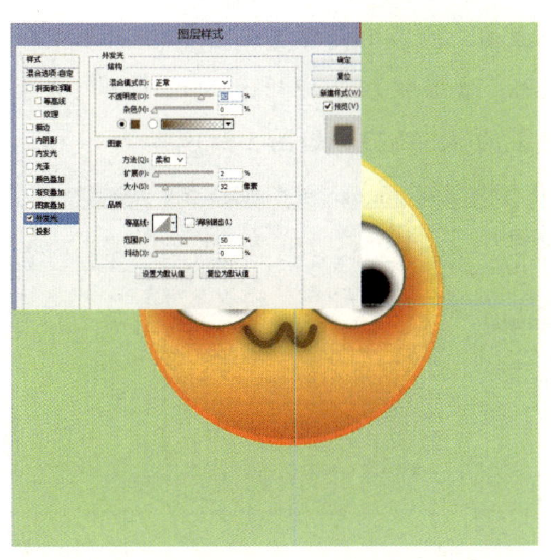

图 5-3-36 【图层样式】-【外发光】对话框

STEP 10 绘制下方“手”。选择【钢笔工具】，勾出下方“手”的基本形状，取消【描边】，设置【填充】颜色为 #936222。然后复制图层，取消【填充】，设置【描边】的【大小】为 2.5 像素，复制后的图层效果如图 5-3-37 所示。

STEP 11 绘制上方“手”。选择【钢笔工具】，勾出上方“手”的基本形状，取消【描边】，设置【填充】颜色为 #fdad31。然后复制图层，取消【填充】，设置【描边】颜色为 #e29531，【大小】为 2.5 像素，单击【确定】按钮，双击复制的图层，弹出【图层样式】对话框，参数设置如图 5-3-38 所示。

图 5-3-37 复制后的图层效果

图 5-3-38 【图层样式】对话框中参数设置与图形效果

STEP 12 为下方“手”添加效果。选中下方“手”拷贝图层，单击【图层样式】弹出【图层样式】对话框，勾选【渐变叠加】，设置【样式】为线性，渐变颜色条左色标为 #ff850e，右色标为 #ffa120；选中下方“手”图层，双击“手”图层，弹出【图层样式】对话框，勾选【内发光】，【发光颜色】为 #ffffbe，【大小】为 43 像素，【不透明度】为 13%，【范围】为 50%。勾选【渐变叠加】，在【渐变编辑器】对话框中，第一个色标【颜色】为 #fcc45f，位置 0；第二个色标【颜色】为 #f9a32a，位置 28%；第三个色标【颜色】为 #f4c973，位置 48%，【缩放】为 134%；勾选【外发光】，【不透明度】为 52%，【大小】为 59 像素，【颜色】为 #c37b23，如图 5-3-39 所示。

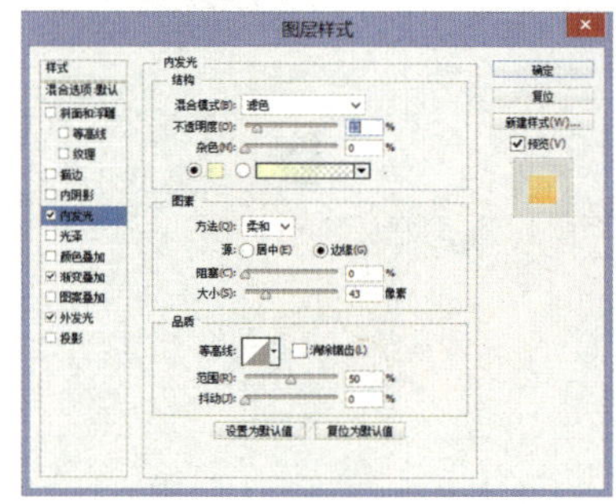
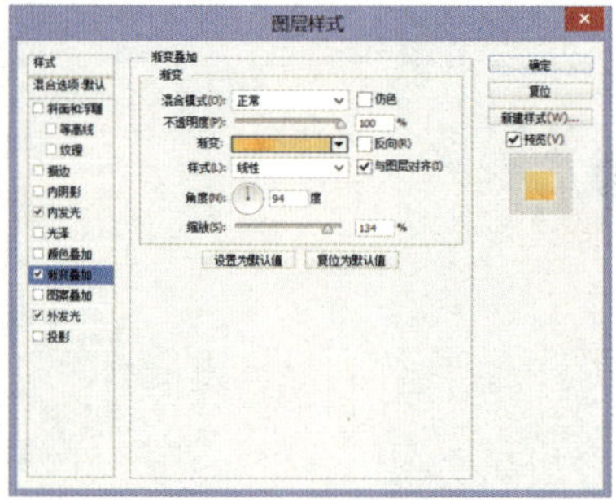
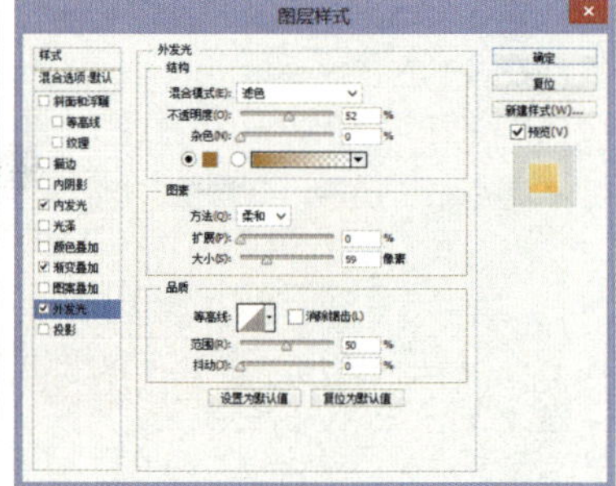

图 5-3-39 【图层样式】对话框

STEP 13 为上方"手"添加效果。选中上方"手拷贝"图层，弹出【图层样式】对话框，勾选【渐变叠加】，设置【样式】为线性，【角度】为 -60 度，渐变颜色条左色标为 #fee448，右色标为 #fdad29，单击【确定】按钮。然后返回【图层样式】对话框中，勾选【渐变叠加】，设置【样式】为线性，【角度】为 90 度，渐变颜色条左色标为 #f5a230，右色标为 #ffe77d，单击【确定】按钮，如图 5-3-40 所示。面具表情图标制作完成，最终效果如图 5-3-41 所示。

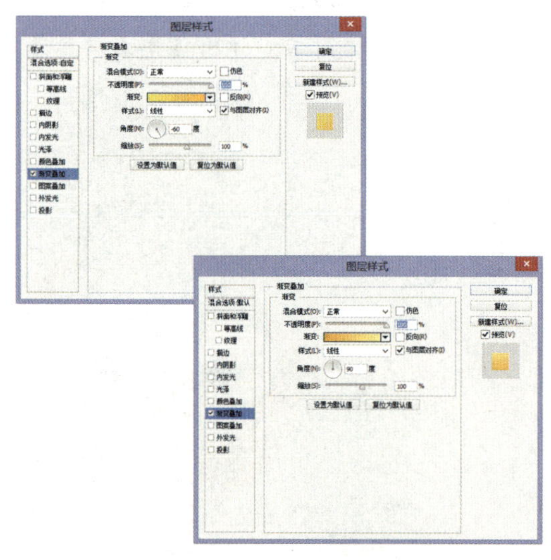

图 5-3-40 【图层样式】-【渐变叠加】对话框

图 5-3-41 面具表情图标

总结：制作这种卡通表情包效果的图标，要根据图标卡通形象进行分析，分析这种图标效果属于哪一种图层样式效果。特别是卡通形象的造型设计中的光泽质感表现，需要运用【正片叠底】、【渐变叠加】、【样式】、【角度】等工具进行视觉效果的调整。

案例 18： | 企业 Logo 图标设计 |

案例描述：绘制企业 Logo 图标的重点是通过图层的【叠加】、【图层样式】的应用和投影效果来塑造和增强图标的质感和立体感。

制作步骤

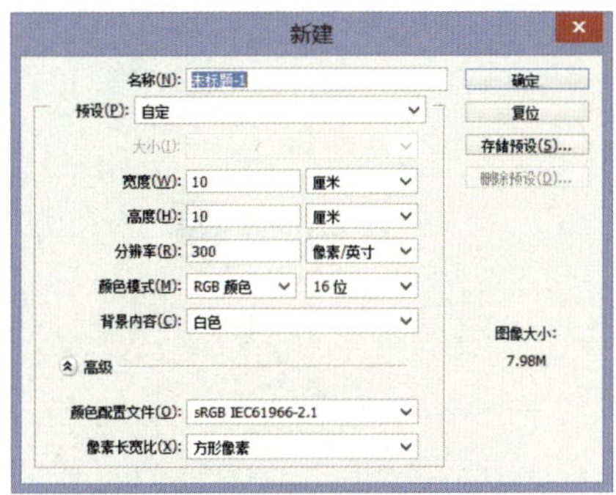

图 5-3-42 新建文件

STEP 01 新建文件。在【新建】对话框中，设置【宽度】为 10 厘米，【高度】为 10 厘米，【颜色模式】为 RGB 颜色，【分辨率】为 300 像素/英寸，【背景内容】为白色，单击【确定】按钮，如图 5-3-42 所示。

STEP 02 设置背景。将【背景色】设置为 #fdf9d8，然后按 Ctrl+ Delete 组合键或 Ctrl+ Backspace 组合键，填充背景色。单击【图层样式】按钮 fx，弹出【图层样式】对话框，勾选【渐变叠加】，设置【不透明度】为 65%，【样式】为线性，单击渐变颜色条，弹出【渐变编辑器】对话框，左色标【颜色】为 #646363，右色标【颜色】为白色。修改图层【不透明度】为 58%，如图 5-3-43 所示。

STEP 03 调整背景效果。复制背景图层，双击该图层，弹出【图层样式】对话框，勾选【渐变叠加】，设置【不透明度】为 30%，【样式】为对称的。单击渐变颜色条，弹出【渐变编辑器】，左色标【颜色】为 #030000，右色标【颜色】为白色，单击【确定】按钮。修改图层【不透明度】为 40%，如图 5-3-44 所示。

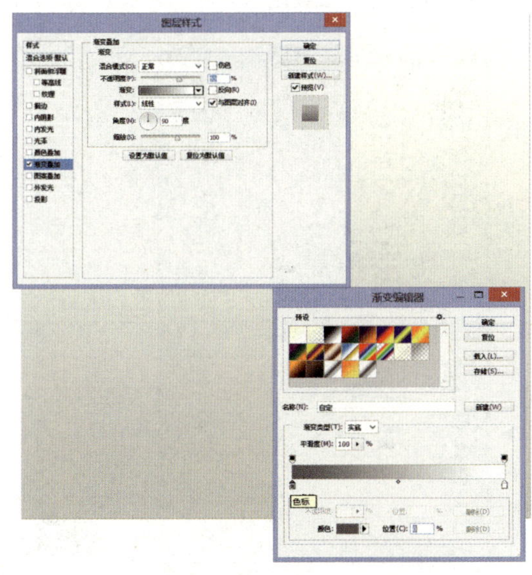

图 5-3-43 【渐变编辑器】对话框

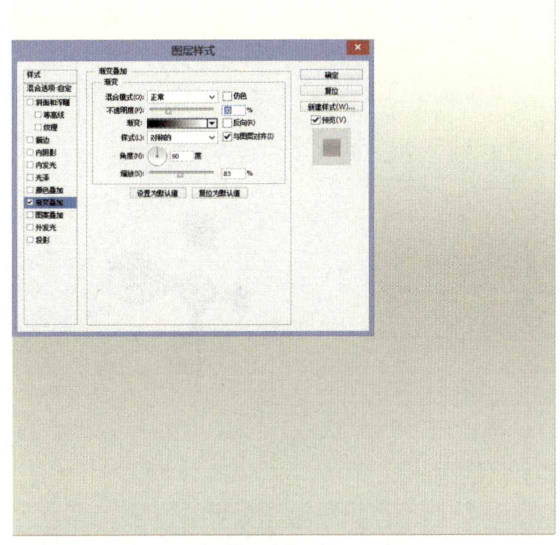

图 5-3-44 【图层样式】–【渐变叠加】对话框

STEP 04 绘制 logo 上部分图形。选择【椭圆工具】，绘制一个宽 96 像素，高 113 像素的椭圆，【颜色】设为 #1b1b1b，【描边】设为无，得到“椭圆 1”图层。按 Ctrl+T 组合键调整椭圆角度，效果如图 5-3-45 所示。

STEP 05 继续绘制 logo 下部分图形。选择【钢笔工具】，勾出图标下部抽象形状，【颜色】设置为 #024687，【描边】设为无，得到“形状 1”图层。选中“形状 1”图层，右击，在弹出的菜单中选择【栅格化图层】，调整形状，效果如图 5-3-46 所示。

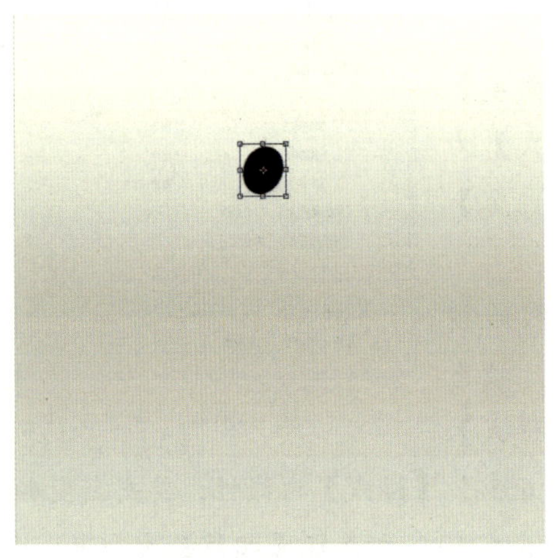

图 5-3-45　调整椭圆角度

图 5-3-46　调整后的 Logo 效果

STEP 06 制作 logo 影子底图。选择“椭圆 1”图层，通过复制命令得到一个“椭圆 1 拷贝”图层，并选中此图层，将其拖曳到原图层的下方；将“椭圆 1”图形【颜色】改为 #b6b4b5。选择“形状 1”图层，复制得到“形状 1 拷贝”图层并选中此图层，将其拖曳到原图层的下方，将“形状 1”图形【颜色】改为 #8bacba，按 Ctrl+T 组合键，调整“形状 1 拷贝 2”图层的图形形状。然后，将两个形状拷贝图层的【不透明度】调整为 40%，调整效果如图 5-3-47 所示。

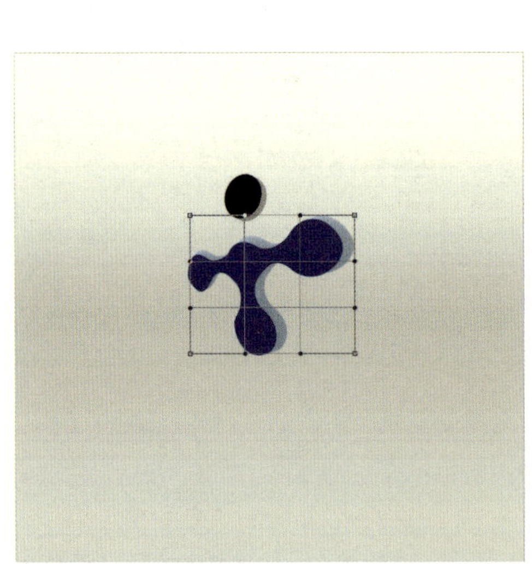

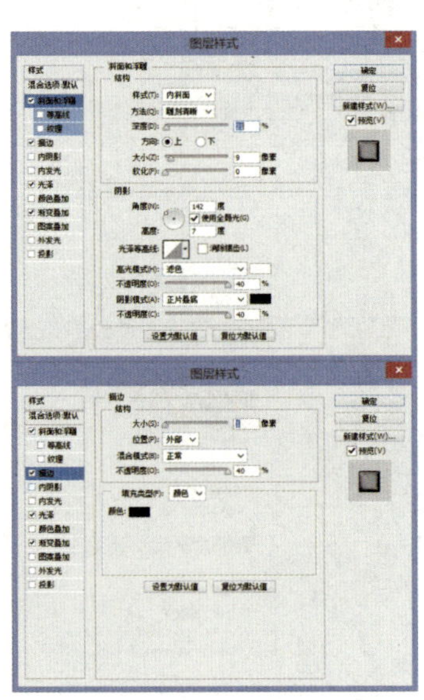

图 5-3-47　【变形】、【不透明度】调整效果

STEP 07 添加 logo 上部分图形的立体效果。选择“椭圆 1 拷贝”图层，在【图层样式】对话框中，勾选【斜面和浮雕】，设置【深度】为 21%，【大小】为 9 像素，【角度】为 142 度；勾选【描边】，设置【大小】为 1 像素，【位置】为外部；勾选【光泽】，【颜色】为 #a4a3a3，【混合模式】为正常，【距离】为 45 像素，【大小】为 70 像素，设置【等高线】，

参数设置如图 5-3-48 所示；勾选【渐变叠加】，【样式】为线性，设置【渐变编辑器】中的左色标为黑色，右色标为 #8b8888。复制此图层，得到“椭圆 1 拷贝 2”图层，双击此图层，弹出【图层样式】对话框，如图 5-3-49 所示。勾选【渐变叠加】，设置【渐变编辑器】左色标为黑色，右色标为白色，【不透明度】为 46%，【样式】为对称的，【角度】为 106 度，【缩放】为 68%。

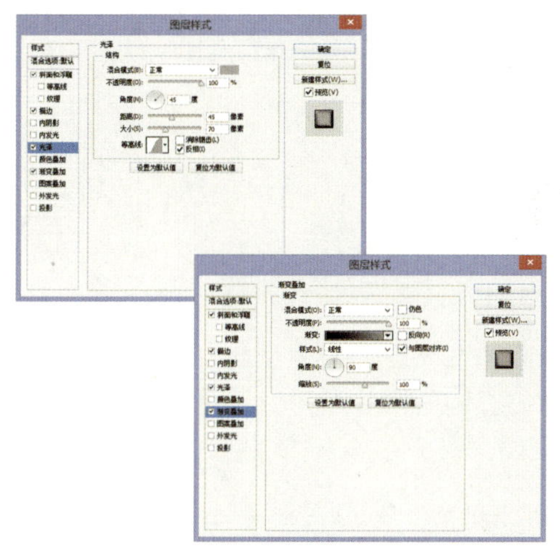

图 5-3-48 【图层样式】-【光泽】/【渐变叠加】对话框

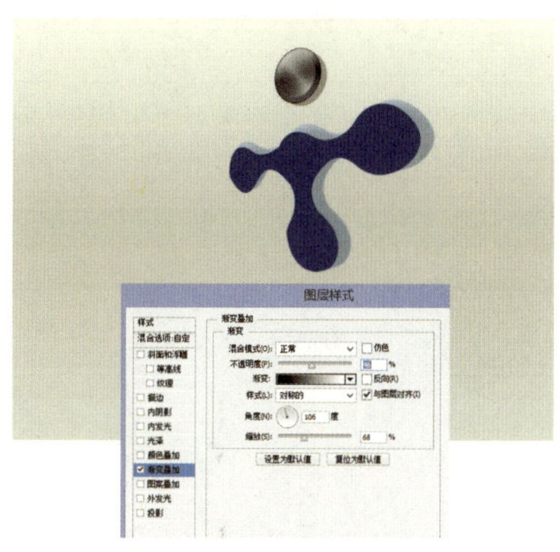

图 5-3-49 【图层样式】-[渐变叠加]对话框

STEP 08 完善 logo 上部分图形的质感效果。选择“椭圆拷贝 1”图层，复制得到“椭圆 1 拷贝 3”图层并双击，弹出【图层样式】对话框。勾选【描边】，设置【大小】为 2 像素，【位置】为外部；勾选【光泽】，设置【颜色】为 #a4a3a3，【混合模式】为正片叠底，【不透明度】为 65%，【角度】为 146 度，【距离】为 46 像素，【大小】为 35 像素，设置等高线；勾选【渐变叠加】，设置【样式】为对称的，【角度】为 31 度，【渐变编辑器】左色标为黑色，右色标为 #696464，勾选【反向】，参数设置如图 5-3-50 所示。

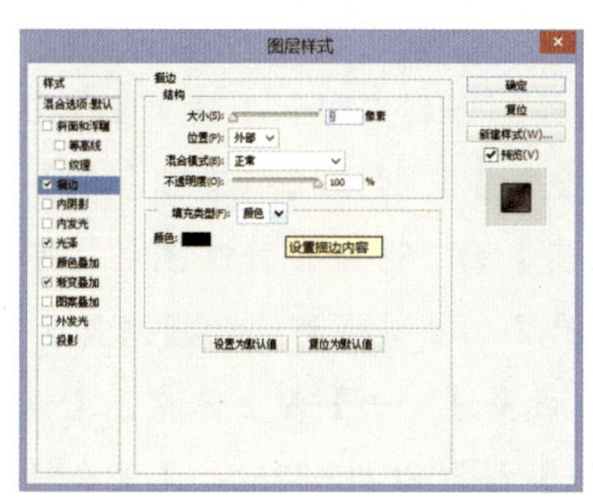

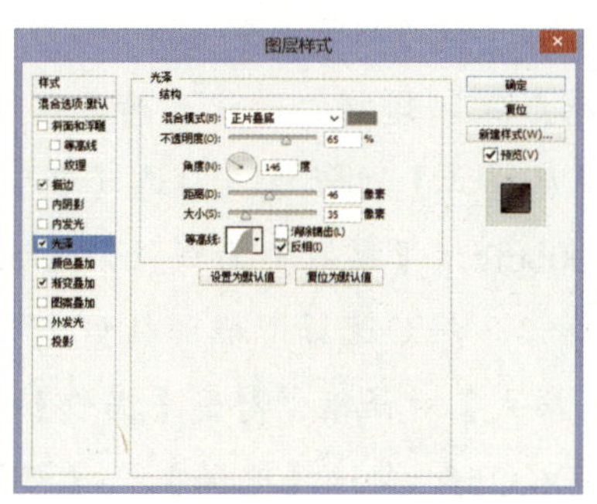

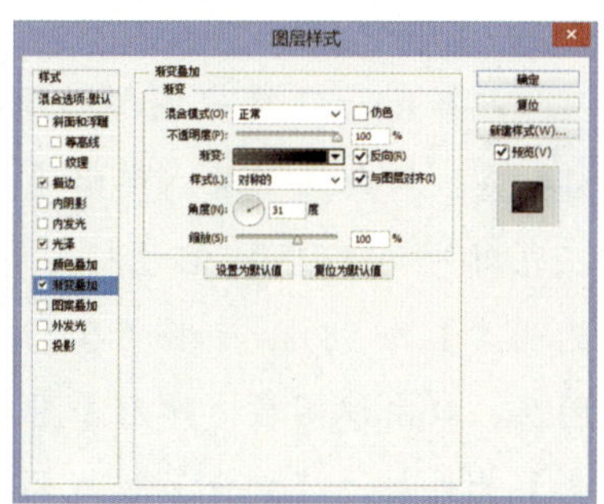

图 5-3-50 【图层样式】对话框中的参数设置

STEP 09 添加 logo 下部分图形的立体效果。双击“形状 1 拷贝”图层，弹出【图层样式】对话框，勾选【斜面和浮雕】，设置【深度】为 21%，【大小】为 9 像素，【角度】为 142 度；勾选【描边】，设置【大小】为 2 像素，【位置】为外部，【颜色】为 #04335f；勾选【光泽】，设置【颜色】为 #00befc，【混合模式】为正常，【距离】为 37 像素，【大小】为 51

像素，设置【等高线】；勾选【渐变叠加】，设置【样式】为线性，【角度】为 32 度，【渐变编辑器】左色标为 #04335f，右色标为 #00befc，单击【确定】按钮；在【图层样式】对话框中，勾选【投影】，设置【混合模式】为正片叠底，【不透明度】为 75%，【角度】为 -145 度，取消勾选【使用全局光】，【距离】为 3 像素，【大小】为 30 像素，设置【等高线】，参数设置如图 5-3-51 所示，效果如图 5-3-52 所示。

图 5–3–51　添加 Logo 立体效果

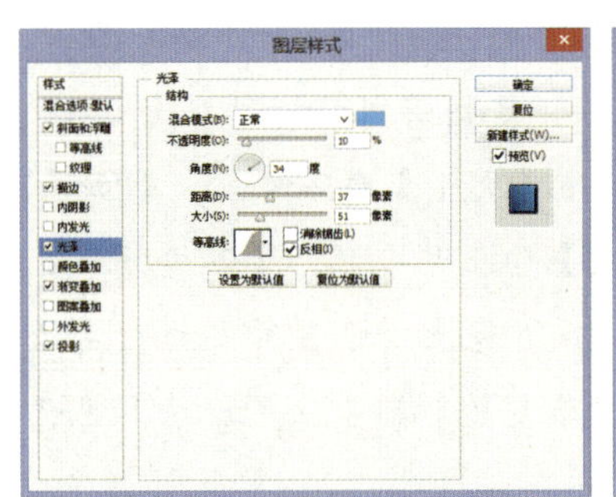

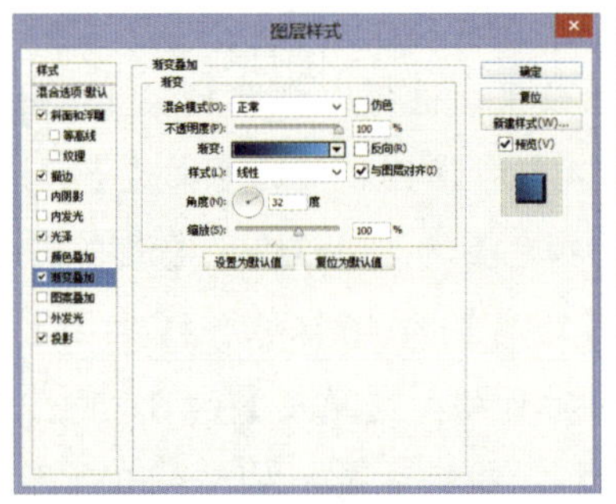

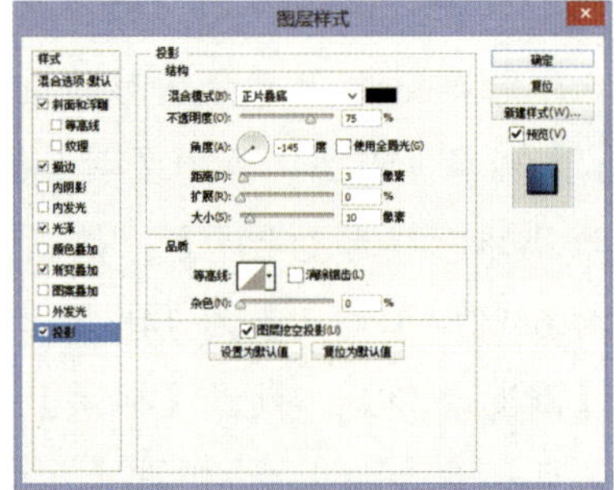

图 5–3–52　【图层样式】参数设置

STEP 10 完善 logo 下部分图形的质感效果。复制“形状 1 拷贝”图层，得到“形状 1 拷贝 2”图层，双击此图层，弹出【图层样式】对话框，勾选【渐变叠加】，设置【渐变颜色条】左色标为 #06325f，右色标为 #00befc，【样式】为线性，【角度】为 -58 度，修改图层【不透明度】为 58%，如图 5-3-53 所示。然后选择“椭圆拷贝 1”图层，复制得到“椭圆拷贝 3”图层，双击该图层，弹出【图层样式】对话框，勾选【描边】，设置【大小】为 2 像素，【位置】为外部，【颜色】设置为 #06325f；勾选【光泽】，【颜色】设置为 #06325f，【混合模式】为正片叠底，【不透明度】为 65%，【角度】为 -108 度，【距离】为 46 像素，【大小】为 84 像素，设置【等高线】；勾选【渐变叠加】，设置【样式】为线性，【角度】为 147 度，【渐变编辑器】左色标为 #06325f，右色标为 #4ba4ee，取消【反向】，参数设置如图 5-3-54 所示，效果如图 5-3-55 所示。

STEP 11 绘制 logo 倒影。按 Ctrl+Shift 组合键，选中除背景以外的所有图层并结组，【命名】为“图标”，然后复制此图层，合并图层，然后将图层翻转，并拖曳到与图标底部相对的位置。然后单击菜单栏的【滤镜】-【模糊】-【高斯模糊】命令，设置【半径】为 9.2 像素，企业 Logo 绘制完成，最终效果如图 5-3-56 所示。

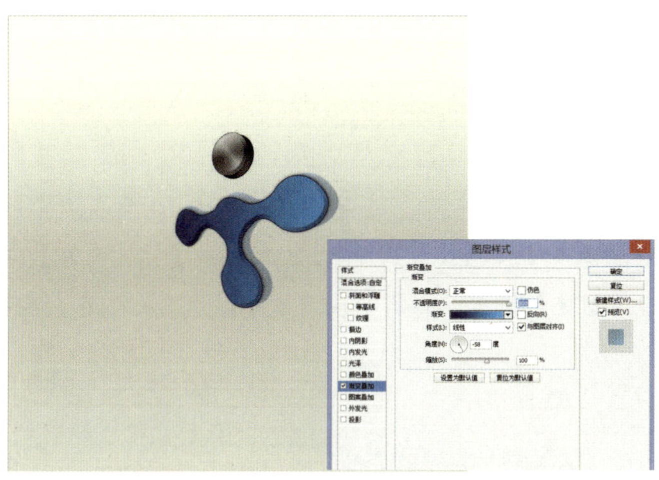

图 5-3-53　“渐变叠加”【图层样式】对话框

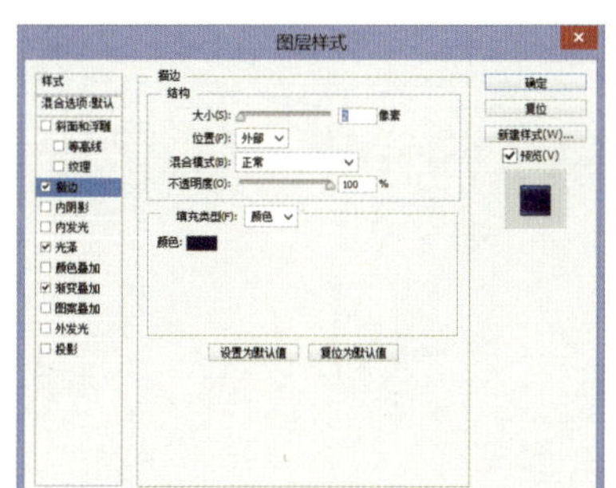

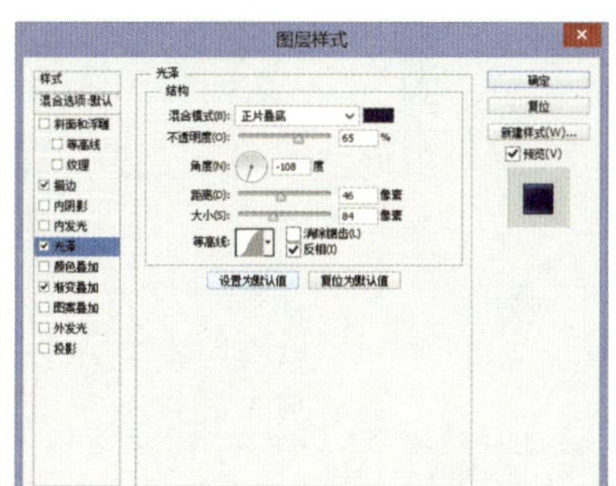

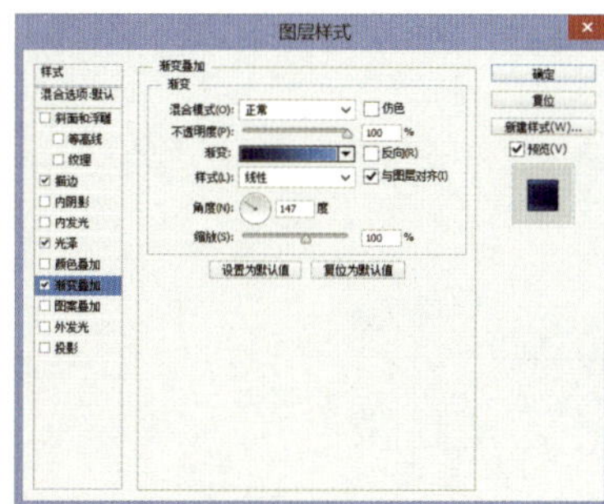

图 5-3-54　【图层样式】对话框中的参数设置

图 5-3-55　完善 Logo 立体效果

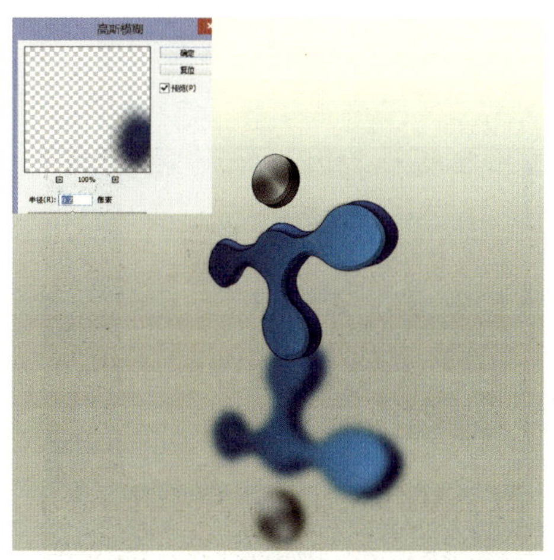

图 5-3-56　企业 Logo 最终效果

总结： 制作这类企业的 Logo 时，要根据图标特效质感进行分析，分析这种图标效果属于哪一种图层样式效果。特别是 Logo 表现材质表面的光泽质感效果时，需要使用【滤镜】、【模糊】、【高斯模糊】等工具进行视觉效果调整。

案例 19：| VR 实验室 Logo 设计 |

案例描述： 本实验室图标设计属于科技感视觉风格类型的图标设计。图标的重点是灵活使用图层样式，形成光感和立体感，并通过图层的叠加，增强视觉效果，以达到最终效果。

制作步骤

STEP 01 新建文档。在【新建文档】对话框中，设置【宽度】为 10 厘米，【高度】为 10 厘米，画布为 10 厘米 ×10 厘米，【颜色模式】为 RGB 颜色，【背景内容】为白色，【分辨率】为 300 像素/英寸，单击【创建】按钮，如图 5-3-57 所示。

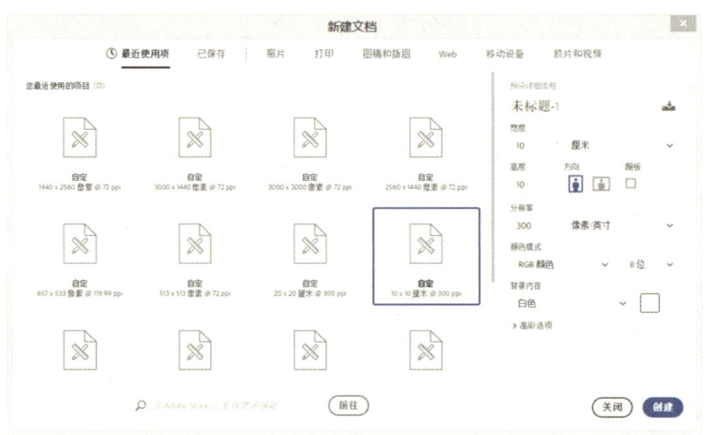

图 5-3-57 【新建文档】对话框

STEP 02 使用【吸管工具】吸取颜色 R：5、G：9、B：18，使用【油漆桶工具】填充背景，如图 5-3-58 所示。

STEP 03 使用【钢笔工具】绘制“V”形状，效果如图 5-3-59 所示。

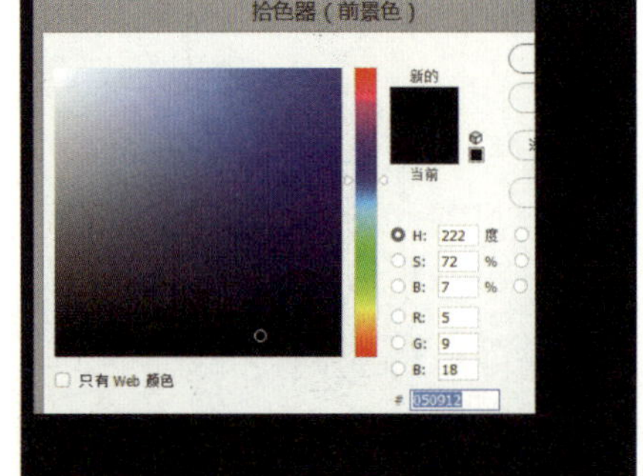

图 5-3-58 【拾色器（前景色）】对话框

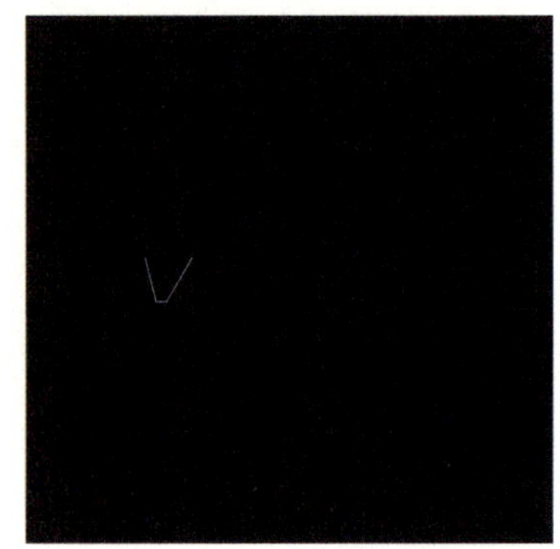

图 5-3-59 绘制“V”形状

STEP 04 在【图层样式】对话框中，调整【外发光】参数，参数设置如图 5-3-60 所示。

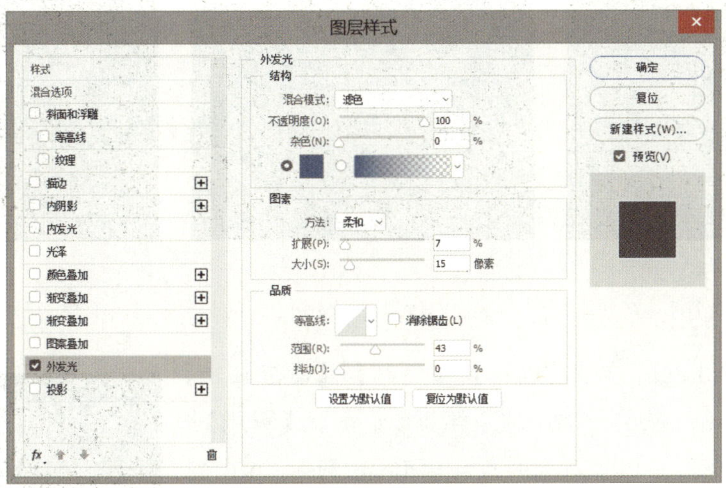

图 5-3-60　【图层样式】-【外发光】对话框

STEP 05 使用【钢笔工具】绘制形状，效果如图 5-3-61 所示。

STEP 06 调整【外发光】参数，效果如图 5-3-62 所示。

STEP 07 使用【钢笔工具】绘制“R”形状，效果如图 5-3-63 示。

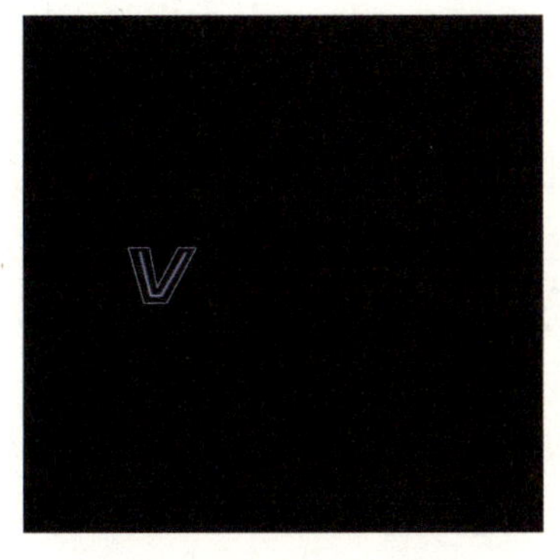

图 5-3-61　“V”形状

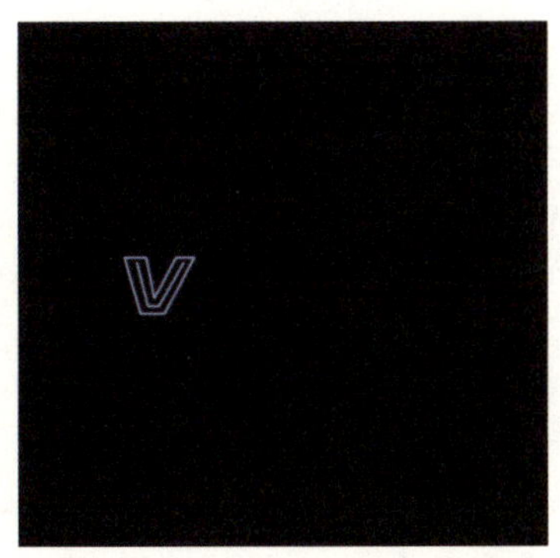

图 5-3-62　“V”的外发光效果

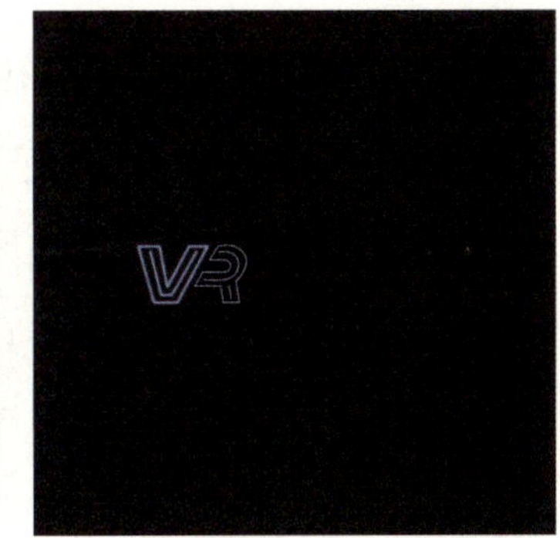

图 5-3-63　“R”形状

STEP 08 调整【外发光】参数，效果如图 5-3-64 所示。

STEP 09 使用【钢笔工具】绘制“实验室”形状，效果如图 5-3-65 所示。

STEP 10 调整【外发光】参数，效果如图 5-3-66 所示。

图 5-3-64 “R”的“外发光”效果

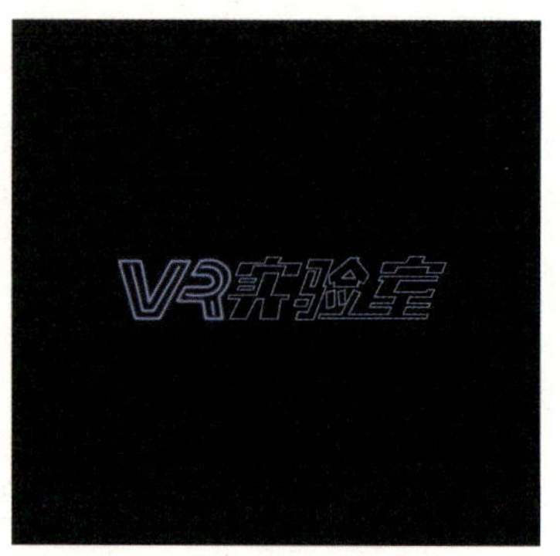

图 5-3-65 绘制“实验室”文字效果“外发光”

图 5-3-66 “实验室”文字的效果

STEP 11 复制制作好的 Logo，单击【编辑】-【变形】-【垂直翻转】命令，得到镜像 Logo，调整位置，单击【滤镜】-【模糊】-【高斯模糊】命令，并调整不透明度得到 Logo 倒影，VR 实验室 Logo 就制作好了，最终效果如图 5-3-67 所示。

图 5-3-67 VR 实验室 Logo 最终效果

总结：制作这类科技感 Logo 时，要根据图标特效质感进行分析，分析这种图标效果属于哪一种图层样式效果。特别是字体造型设计与光感效果表达，需要使用【滤镜】、【发光参数】、【高斯模糊】等工具进行视觉效果调整。

5.4 功能图标案例设计与制作

案例 20：| 汽车 HMI 图标制作 |

案例描述：汽车 HMI 界面设计，是一类科技感与舒适感相结合的视觉风格的 UI 设计。图标制作的重点是灵活使用图层样式，形成光感和立体感，并通过设置【颜色叠加】，增强视觉效果，以达到最终效果。

制作步骤

STEP 01 新建文档。在【新建文档】对话框中，设置【宽度】为 10 厘米，【高度】为 10 厘米，【分辨率】为 300 像素/英寸，单击【创建】按钮，如图 5-4-1 所示。

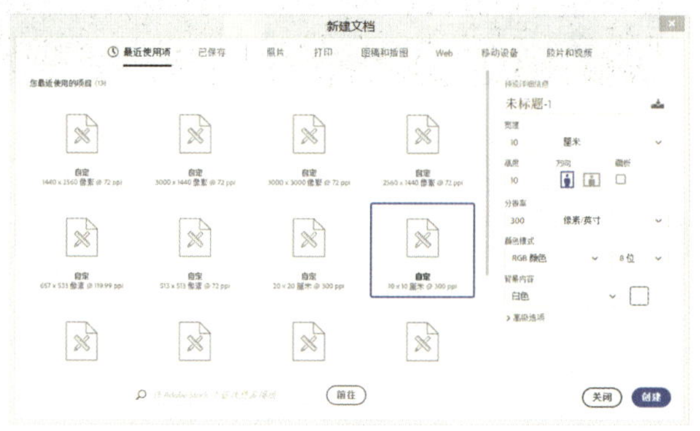

图 5-4-1 【新建文档】对话框

STEP 02 使用【吸管工具】吸取颜色 R：129、G：133、B：176，使用【油漆桶工具】填充背景，如图 5-4-2 所示。

STEP 03 使用【矩形工具】绘制“矩形”形状，如图 5-4-3 所示。

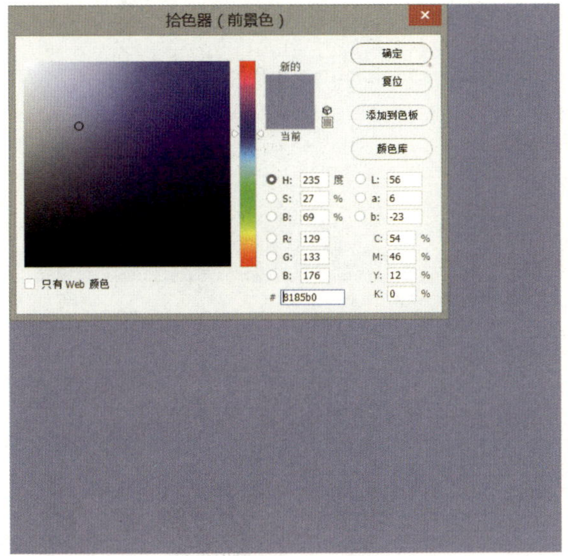

图 5-4-2　【拾色器（前景色）】对话框

图 5-4-3　绘制“矩形”形状

STEP 04 在【图层样式】对话框中，勾选【颜色叠加】，勾选【外发光】，参数如图 5-4-4 所示，效果如图 5-4-5 所示。

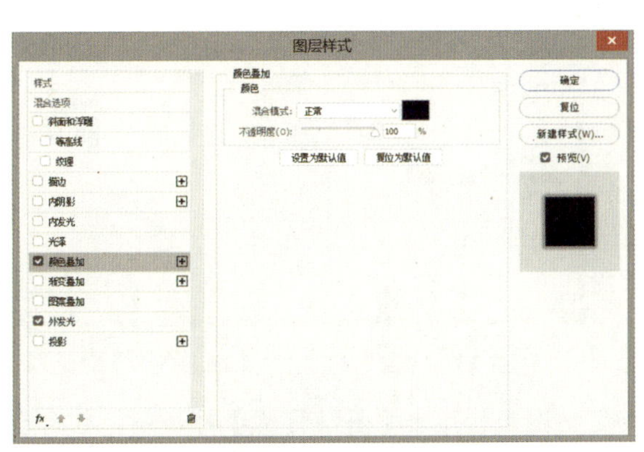

图 5-4-4　【图层样式】-【颜色叠加】对话框

图 5-4-5　“外发光”效果

STEP 05 按住 Shift 键绘制两条直线，并用【文字工具】输入如图 5-4-6～图 5-4-8 所示文字，使用【矩形工具】制作文字框。

STEP 06 按住 Shift 键，使用【椭圆工具】绘制圆，按 Alt 键复制得到另一个圆，效果如图 5-4-9 所示。

STEP 07 双击复制的图层，弹出【图层样式】对话框，勾选【斜面和浮雕】，参数设置如图 5-4-10 所示，勾选【渐变叠加】，参数设置如图 5-4-11 所示。

图 5-4-6　绘制“两条”直线

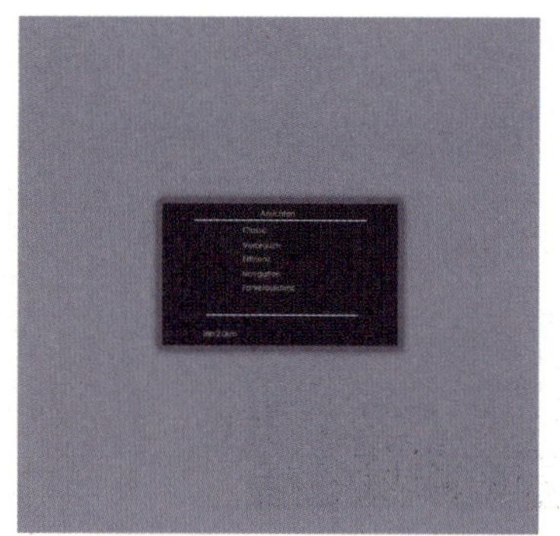

图 5-4-7　输入文字

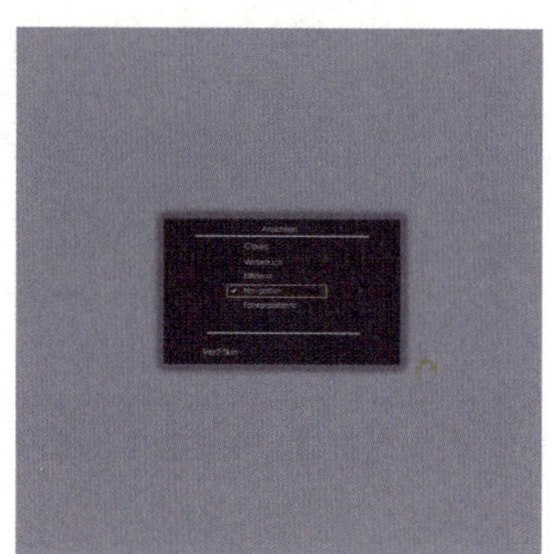

图 5-4-8　输入文字框

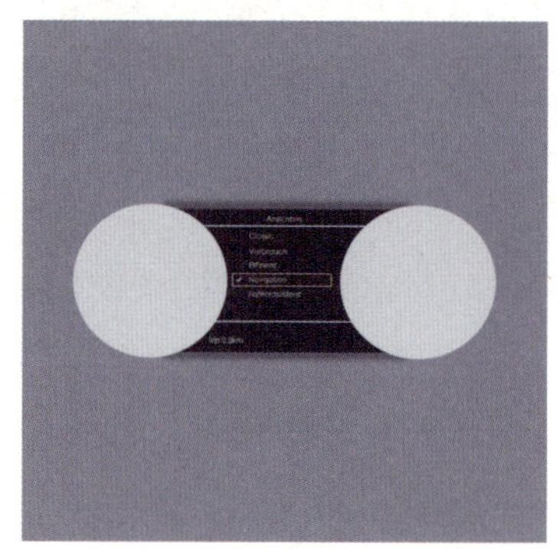

图 5-4-9　绘制正圆形

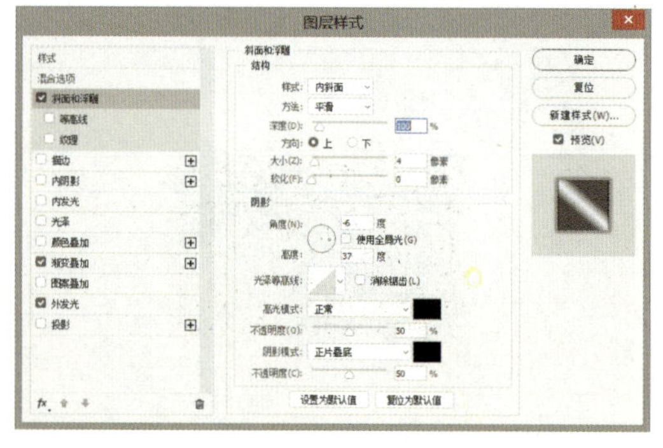

图 5-4-10　【图层样式】-【斜面与浮雕】对话框

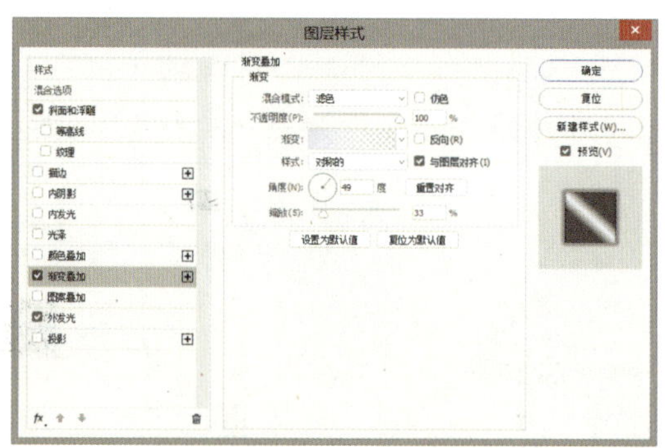

图 5-4-11　【图层样式】-【渐变叠加】对话框

STEP 08 使用【椭圆工具】绘制椭圆并复制，双击该复制图层，弹出【图层样式】对话框，勾选【内阴影】，参数设置如图 5-4-12，效果如图 5-4-13 所示。勾选【颜色叠加】参数设置如图 5-4-14 所示，效果如图 5-4-15 所示。

STEP 09 按住 Shift 键使用【椭圆工具】绘制圆，按 Alt 键复制仪表盘形状，如图 5-4-16 所示。

STEP 10 双击该复制的图层，在【图层样式】对话框中，勾选【斜面和浮雕】和【阴影】进行效果调整，参数设置如图 5-4-17 所示，效果如图 5-4-18 所示。

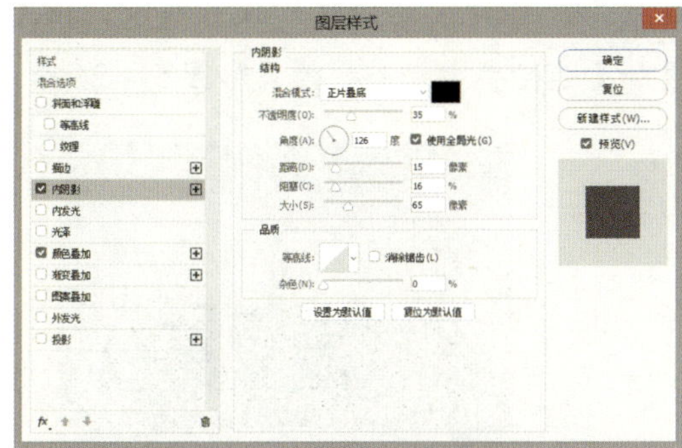

图 5-4-12　【图层样式】-【内阴影】对话框

图 5-4-13　“内阴影”样式的效果

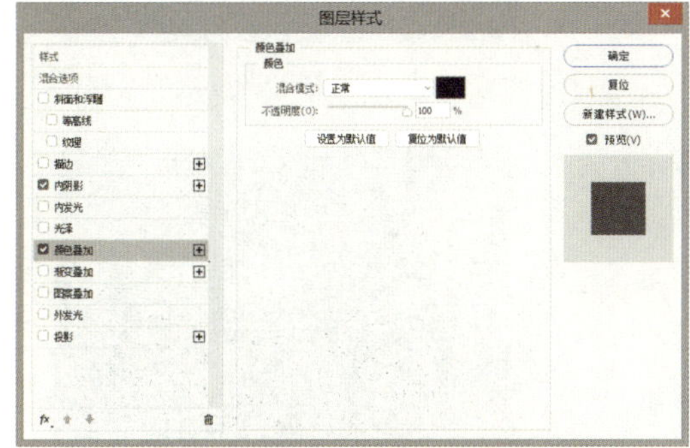

图 5-4-14　【图层样式】-【颜色叠加】对话框

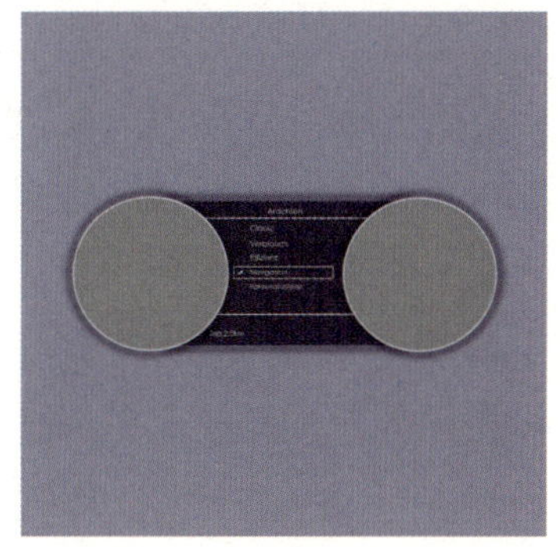

图 5-4-15　“颜色叠加”样式的效果

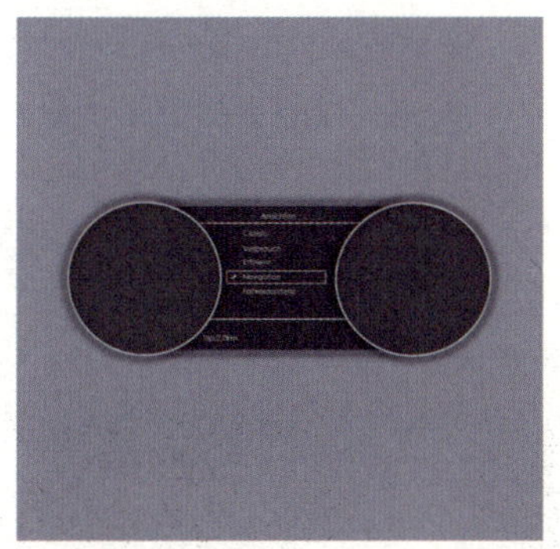

图 5-4-16　绘制仪表盘形状

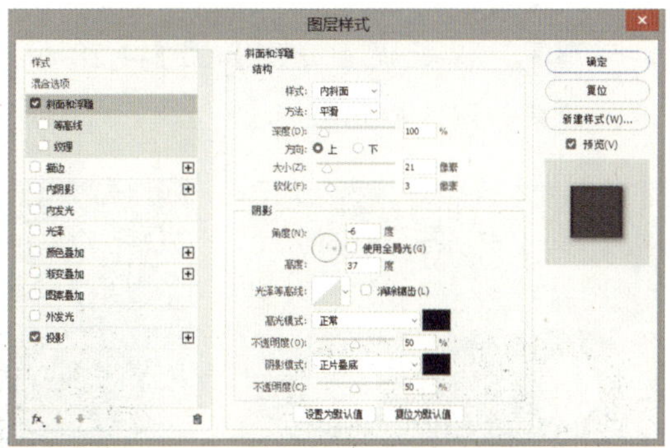

图 5-4-17　【图层样式】-【斜面和浮雕】对话框

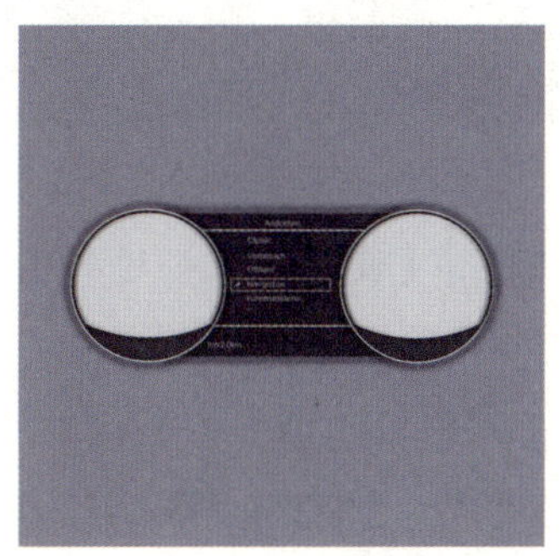

图 5-4-18　参数设置后的效果

STEP 11 复制上一步得到的图形，按 Ctrl+T 组合键进行变形，参数设置如图 5-4-20 所示。在【图层样式】对话框中，勾选【内阴影】和【渐变叠加】进行参数调整，效果如图 5-4-21 所示。

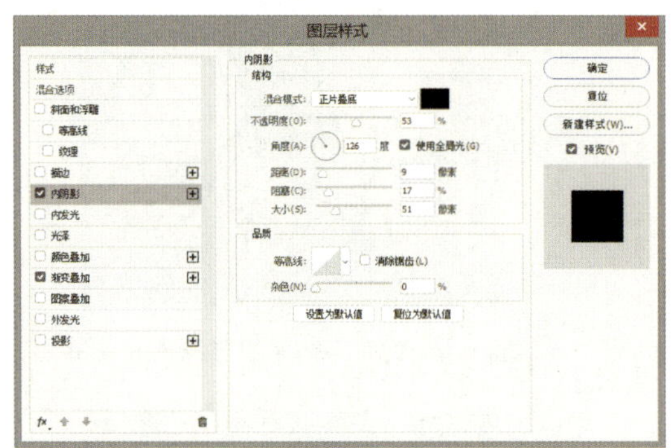

图 5-4-20　勾选【内阴影】、【渐变叠加】

图 5-4-21　参数调整后的效果

STEP 12 使用【椭圆工具】绘制圆形并复制到另一边，效果如图 5-4-22 所示。

STEP 13 使用【椭圆工具】绘制圆形，如图 5-4-23 ~ 图 5-4-25 所示，效果如图 5-4-26 所示。

STEP 14 使用【矩形工具】制作矩形，并单击【编辑】-【变换路径】-【变形】命令进行变形，效果如图 5-4-27 所示，在【图层样式】对话框，勾选【投影】和【斜面和浮雕】，参数设置分别如图 5-4-28 和图 5-4-29 所示，效果如图 5-4-30 所示。

图 5-4-22　绘制圆形 1

图 5-4-23　绘制圆形 2

图 5-4-24　绘制圆形 3

图 5-4-25　绘制圆形 4

STEP 15 复制步骤 14 形状并选择【变形】-【旋转】命令进行旋转变形，效果如图 5-4-31 所示。

STEP 16 制作刻度表，按住 Shift 键使用“画笔”画一条线，按 Ctrl+J 组合键进行复制并旋转，以此类推进行复制旋转，得到刻度表，效果如图 5-4-32 所示。

图 5-4-26　仪表盘椭圆形效果

图 5-4-27　绘制矩形

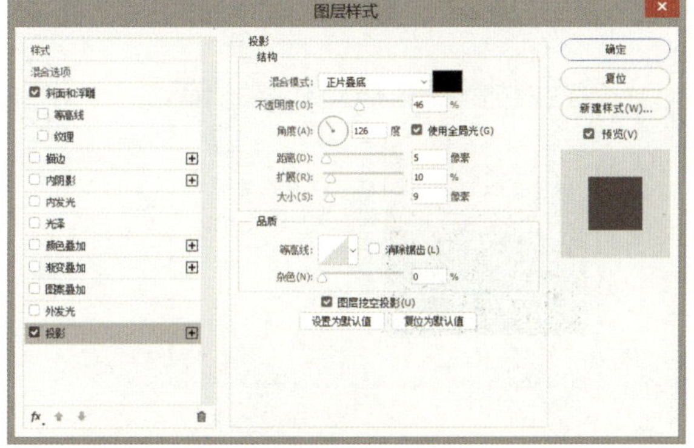

图 5-4-28　【图层样式】-【投影】对话框

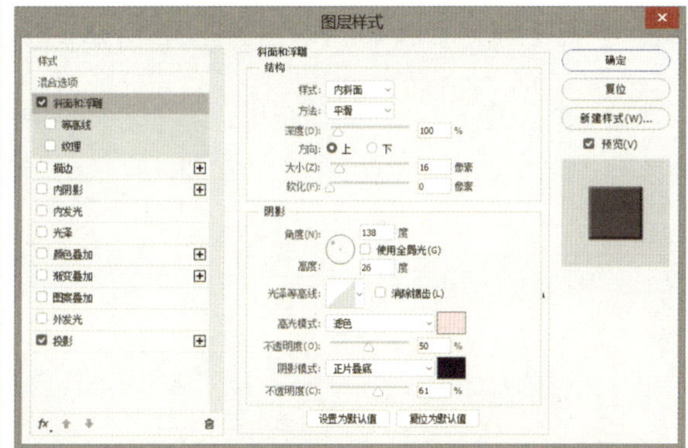

图 5-4-29　【图层样式】-【斜面和浮雕】对话框

图 5-4-30　仪表盘效果

图 5-4-31　旋转变形效果

图 5-4-32　刻度表效果

STEP 17 使用【文字工具】输入文字，并放在相应位置，最终效果如图 5-4-33 所示。

总结：制作这类汽车 HMI 界面设计，要根据界面设计总体风格进行分析，分析这种图标效果属于哪一种图层样式效果。特别是 UI 界面设计整体视觉效果表达，需要使用【编辑】、【变换路径】、【变形】等工具进行视觉效果调整。

图 5-4-33　汽车 HMI 图标最终效果

案例 21：｜办公文件管理图标制作｜

案例描述： 办公文件图标设计，是一种拟物化视觉风格的图标设计。办公文件的图标设计重点是使用图层样式，形成质感和立体感，并通过设置【颜色叠加】，增强视觉效果，以达到最终效果。

制作步骤

STEP 01 在【新建文档】对话框中，设置【宽度】为 10 厘米，【高度】为 10 厘米，【分辨率】为 300 像素/英寸的画布，单击【确定】按钮，如图 5-4-34 所示。

STEP 02 使用【吸管工具】吸取颜色 R：254、G：240、B：229，使用【油漆桶工具】填充背景，单击【确定】按钮，如图 5-4-35 所示。

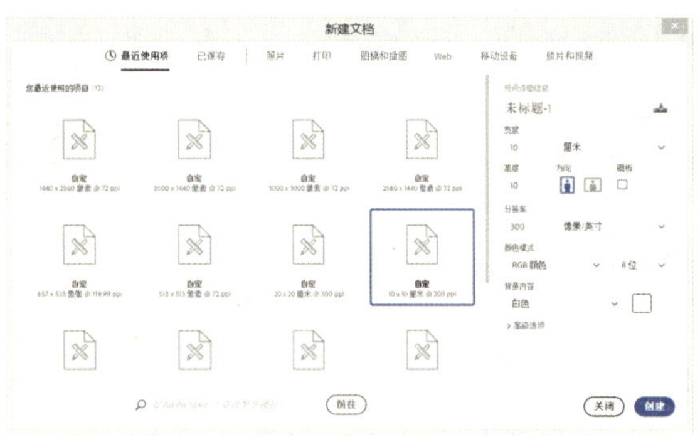

图 5-4-34 【新建文档】对话框

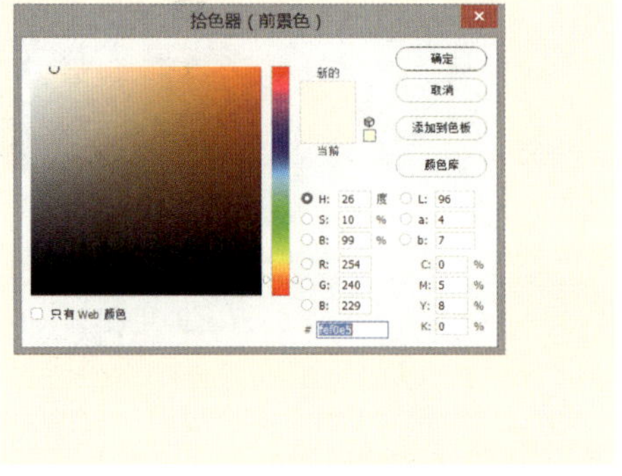

图 5-4-35 【拾色器（前景色）】对话框

STEP 03 使用【矩形工具】绘制矩形，效果如图 5-4-36 所示。

STEP 04 在【图层样式】对话框中，勾选【斜面和浮雕】，参数设置如图 5-4-37 所示，勾选【颜色叠加】，参数设置如图 5-4-38 所示，以达到图 5-4-39 所示的效果。

STEP 05 使用【矩形工具】绘制矩形，效果如图 5-4-40 所示，单击【滤镜】-【模糊】-【高斯模糊】命令，效果如图 5-4-41 所示。

图 5-4-36 绘制矩形

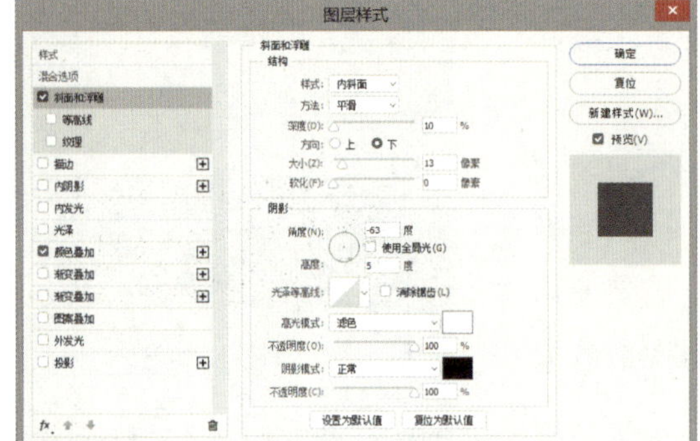

图 5-4-37 【图层样式】-【斜面和浮雕】对话框

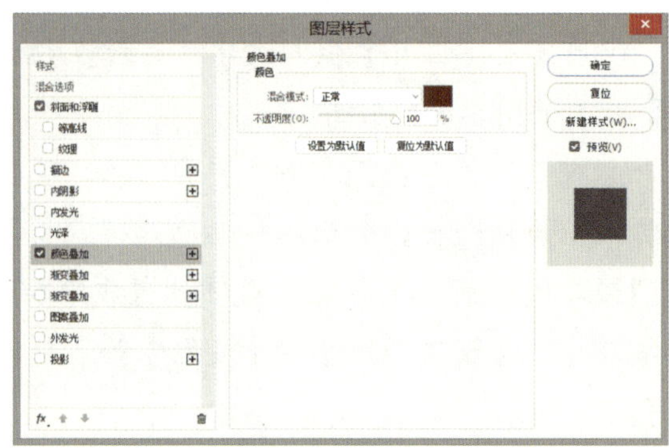

图 5-4-38 【图层样式】-【颜色叠加】对话框

图 5-4-39　"颜色叠加"效果　　图 5-4-40　矩形效果　　图 5-4-41　高斯模糊的效果

STEP 06 绘制矩形，效果如图 5-4-42 所示，单击【滤镜】-【模糊】-【高斯模糊】选项，效果如图 5-4-43 所示。

图 5-4-42　绘制矩形

图 5-4-43　高斯模糊效果

STEP 07 绘制矩形，效果如图 5-4-44 所示，单击【滤镜】-【模糊】-【高斯模糊】选项，效果如图 5-4-45 所示。

图 5-4-44　绘制矩形

图 5-4-45　高斯模糊效果

STEP 08 使用【矩形工具】绘制矩形，并单击【编辑】-【变形】-【变形】命令进行变形，效果如图 5-4-46 所示。在【图层样式】对话框中，勾选【外发光】和【渐变叠加】进行调整，参数设置如图 5-4-47 和图 5-4-48 所示，效果如图 5-4-49 所示。

STEP 09 使用【矩形工具】绘制矩形，去掉【填充色】，制作虚线线框，效果如图 5-4-50 所示。在【图层样式】对话框中，勾选【斜面和浮雕】和【投影】进行调整，参数设置如图 5-4-51 ～

图 5-4-52 所示，效果如图 5-4-53 所示。

图 5-4-46　变形效果

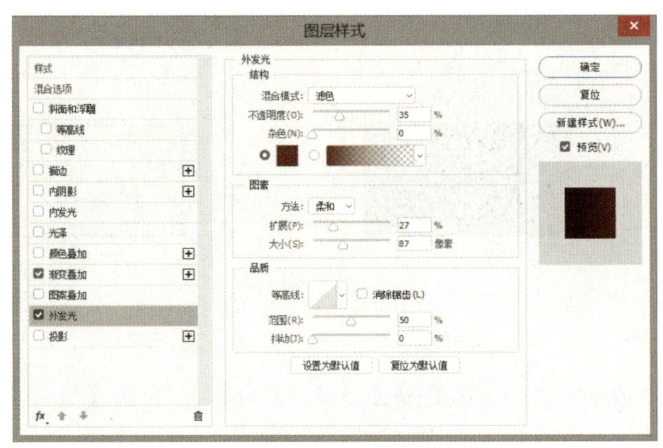

图 5-4-47　【图层样式】-【发外光】对话框

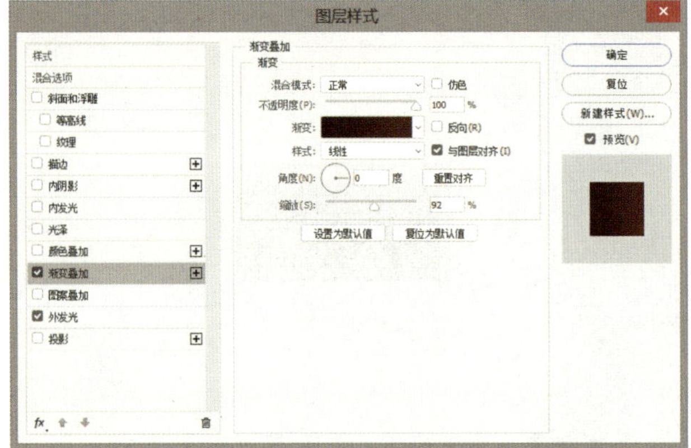

图 5-4-48　【图层样式】-【渐变叠加】对话框

图 5-4-49　渐变效果

图 5-4-50　虚线线框效果

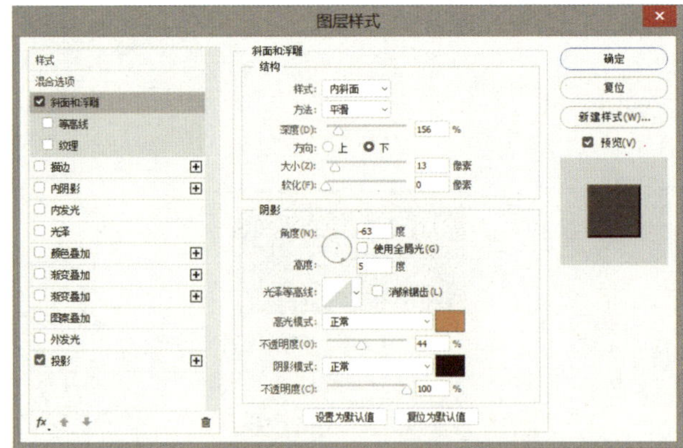

图 5-4-51　【图层样式】-【斜面和浮雕】对话框

STEP 10 使用【圆角矩形工具】绘制圆角矩形，效果如图 5-4-54 所示，在【图层样式】对话框中，勾选【斜面和浮雕】、【渐变叠加】和【投影】进行调整，参数设置如图 5-4-55～图 5-4-57 所示，效果如图 5-4-58 所示。

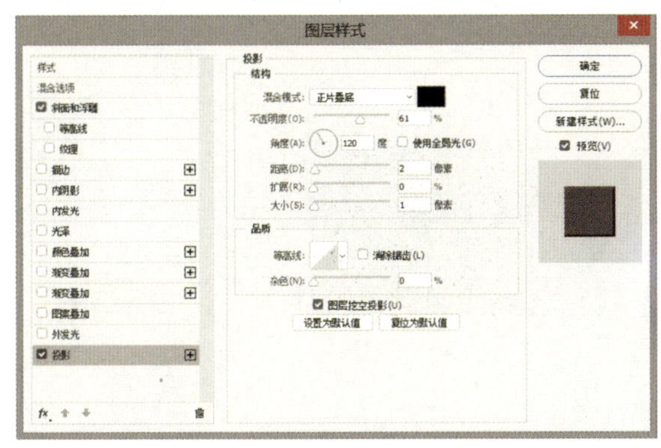

图 5-4-52　【图层样式】-【投影】对话框

图 5-4-53　“斜面”与“浮雕”效果

图 5-4-54　绘制图形矩形效果

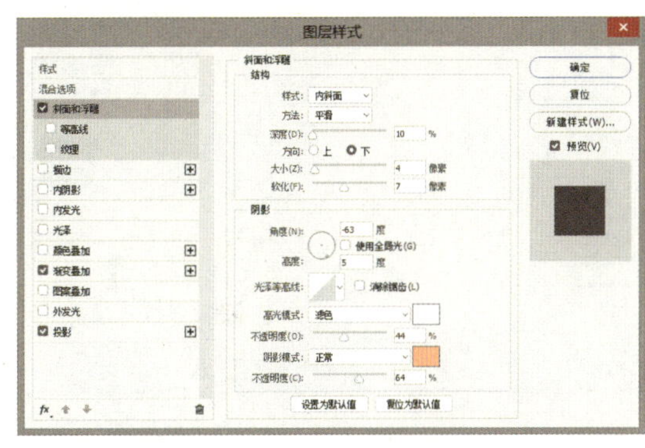

图 5-4-55　【图层样式】-【斜面和浮雕】对话框

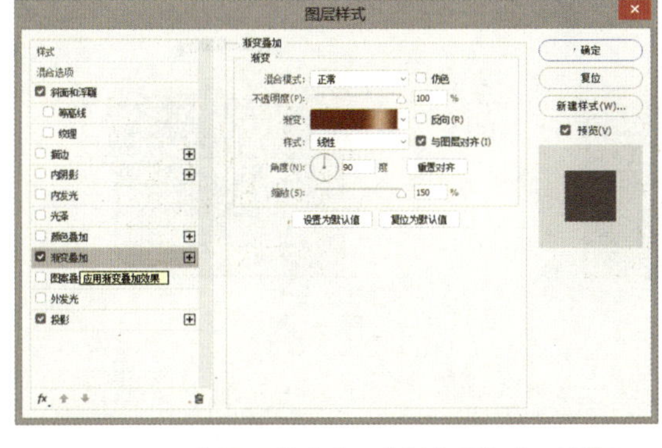

图 5-4-56　【图层样式】-【渐变叠加】对话框

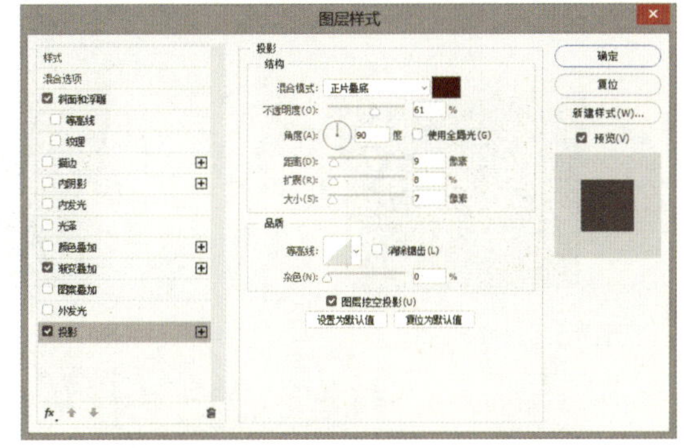

图 5-4-57　【图层样式】- 投影对话框

STEP 11 使用【矩形工具】绘制矩形，去掉【填充色】，制作虚线线框，效果如图 5-4-59 所示。在【图层样式】对话框中，勾选【斜面和浮雕】和【投影】，参数设置如图 5-4-60 和图 5-4-61 所示，效果如图 5-4-62 所示。

STEP 12 使用【钢笔工具】绘制图形，效果如图 5-4-63 所示，复制该图形，如图 5-4-64 所示。改变颜色，单击【滤镜】-【模糊】-【高斯模糊】选项调整，效果如图 5-4-65 所示。

STEP 13 使用【钢笔工具】绘制图形，绘制如图 5-4-66 所示，在【图层样式】对话框中，选择【斜面和浮雕】并进行参数设置，效果如图 5-4-67 所示。

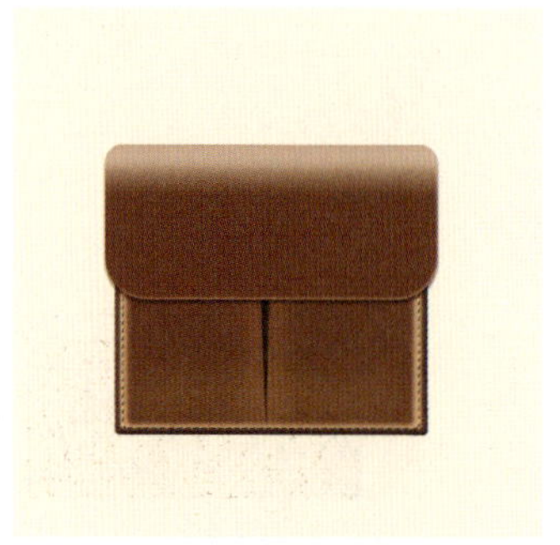

图 5-4-58 “浮雕”效果

图 5-4-59 虚线线框效果

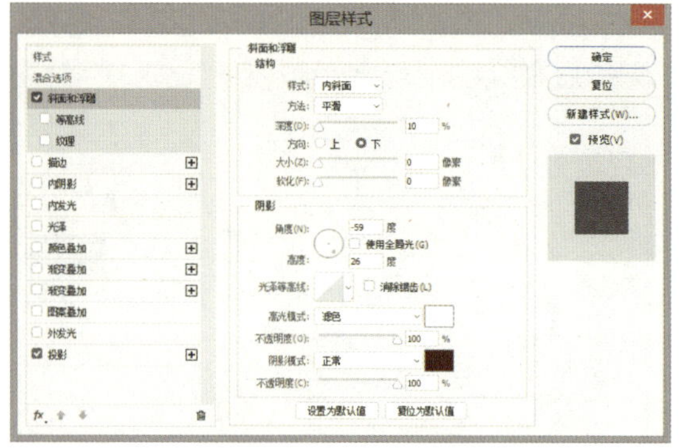

图 5-4-60 【图层样式】-【斜面和浮雕】对话框

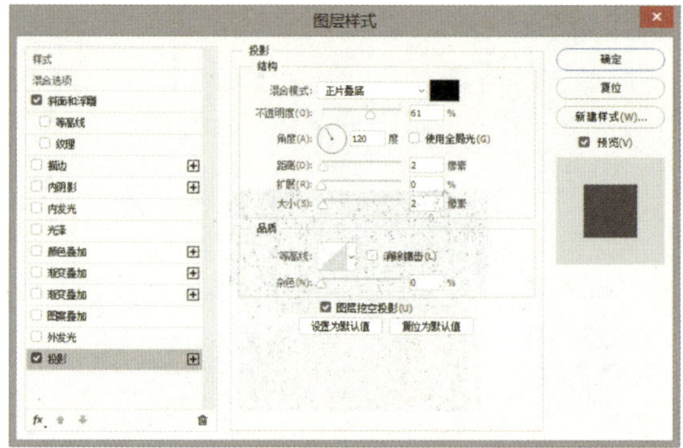

图 5-4-61 【图层样式】-【投影】对话框

图 5-4-62 浮雕、投影效果

图 5-4-63 绘制图形效果

图 5-4-64 复制图形效果

图 5-4-65 高斯模糊效果

图 5-4-66 绘制矩形图形

图 5-4-67 浮雕立体效果

STEP 14 使用【钢笔工具】绘制图形，效果如图 5-4-68 所示，在【图形样式】对话框中勾选【斜面和浮雕】，得到图 5-4-69 所示的效果。

STEP 15 复制作好的文件夹，单击【编辑】-【变形】-【垂直翻转】命令得到镜像公文包，调整位置，单击【滤镜】-【模糊】-【高斯模糊】选项，调整【不透明度】得到公文包倒影。整个图标制作完成，最终效果如图 5-4-70 所示。

图 5-4-68　绘制公文包图形

图 5-4-69　浮雕效果

图 5-4-70　公文包最终效果

总结： 制作这类办公文件图标，要根据图标设计总体质感与视觉效果进行分析，首先需要分析这种图标效果属于哪一种图层样式效果。特别是图标设计的质感与光效的整体视觉效果表达，需要使用【滤镜】、【模糊】、【高斯模糊】等工具进行视觉效果的调整。

案例 22：收音机图标制作

案例描述： 收音机图标设计，是一种具有收音机造型特征的图标设计。图标的设计使用图层样式，形成光感和立体感，并通过图层的叠加，增强视觉效果，以达到最终效果。

制作步骤

STEP 01 在【新建文档】对话框中，设置【宽度】为 10 厘米，【高度】为 10 厘米，【分辨率】为 300 像素/英寸，单击【确定】按钮，如图 5-4-71 所示。

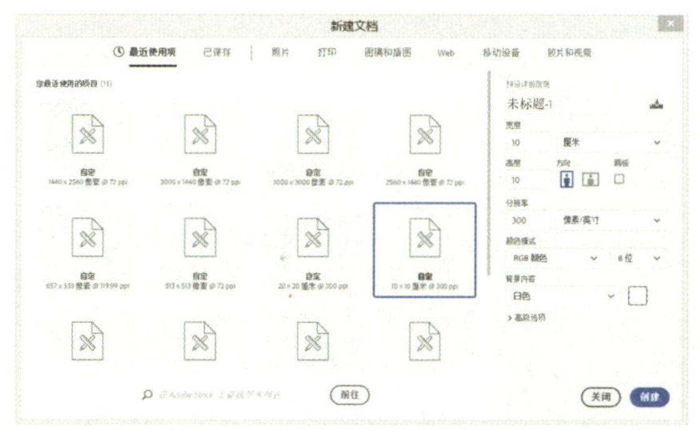

图 5-4-71　【新建文档】对话框

STEP 02 使用【吸管工具】吸取颜色 R：249、G：202、B：165，使用【油漆桶工具】填充背景，如图 5-4-72 所示。

STEP 03 使用【矩形工具】绘制矩形，如图 5-4-73 所示。

STEP 04 使用【圆角矩形工具】绘制圆角矩形，如图 5-4-74 所示。在【图层样式】对话框中，勾选【斜面和浮雕】、【渐变叠加】和【投影】进行调整，参数设置如图 5-4-75～图 5-4-77 所示，效果如图 5-4-78 所示。

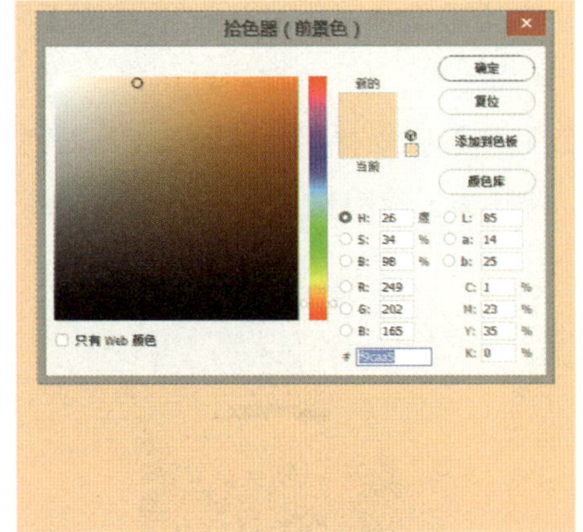

图 5-4-72 【拾色器（前景色）】对话框

图 5-4-73 绘制矩形

图 5-4-74 绘制圆角矩形

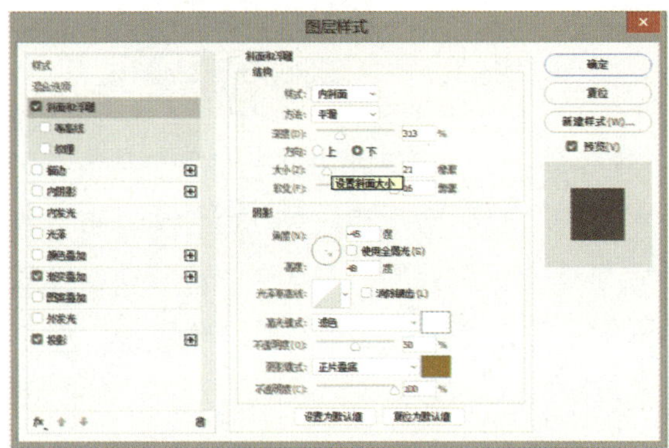

图 5-4-75 【图层样式】-【斜面和浮雕】对话框

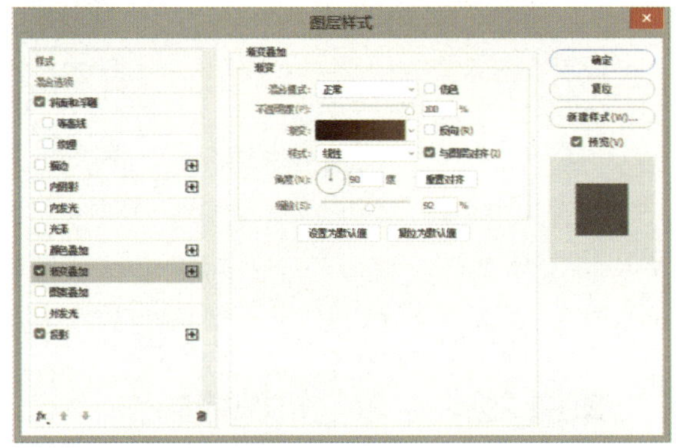

图 5-4-76 【图层样式】-【渐变叠加】对话框

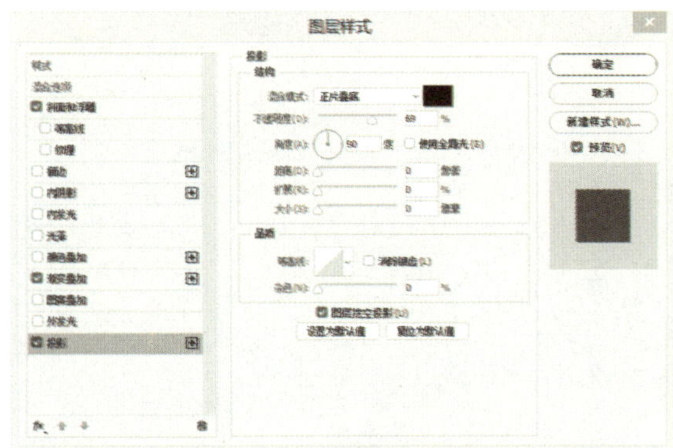

图 5-4-77 【图层样式】-【投影】对话框

图 5-4-78 调整后的效果

STEP 05 使用【矩形工具】绘制矩形，如图 5-4-79 所示，选择【斜面和浮雕】进行调整并制作阴影，如图 5-4-80 ～图 5-4-82 所示。

STEP 06 使用【矩形工具】绘制如图 5-4-83 所示的矩形，设置【图案叠加】，参数如图 5-4-84 所示。

STEP 07 使用【矩形工具】绘制如图 5-4-85 所示的矩形，不勾选【填充色】，设置【渐变叠加】，复制矩形并进行缩放，设置【渐变叠加】颜色渐变方向为反向，效果如图 5-4-86 所示。

图 5-4-79　绘制矩形

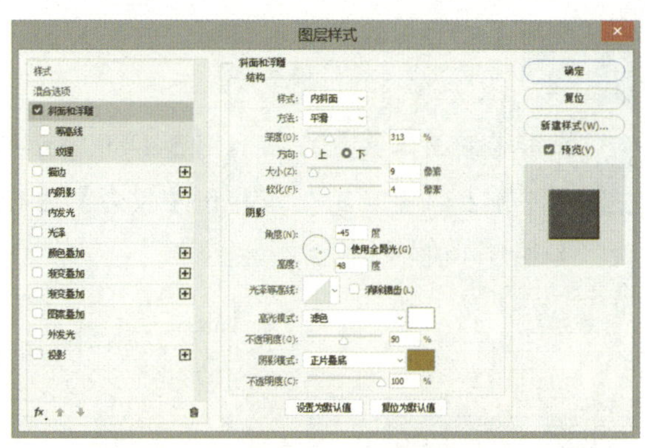

图 5-4-80　【图层样式】-【斜面和浮雕】对话框

图 5-4-81　“浮雕”效果

图 5-4-82　“阴影”效果

图 5-4-83　绘制矩形 1

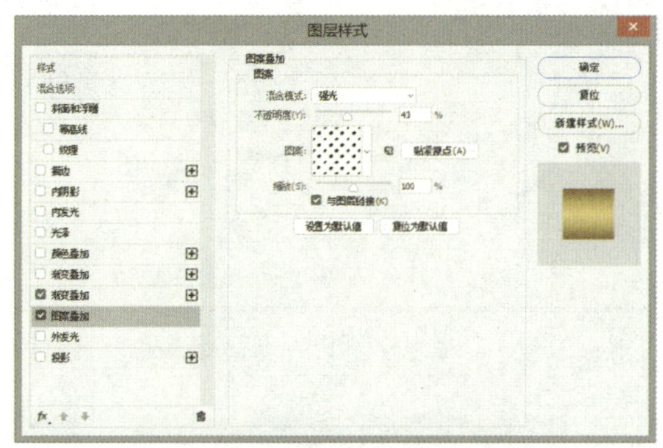

图 5-4-84　【图层样式】-【图案叠加】对话框

图 5-4-85　绘制矩形 2

图 5-4-86　“渐变叠加”效果

STEP 08 使用【矩形工具】绘制矩形，效果如图 5-4-87 所示，复制矩形，效果如图 5-4-88 所示。

STEP 09 使用【椭圆工具】绘制如图 5-4-89 所示的圆形，在【图层样式】对话框中，勾选【斜面和浮雕】、【渐变叠加】和【投影】进行调整，参数设置如图 5-4-90 ～图 5-4-92 所示。效果如图 5-4-93 所示。

图 5-4-87　绘制矩形

图 5-4-88　复制矩形

图 5-4-89　绘制圆形

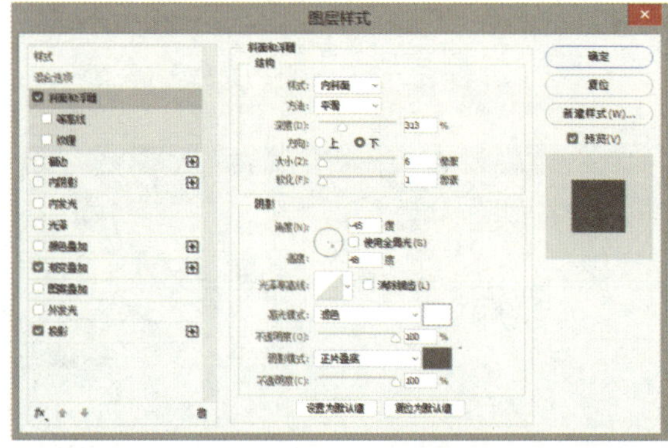

图 5-4-90　【图层样式】-【斜面和浮雕】对话框

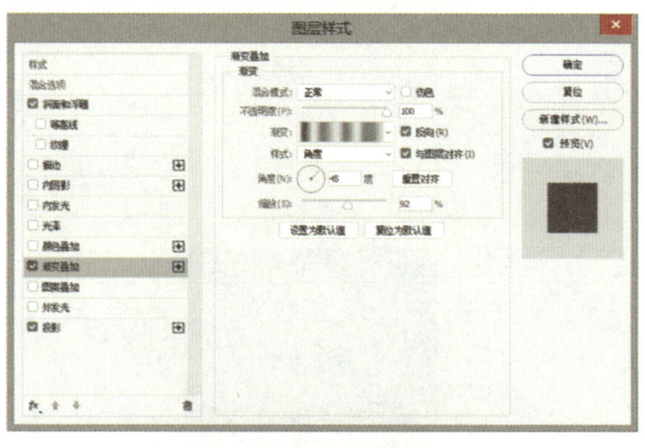

图 5-4-91　【图层样式】-【渐变叠加】对话框

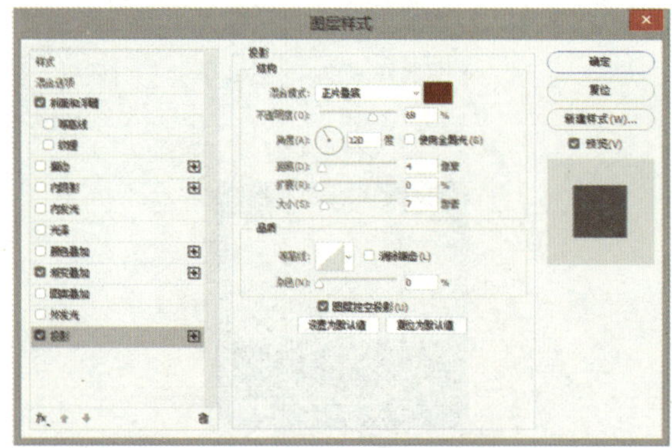

图 5-4-92　【图层样式】-【投影】对话框

图 5-4-93　按钮效果

STEP 10 使用【椭圆工具】绘制如图 5-4-94 所示的圆形。在【图层样式】对话框中，勾选【渐变叠加】，参数设置如图 5-4-95 所示。

图 5-4-94　绘制椭圆形

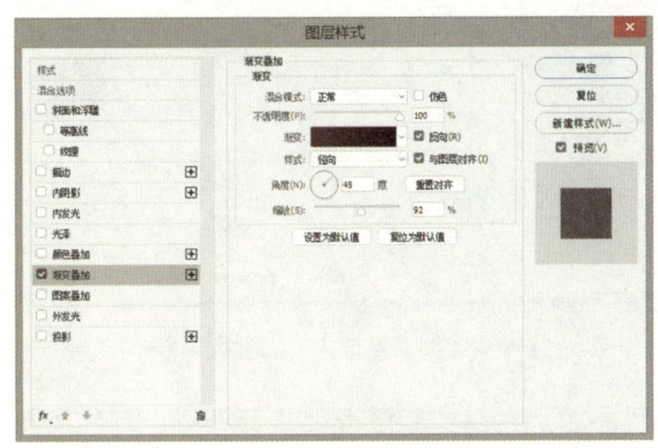

图 5-4-95　【图层样式】-【渐变叠加】对话框

STEP 11 使用【椭圆工具】绘制如图 5-4-96 所示的圆形，然后，在【图层样式】对话框中，勾选【渐变叠加】，图形调整效果如图 5-4-97 所示。

图 5-4-96　绘制圆形

图 5-4-97　圆形调整效果

STEP 12 使用【椭圆工具】绘制如图 5-4-98 所示的图形，在【图层样式】对话框中，勾选【斜面和浮雕】、【投影】和【渐变叠加】进行调整，参数设置如图 5-4-99～图 5-4-101 所示，效果如图 5-4-102 所示。

图 5-4-98　绘制圆形

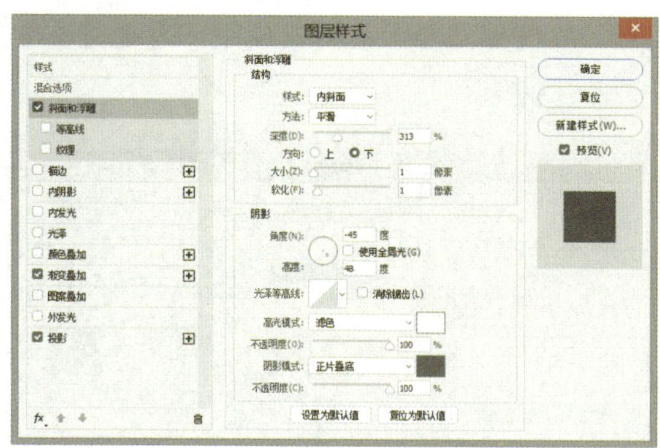

图 5-4-99 【图层样式】-【斜面和浮雕】对话框

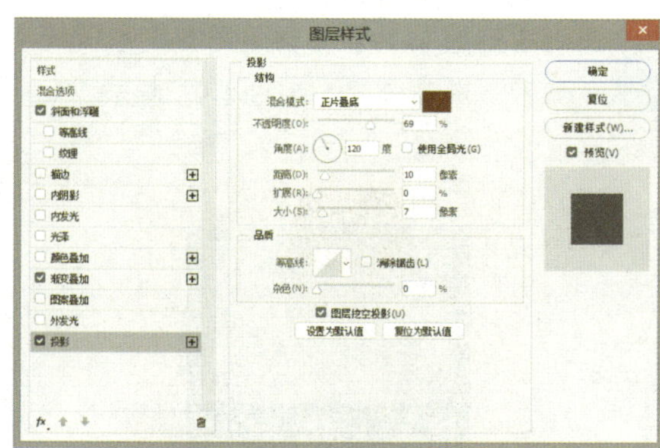

图 5-4-100 【图层样式】-【投影】对话框

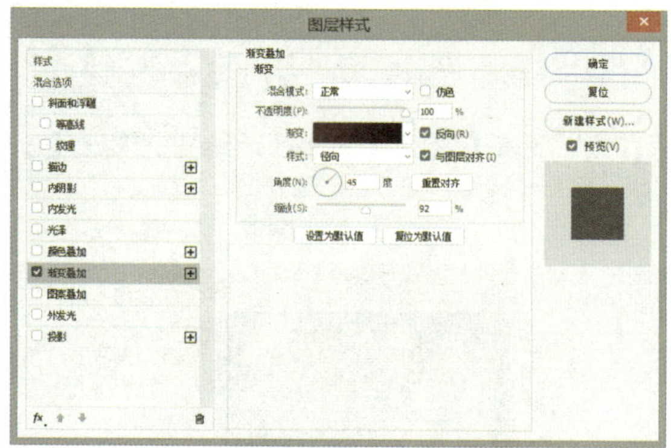

图 5-4-101 【图层样式】-【渐变叠加】对话框

图 5-4-102 按钮效果

STEP 13 复制按钮，如图 5-4-103 所示。

STEP 14 绘制如图 5-4-104 所示的图形，并进行复制。

STEP 15 复制制作好的收音机，单击【编辑】-【变形】-【垂直翻转】选项得到镜像收音机，调整位置，单击【滤镜】-【模糊】-【高斯模糊】选项，并调整不透明度，得到收音机倒影，这样，整个图标就制作完成了，如图 5-4-105 所示。

图 5-4-103 复制按钮图形

图 5-4-104 绘制图形

图 5-4-105 收音机图标设计的完成效果

总结： 制作这类收音机图标设计，要根据图标总体材料质感与视觉效果进行分析，首先需要分析这种图标效果属于哪一种图层样式效果。特别是图标设计的质感与光效的整体视觉效果表达，使用【滤镜】、【模糊】、【高斯模糊】等工具进行视觉效果调整。

案例 23：｜手电筒图标制作｜

案例描述： 手电筒图标设计，是一种具有手电筒造型特征的图标设计。图标的设计使用图层样式，形成光感和立体感，并通过图层的叠加，增强视觉效果，以达到最终效果。

制作步骤

STEP 01 制作手电筒外形。使用【矩形工具】制作一个矩形背景框，【颜色】为 313131。在背景框正中央用【矩形工具】绘制 5 个长方形，分别给图层命名，【颜色】为黑白，效果如图 5-4-106 所示。

STEP 02 制作手电筒效果。双击最上边的矩形图层，弹出【图层样式】对话框，勾选【渐变叠加】，参数设置如图 5-4-107 所示，设置【颜色】依次为 e8f1f3、f1f5f6、d8e1e4、2c3035、c4c9cb，单击【确定】按钮。按 Alt 键拖住此图层将其复制到第 2 个矩形图层中。

图 5-4-106　绘制手电筒上形

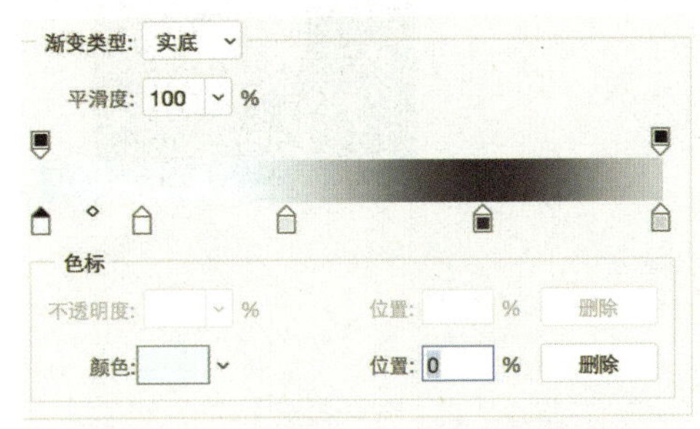

图 5-4-107　渐变设置面板 1

在第 3 个矩形【图层样式】对话框中，勾选【渐变叠加】，参数设置如图 5-4-108 所示，【颜色】依次为 e2e5e5、aaadad、f1f5f6、d8e1e4、242628、aab4b8，将其图层效果复制到第 4 个矩形图层中。栅格化图层样式，将按 Ctrl+T 组合键右击透视由矩形变成梯形，效果如图 5-4-109 所示。

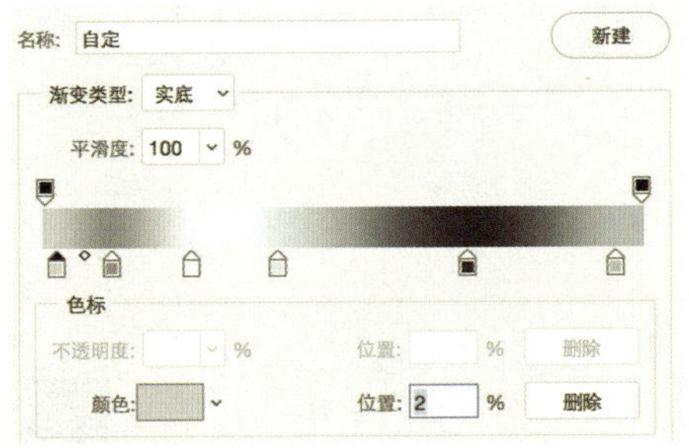

图 5-4-108　渐变设置面板 2

图 5-4-109　梯形效果

STEP 03 制作连接点。复制第2个矩形图层，将渐变色改至如图5-4-110所示，颜色可根据效果自定。栅格化图层样式，将其透视变形，如图5-4-111所示。

复制第2个矩形图层，将渐变改至如图5-4-112，设置【颜色】依次为f1f5f6、d8e1e4、9da2a4、d6d9db。复制图层，将白边拉至第3个和第4个矩形中间，将其压扁和缩短，制作金属质感。

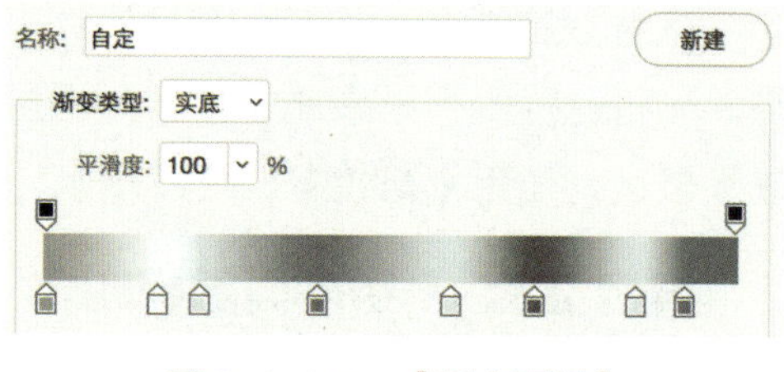

图5-4-110 【渐变面板】

STEP 04 制作防滑质感。给第5个矩形添加渐变，设置【颜色】依次为030000、7f8081、141313、292828、1d1c1c。在【图层样式】对话框中，勾选【斜面和浮雕】和【纹理】并进行调整，参数设置如图5-4-113所示。

图5-4-111 渐变色彩效果

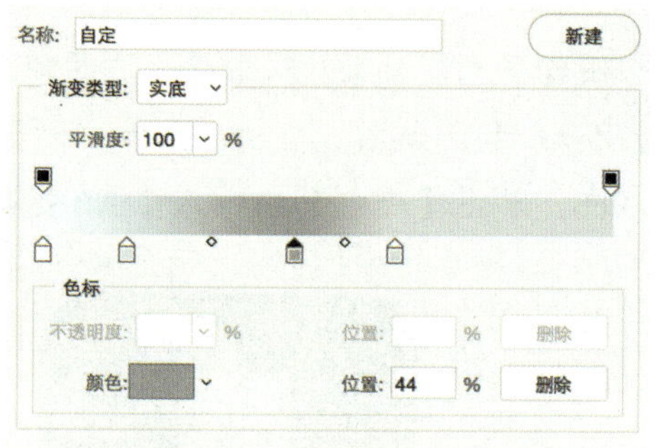

图5-4-112 渐变设置面板

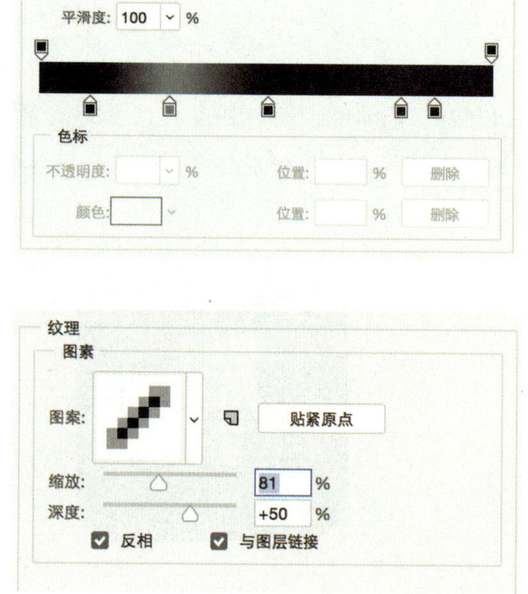

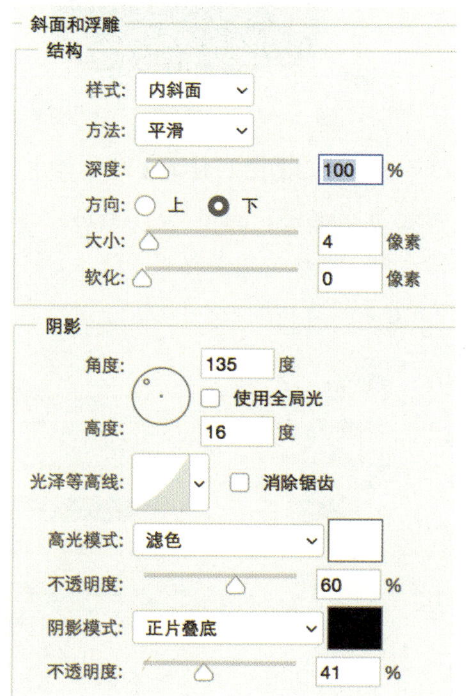

图5-4-113 渐变设置面板与【图层样式】对话框

STEP 05 制作按钮效果。使用【椭圆工具】绘制按钮的外轮廓，双击“按钮”图层，弹出【图层样式】对话框，勾选【斜面和浮雕】，参数设置如图 5-4-114 所示。

使用【椭圆工具】绘制中心圆按钮，在【图层样式】对话框中，勾选【斜面和浮雕】，参数设置如图 5-4-115 所示。复制图层，将其缩小，并在中心抠一个圆。最后用【横排文字】工具输入文本：“NO”。

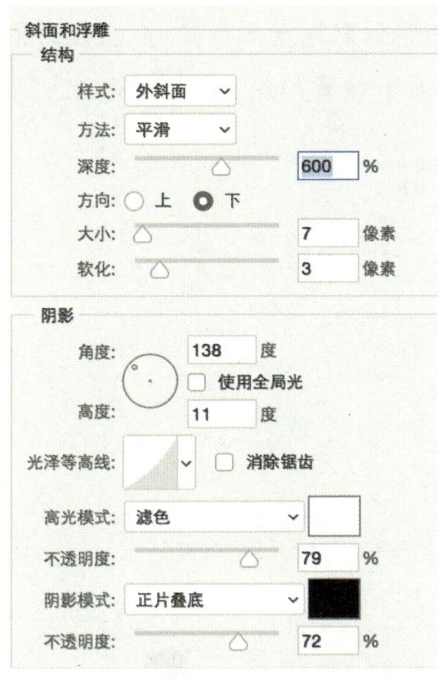

图 5-4-114　“斜面”【图层样式】对话框

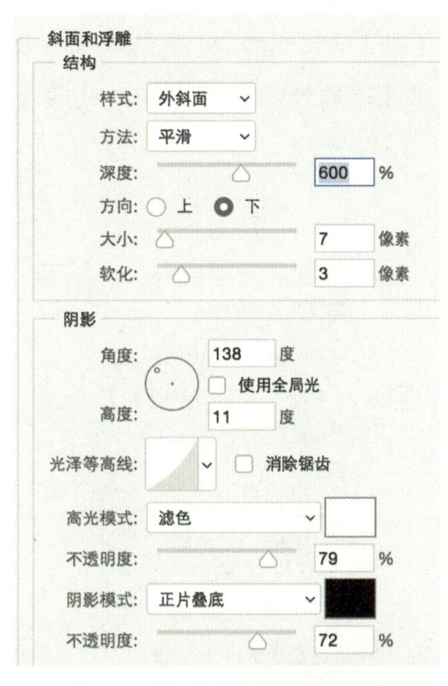

图 5-4-115　“斜面”【图层样式】对话框

STEP 06 制作灯光效果。使用【矩形工具】绘制一个梯形，使用【渐变工具】选择【前景色】到【透明渐变】，设置【颜色】为白色。用【矩形工具】绘制一个细条，在【图层样式】对话框中，勾选【斜面和浮雕】，参数设置如图 5-4-116 所示，手电筒灯光效果如图 5-4-117 所示。

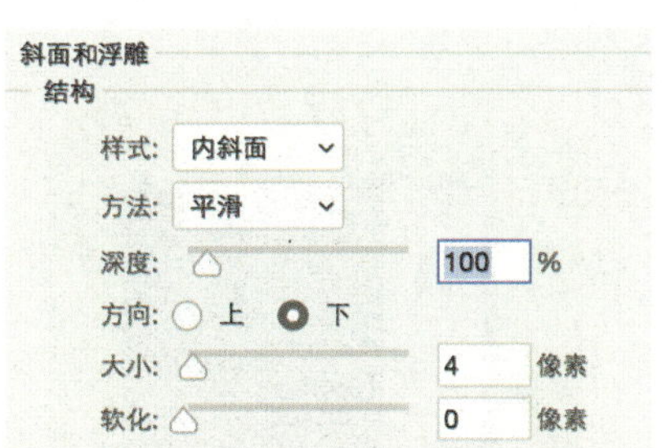

图 5-4-116　【图层样式】-【斜面和浮雕】对话框

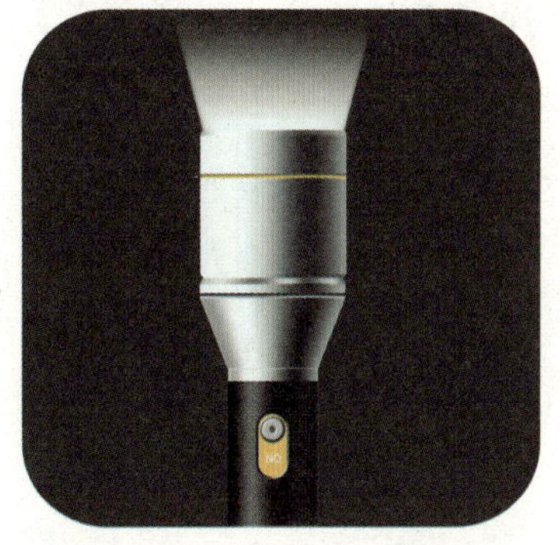

图 5-4-117　手电筒灯光效果

总结：制作这类手电筒图标设计，要根据图标总体材料质感与视觉效果进行分析，首先需要分析这种图标效果属于哪一种图层样式效果。特别是图标设计的质感与光效的整体视觉效果表达，使用【滤镜】、【模糊】、【高斯模糊】等工具进行视觉效果调整。

案例 24：｜天气预报图标设计｜

案例描述：天气预报图标设计，是一种滚轮式造型特征的图标设计。图标的设计使用图层样式，形成光感和立体感，并通过图层的叠加，增强视觉效果，以达到最终效果。

制作步骤

STEP 01 绘制矩形框背景。新建文件，设置画布【宽度】为 10 厘米，【宽度】10 厘米。使用【矩形工具】绘制矩形框，参数设置如图 5-4-118 所示。绘制矩形框立体效果，双击矩形框图层，弹出【图层样式】对话框，勾选【斜面和浮雕】，参数设置如图 5-4-119 所示。

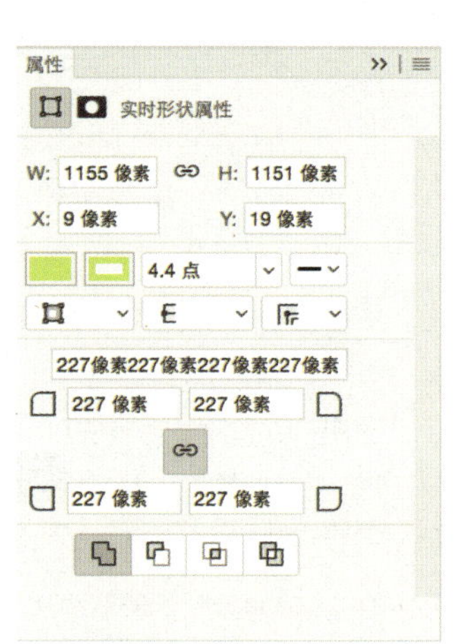

图 5-4-118 【属性】面板

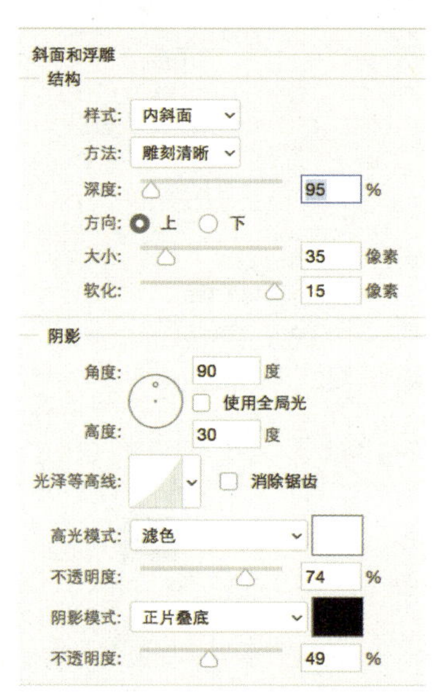

图 5-4-119 【图层样式】-【斜面和浮雕】对话框

STEP 02 绘制中心凹凸效果。用【矩形工具】绘制一个长方形，边角稍稍弯曲，合适即可。复制图层，按 Ctrl+T 组合键缩小，做出厚度。绘制滑轮，参数设置如图 5-4-120 所示。使用【矩形工具】绘制一个竖着的长方体，【命名】为“滑轮”，任意填充颜色，不进行描边，创建【剪贴蒙版】，效果如图 5-4-121 所示。

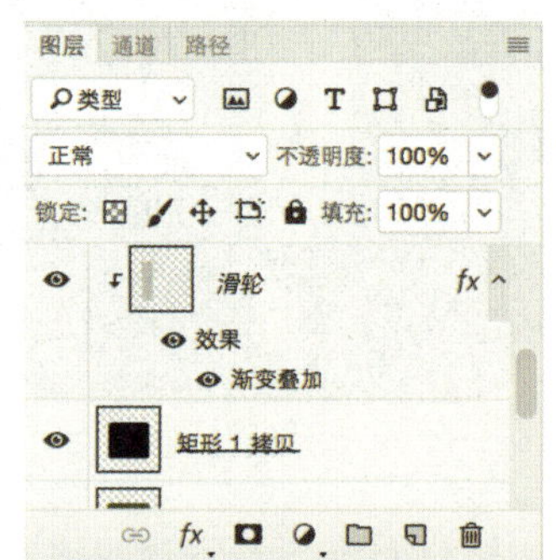

图 5-4-120 “滑轮”图层

图 5-4-121 剪贴蒙版效果

STEP 03 绘制不锈钢滑轮效果。右击滑轮图层，选择【图层样式】对话框中的渐变选项，参数设置如图 5-4-122 所示，不锈钢的反光与背景呼应。绘制不锈钢的立体感，复制“滑轮”图层，【命名】为“厚度”。按 Ctrl+T 组合键左右两边进行挤压，放在不锈钢滑轮一侧。复制厚度图层，放在滑轮另一侧，做出厚度，效果如图 5-4-123 所示。

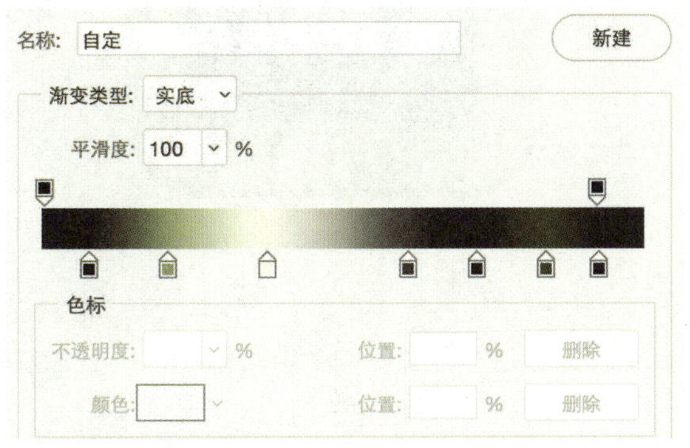

图 5-4-122　渐变叠加效果

图 5-4-123　不锈钢效果

STEP 04 绘制滑轮整体。复制滑轮和两个厚度图层，调整 3 个滑轮之间的距离。将滑轮放在一个组里，参数设置如图 5-4-124 所示。

STEP 05 绘制凹凸反光效果，新建图层，用【画笔工具】在凹凸的上沿横着扫一笔，颜色比阴影的浅一点即可，凹凸反光效果如图 5-4-125 所示。

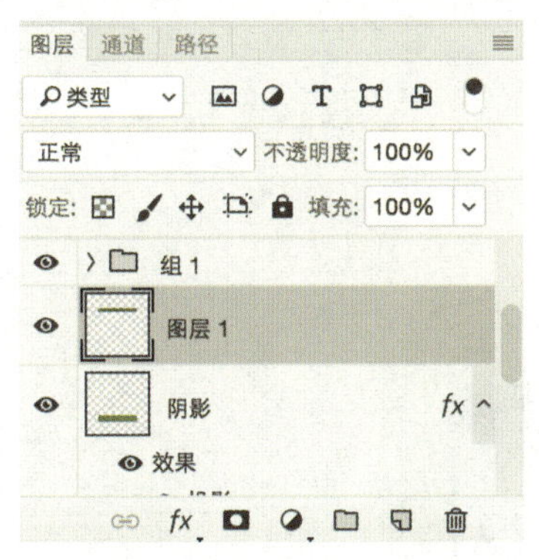

图 5-4-124　参数设置

图 5-4-125　凹凸反光效果

STEP 06 绘制滑轮阴影效果。用【矩形工具】绘制一个横着的长方形，双击长方形图层，弹出【图层样式】对话框，勾选【投影】，参数设置如图 5-4-126 所示，可根据自己的图示调整等高线的曲线图，效果如图 5-4-127 所示。

STEP 07 制作滑轮图案质感。根据自己的喜好绘制天气、温度等，在【图层样式】对话框中，勾选【斜面和浮雕】和【渐变叠加】，参数设置如图 5-4-128 所示，效果如图 5-4-129 所示。

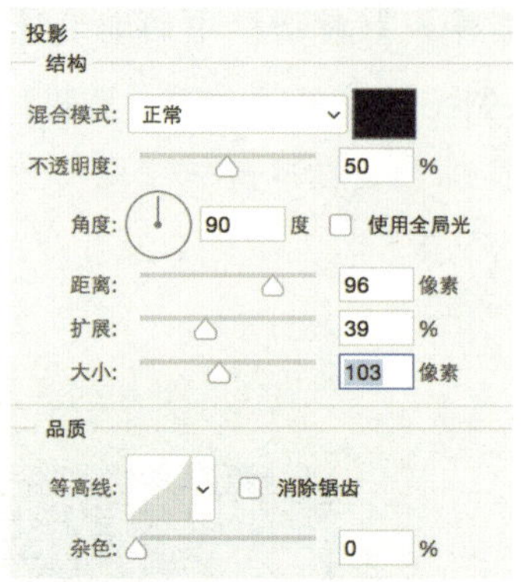

图 5-4-126 【图层样式】-【投影】面板

图 5-4-127 等高线曲线效果

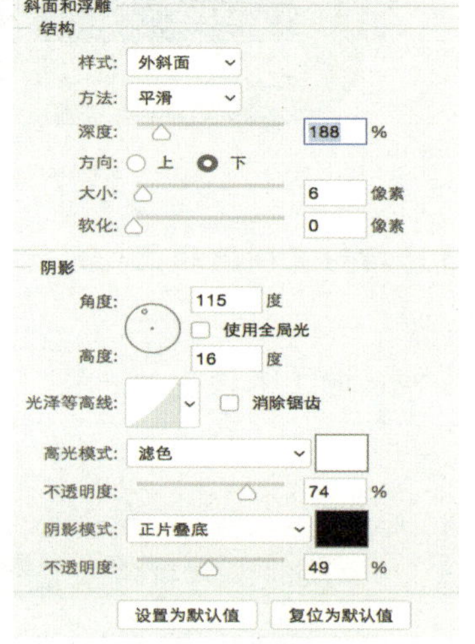

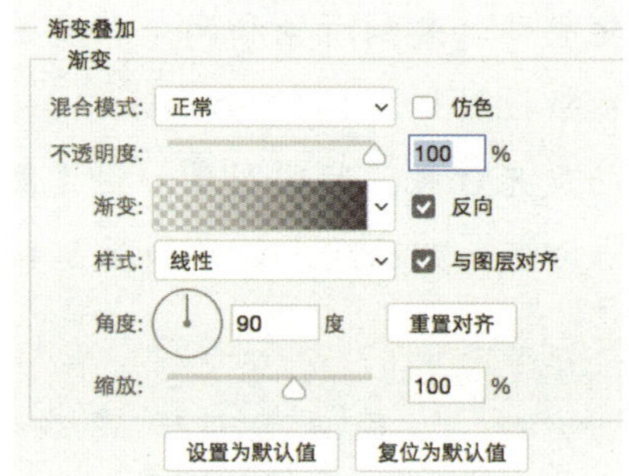

图 5-4-128 【斜面和浮雕】和【渐变叠加】面板

图 5-4-129 天气预报图标效果

总结： 制作天气预报图标，要根据图标总体材料质感与视觉效果进行分析，首先需要分析这种图标效果属于哪一种图层样式效果。特别是图标设计的质感与光效的整体视觉效果表达，使用【滤镜】、【模糊】、【高斯模糊】等工具进行视觉效果调整。

5.5 UI 局部功能设计与案例制作

案例 25：登录 UI 设计

制作步骤

STEP 01 制作背景。填充背景，设置【颜色】为 f9a7cb。绘制一个棒棒糖，设置【颜色】为 f8bc59，效果如图 5-5-1 所示。绘制背景糖果和蛋糕，可以使用【矩形工具】等绘制或从网上找，如图 5-5-2 所示。

STEP 02 使用【矩形工具】绘制条幅和登录栏。使用【钢笔工具】绘制一半条幅然后复制图层，按 Ctrl+T 组合键右击水平翻转，输入文字“HAPPY BIRIHDAY”，然后按 Ctrl+T 组合键右击变形，设置【颜色】为 f05b47，如图 5-5-3 所示。

STEP 03 使用【矩形工具】绘制一个矩形框然后复制 3 个，设置【颜色】为 f5a31c 和 58bf6f。加入文字“username”“password”“sign up>”，降低文字透明度，如图 5-5-4 所示。

图 5-5-1　棒棒糖效果

图 5-5-2　绘制背景图形

图 5-5-3　绘制条幅

图 5-5-4　绘制登录条

案例 26：导航图标 UI 设计

制作步骤

STEP 01 背景填充色为黑色。新建图层，【命名】为“专辑”，使用【矩形选框工具】绘制一个灰色的矩形，设置【颜色】为 434343，设置参数如图 5-5-5 所示。从网上找一些和音乐有关的图片，效果如图 5-5-6 所示。

图 5-5-5　绘制背景

图 5-5-6　置入素材图片

STEP 02 使用【矩形选框工具】绘制一个矩形长条，设置【颜色】为 67d5fd，再在矩形长条最右边绘制一个小方块，设置【颜色】为 00b2f4。使用相同的方法制作同样的长条图形，设置【颜色】为 f5c578 和 f4a529，效果如图 5-5-7 所示。

STEP 03 使用【椭圆工具】绘制一个搜索栏，【横排文字工具】输入“国潮风 Music”“Lasttest Song”“Top Listen”文字，将专辑界面内所有文字分成一个组【命名】为“字”，输入文字如图 5-5-8 所示。

图 5-5-7　绘制导航栏

图 5-5-8　输入文字

STEP 04 用【矩形选框工具】将专辑页面三等分，按 Ctrl+T 组合键右击调节透视角度。拍一张照片当作头像，新建图层，用【椭圆工具】绘制一个正圆，不填充颜色，按 Ctrl+D 组合键单击图层圈出选区，单击头像所在图层然后添加图层蒙版，将椭圆图层和头像图层合成一个组。【横排文字工具】输入相应文字参数设置，参数设置如图 5-5-9 所示，最终效果如图 5-5-10。

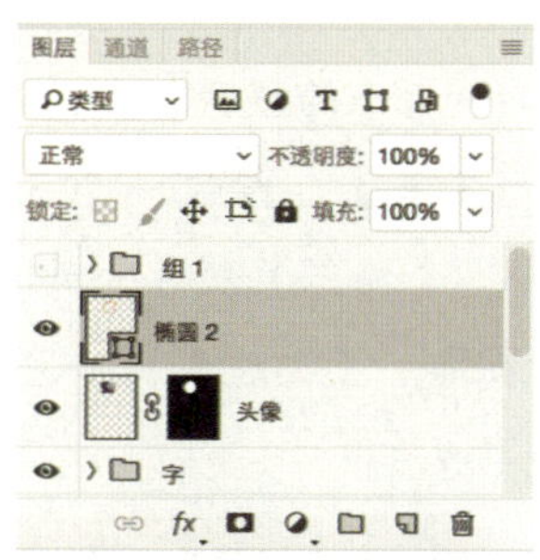

图 5-5-9　添加图层蒙版

图 5-5-10　国潮风的导航效果

案例 27：导航栏设计

案例描述： 下面讲解的导航栏图标是以淘宝应用为主题，图标设计颜色鲜亮酷炫，刺激消费者的购物欲望。主导航栏效果如图 5-5-11 所示。绘制本图标的重点是【钢笔工具】的使用，电商界面效果如图 5-5-12 所示。

图 5-5-11　主导航栏效果

图 5-5-12　电商界面效果

制作步骤

STEP 01 创建图标外轮廓。新建画布，设置宽度为 700 像素，高度为 700 像素，【颜色模式】为 RGB 颜色，【分辨率】为 300 像素/英寸，【背景内容】为 #f64880，效果如图 5-5-13 所示。使用【钢笔工具】，绘制如图 5-5-14 所示的形状，【描边】大小为 17 像素，【颜色】为 #162b9e，创建图标的外框。

图 5-5-13　设置背景

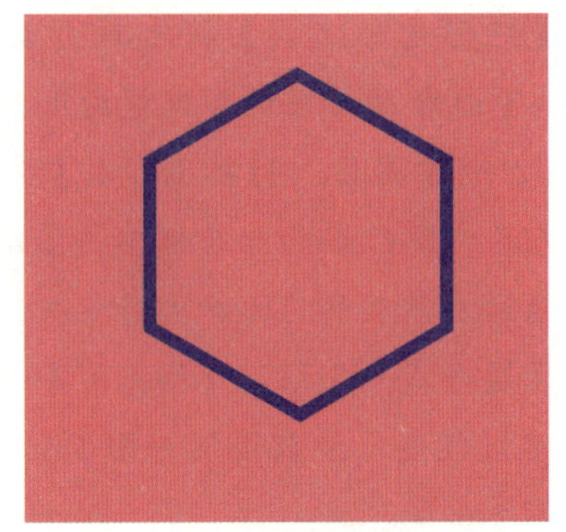

图 5-5-14　创建图标的外框

STEP 02 绘制鞋底的形状。使用【钢笔工具】，绘制如图 5-5-15 所示的横线，制作鞋底，【描边】大小为 10 像素，【颜色】为 #162b9e。再使用【矩形工具】，绘制一个 333 像素 ×38 像素的矩形，【描边】大小为 8 像素，【颜色】为 #162b9e，【填充】颜色为 #4e55f8，效果如图 5-5-16 所示。最后给鞋底加装饰，对添加的横线进行装饰，【描边】大小为 8 像素，【颜色】为 #162b9e，如图 5-5-17 所示。

图 5-5-15　绘制横线

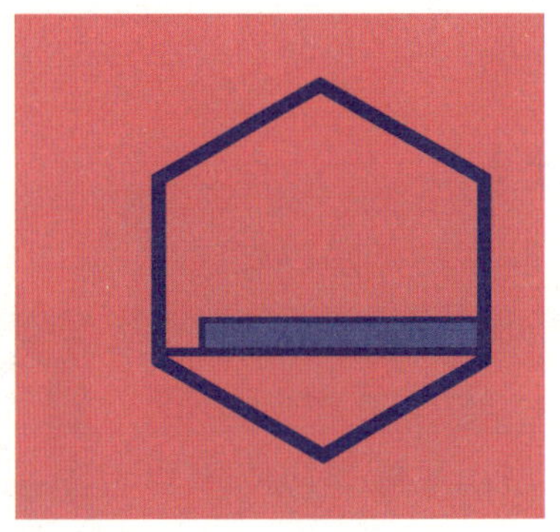

图 5-5-16　绘制矩形

图 5-5-17　绘制鞋底装饰线

STEP 03 绘制鞋的轮廓。绘制鞋前部，使用【钢笔工具】绘制如图 5-5-18 所示的形状，【描边】大小为 8 像素，【颜色】为 #162b9e，【填充】颜色为 #ffffff。继续绘制鞋的舌头，使用【钢笔工具】绘制如图 5-5-19 所示的形状，【描边】大小为 8 像素，【颜色】为 #162b9e，【填充】

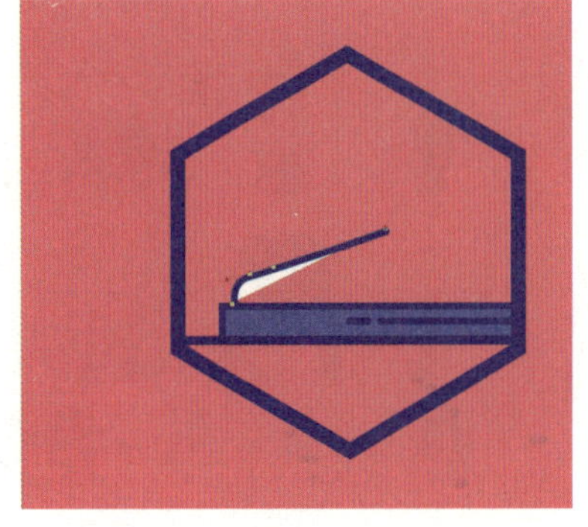

图 5-5-18　绘制鞋前部

图 5-5-19　绘制鞋舌头

颜色为 #7db1fb，在【图层样式】对话框中，勾选【内阴影】，设置【混合模式】为正常，【颜色】为 #ffffff，【角度】为 180 度，【距离】为 19 像素，参数如图 5-5-20 所示。再次使用【钢笔工具】绘制如图 5-5-21 所示的形状，【描边】大小为 10 像素，【颜色】为 #162b9e，鞋的基本轮廓绘制完成。

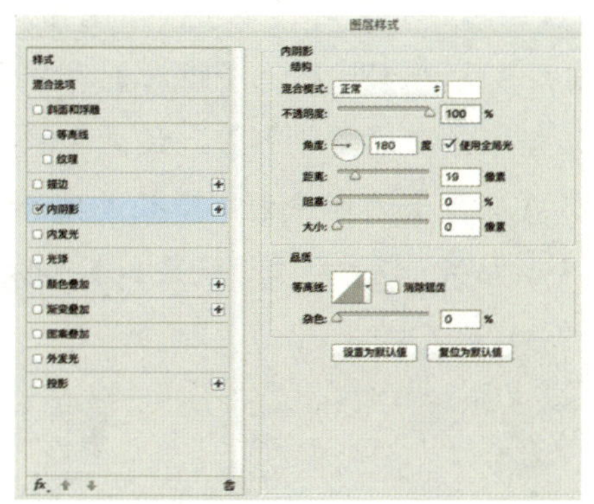

图 5-5-20　【图层样式】-【内阴影】对话框 1

图 5-5-21　绘制鞋的基本轮廓效果

STEP 04 绘制鞋头和鞋跟。使用【钢笔工具】绘制鞋头，如图 5-5-22 所示，【描边】大小为 8 像素，【颜色】为 #162b9e。按照图 5-5-23 所示的形状绘制鞋跟，【描边】大小为 5 像素，【颜色】为 #162b9e，【填充】颜色为 #7db1fb，在【图层样式】对话框中，勾选【内阴影】，设置【混合模式】为正常，【颜色】为 #ffffff，【角度】为 180 度，【距离】为 19 像素，参数设置如图 5-5-24 所示。

图 5-5-22　绘制鞋头

图 5-5-23　绘制鞋跟

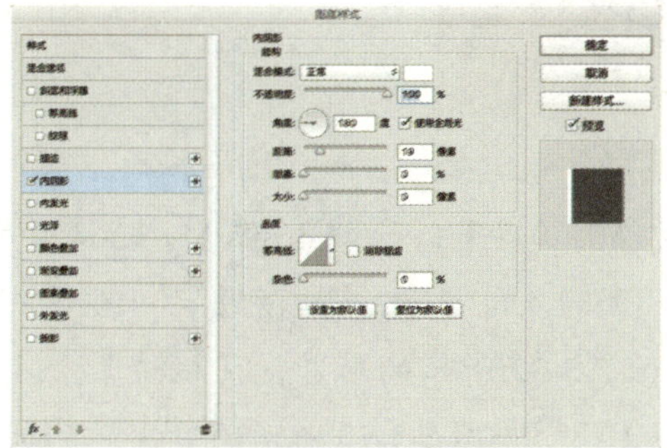

图 5-5-24　【图层样式】-【内阴影】对话框 2

STEP 05 绘制鞋带。使用【钢笔工具】绘制如图 5-5-25 所示的鞋带形状，【描边】大小为 3 像素，颜色为 #162b9e，【填充颜色】为 #fdd460，在【图层样式】对话框中，勾选【内阴影】，设置【混合模式】为正常，【颜色】为 #ffffff，【角度】为 180 度，【距离】为 6 像素，参数如图 5-5-26 所示。使用【椭圆工具】绘制如图 5-5-27 所示的鞋带孔，【描边】大小为 3 像素，【颜色】为 #162b9e，【填充】颜色为 #7db1fb，在【图层样式】对话框中，勾选【内阴影】，设置【混合模式】为正常，【颜色】为 #ffffff，【角度】为 180 度，【距离】为 8 像素，参数设置如图 5-5-28 所示，再返回【图层样式】对话框中，勾选【投影】，设置【混合模式】为正常，【颜色】为 #ffcc66，【角度】为 140 度，【距离】为 3 像素，参数设置如图 5-5-29 所示。将刚刚绘制好的一个鞋带再复制两次，得到 3 个鞋带，调整位置，效果如图 5-5-30 所示。

图 5-5-25　绘制鞋带形状

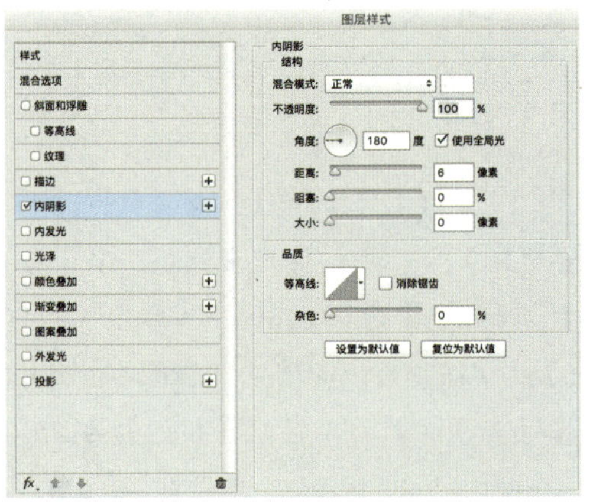

图 5-5-26　【图层样式】-【内阴影】对话框

图 5-5-27　绘制鞋带孔

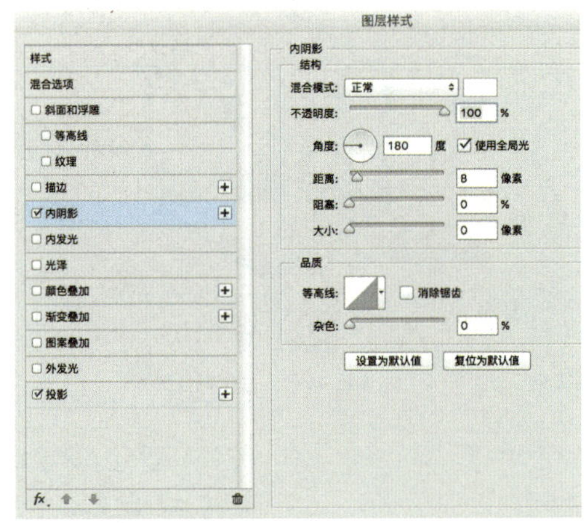

图 5-5-28　【图层样式】-【内阴影】对话框

STEP 06 绘制鞋上装饰。使用【矩形工具】，绘制 46 像素 ×32 像素的矩形，移动到如图 5-5-31 所示的位置，【描边】大小为 4.71 像素，【颜色】为 #162b9e，【填充】颜色为 #7db1fb。使用【钢笔工具】绘制如图 5-5-32 所示的形状，【描边】大小为 4.71 像素，【颜色】为 #162b9e。再使用【钢笔工具】绘制如图 5-5-33 所示的形状，【描边】大小为 8 像素，【颜色】为 #162b9e。

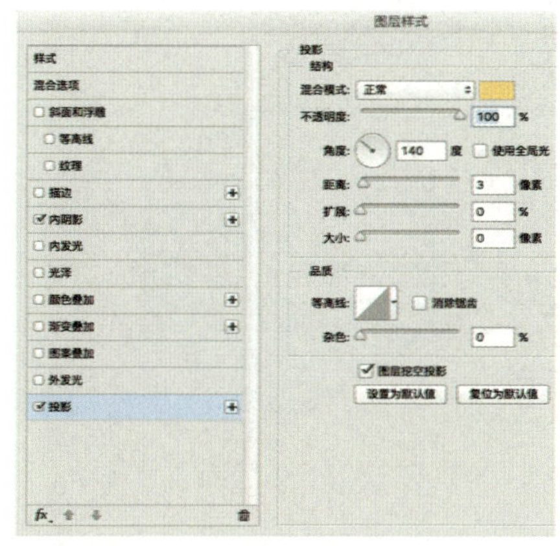

图 5-5-29　【图层样式】-【投影】对话框

图 5-5-30　鞋带效果

图 5-5-31　绘制鞋上装饰

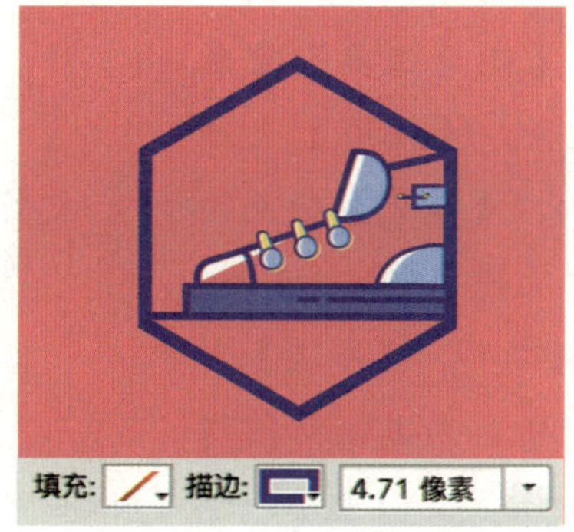

图 5-5-32　形状参数设置 1

图 5-5-33　形状参数设置 2

STEP 07 绘制图标底部装饰。使用【钢笔工具】，绘制如图 5-5-34 所示的四边形，【描边】大小为 4 像素，【颜色】为 #162b9e，【填充】颜色为 #90cce3。然后绘制下面的三角形装饰，效果如图 5-5-35 所示，【描边】大小为 8 像素，【颜色】为 #162b9e，【填充】颜色为 #7db1fb。在三角形中使用【钢笔工具】绘制装饰横线，效果如图 5-5-36 所示，【描边】大小为 8 像素，【颜色】为 #162b9e，分别绘制 3 根线条，效果如图 5-5-37 所示。

图 5-5-34　绘制底部装饰线

图 5-5-35　绘制三角形装饰

图 5-5-36　绘制底部装饰

图 5-5-37　绘制三根装饰线条

STEP 08 绘制图标中部装饰。使用【钢笔工具】绘制如图 5-5-38 所示的方形背景，【描边】大小为 8 像素，【颜色】为 #162b9e，【填充】颜色为 #90cce3，单击【确定】按钮。再次使用【钢笔工具】绘制如图 5-5-39 所示的斜线进行装饰，【描边】大小为 8 像素，【颜色】为 #162b9e。将复制好的线复制出五条，调整位置，效果如图 5-5-40 所示。

图 5-5-38　绘制中部装饰元素

图 5-5-39　中部装饰

图 5-5-40　斜线装饰

STEP 09 绘制图标顶部装饰。使用【椭圆工具】绘制一个 173 像素 ×122 像素的椭圆形，【描边】大小为 10 像素，【颜色】为 #162b9e，【填充】颜色为 #df87ff，单击【确定】按钮，通过【钢笔工具】添加锚点，再用【直接选择工具】进行锚点调整如图 5-5-41 所示。用【钢笔工具】绘制如图 5-5-42 所示顶部右侧的形状，【描边】大小为 3 点，【填充】颜色为 #925afd，单击【确定】按钮。最后使用【钢笔工具】绘制曲线，使用【直接选择工具】调整锚点曲度，效果如图 5-5-43 所示的形状，【描边】大小为 7 像素，【颜色】为 #162b9e，用此方法，绘制多条曲线，如图 5-5-44 所示为最终完成效果。

图 5-5-41　调整锚点

图 5-5-42　绘制形状

图 5-5-43　绘制曲线

图 5-5-44　绘制多条曲线

总结：此主导航栏图标主要以淘宝为原型，选择用炫酷的颜色进行主题绘制，可以刺激消费者的购物欲望，而且图标的制作主要针对【钢笔工具】的使用，难度不是特别大，可快速制作出精美的图标。

案例 28：｜主题图标设计｜

案例描述：主题图标设计是以常用的应用网易云为主题的一款描边风格的主页图标，图标以扁平化为主，色彩柔和，制作过程中主要熟练运用【钢笔工具】，如图 5-5-45 所示为图标的最终效果，如图 5-5-46 所示为图标在华为音乐应用界面的最终效果。

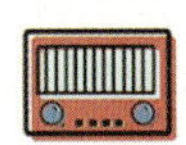

图 5-5-45　音乐图标效果

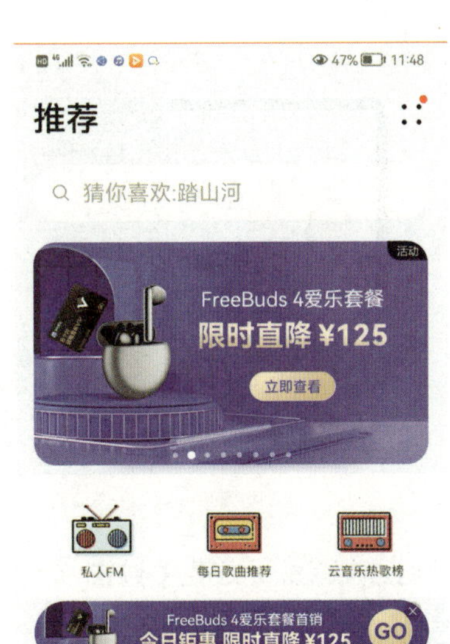

图 5-5-46　华为音乐应用界面效果

制作步骤

STEP 01 创建图标外轮廓。新建画布，设置宽度为 700 像素，高度为 700 像素，【颜色模式】为 RGB 颜色，【分辨率】为 300 像素/英寸，【背景内容】白色为 #ffffff，创建好文件后绘制图标外轮廓。使用【圆角矩形工具】，绘制 372 像素 ×210 像素的圆角矩形，设置【圆角】大小为 13 像素，【描边】大小为 12 像素，【颜色】为 #000000，如图 5-5-47 所示。复制作好的图层，取消描边，【填充】颜色为 #d3e6ed，调整位置效果如图 5-5-48 所示。

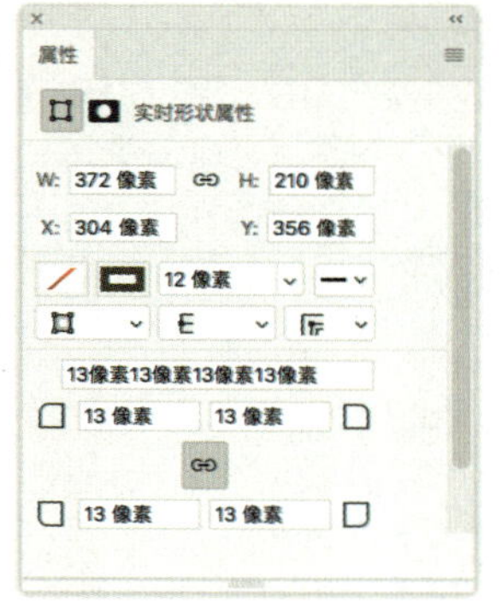

图 5-5-47 圆角矩形的【属性】面板

图 5-5-48 调整位置

STEP 02 绘制音响。使用【椭圆工具】，绘制一个半径为 111 像素的圆，【填充】颜色为 #e44f65，参数设置如图 5-5-49 所示。复制刚才绘制好的图层，取消【填充颜色】，设置【描边】大小为 6 像素，【颜色】为 #000000，调整到如图 5-5-50 所示的位置。使用【钢笔工具】，绘制网格，设置【描边】大小为 5 像素，【颜色】为 #000000，设置参数如图 5-5-51 所示。复制刚刚做好的音响图层，修改底层【颜色】为 #4497cd，效果如图 5-5-52 所示。

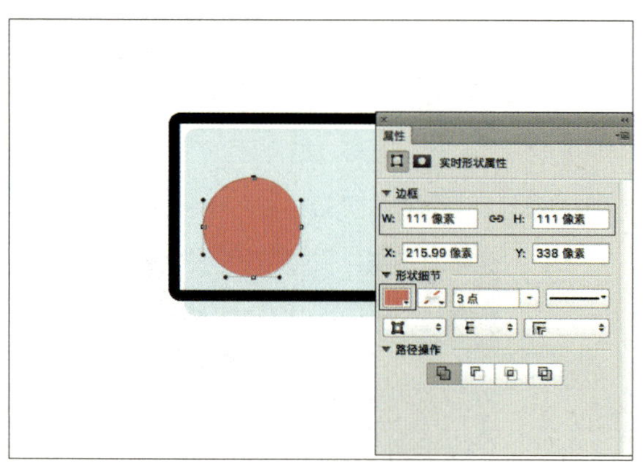

图 5-5-49 圆形属性面板

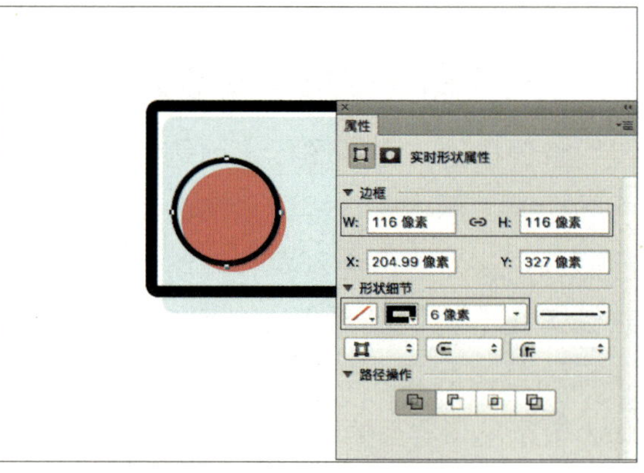

图 5-5-50 复制的圆形属性面板

STEP 03 绘制调频按钮。使用【椭圆工具】，绘制一个 55 像素 ×24 像素的圆角矩形，【填充】颜色为 #fbce7a，【圆角】为 6 像素，效果如图 5-5-53 所示。复制刚才制作的图层，改变矩形尺寸为 61 像素 ×27 像素，取消填充，设置【描边】大小为 8 像素，【颜色】为

#000000，调整为如图 5-5-54 所示的位置。复制作好的第一个按钮，调节按钮大小如图 5-5-55 所示。添加按钮小装饰，使用【钢笔工具】绘制如图 5-5-56 所示的条纹，设置【描边】大小为 8 像素，【填充】颜色为 #000000。

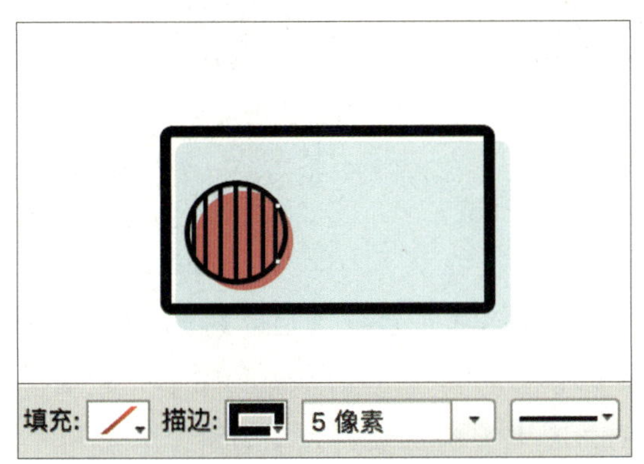

图 5-5-51 设置参数

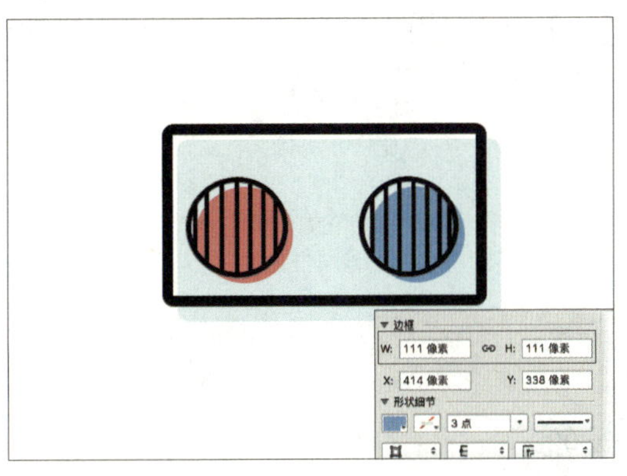
图 5-5-52 音响效果

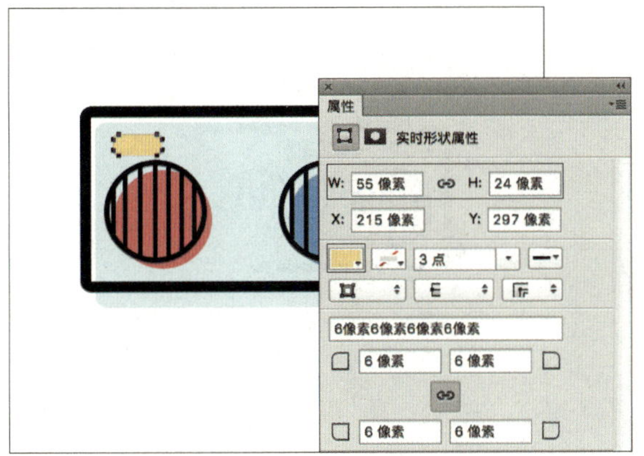

图 5-5-53 圆角矩形属性面板

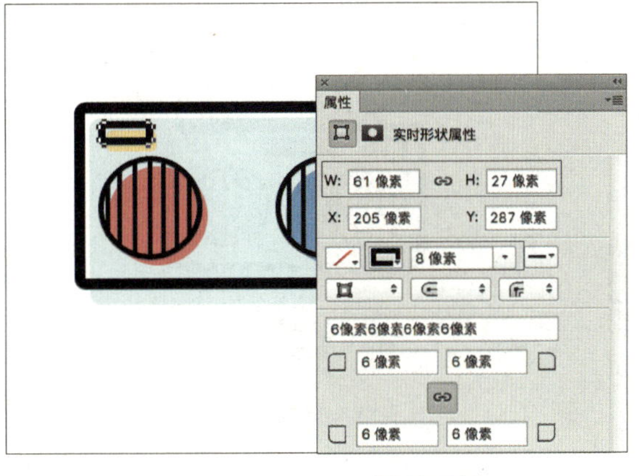

图 5-5-54 矩形属性面板

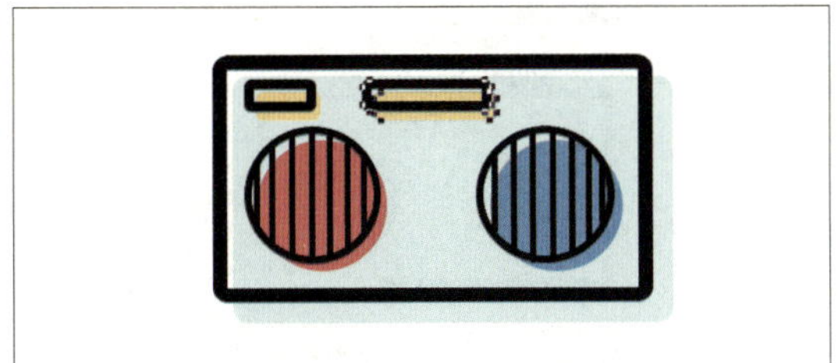
图 5-5-55 按钮效果

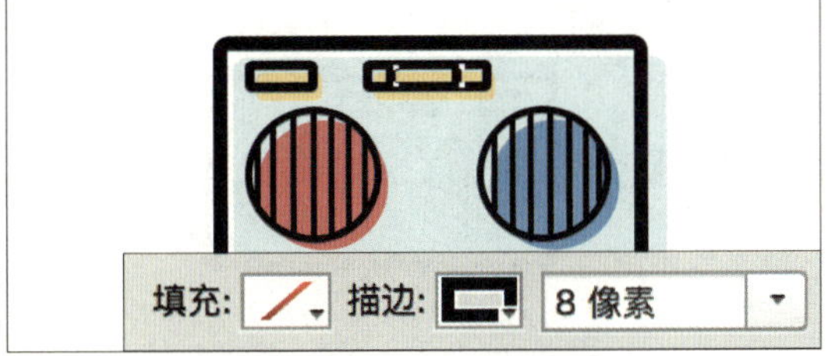

图 5-5-56 按钮装饰

STEP 04 绘制录音机开关。使用【圆角矩形工具】，绘制如图 5-5-57 所示的 30 像素 ×20 像素的圆角矩形，【填充】颜色为 #000000，【圆角】为 4 像素，再复制 3 个圆角矩形并调节大小、位置，效果如图 5-5-58 所示。绘制开关的投影，复制作好的 4 个圆角矩形，将【颜色】改为 #4497cd，调节位置，效果如图 5-5-59 所示。

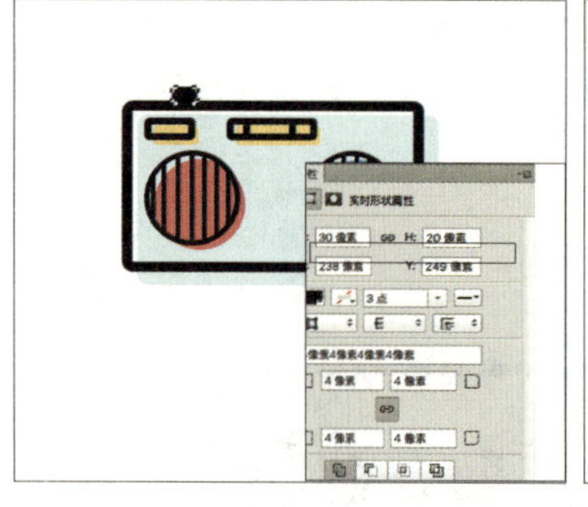
图 5-5-57　圆角矩形属性面板

图 5-5-58　按钮效果

图 5-5-59　复制按钮颜色参数

STEP 05 绘制天线。使用【钢笔工具】绘制如图 5-5-60 所示的线条，设置【描边】大小为 6 像素，【颜色】为 #000000。再使用【椭圆工具】绘制半径为 18 像素的小圆，【填充】颜色为 #000000，如图 5-5-61 所示。用同样的方法将右侧的天线绘制出来，效果如图 5-5-62 所示。最后为天线添加投影，复制作好的天线，将【颜色】改为 #e44f65，最终效果如图 5-5-63 所示。

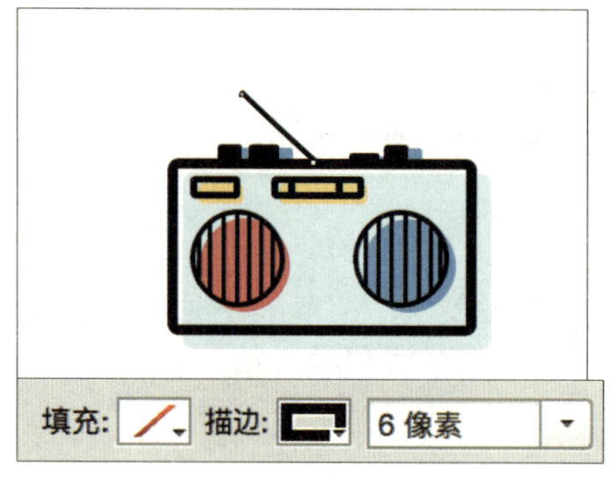

图 5-5-60　绘制天线

图 5-5-61　椭圆工具面板

图 5-5-62　天线效果

图 5-5-63　增加投影效果

总结： 这个主页图标的设计主要以华为音乐应用为原型，将主页里的图标用描边的风格重新设计，大气柔和，以扁平化为主，主要是对【钢笔工具】、【椭圆工具】和【圆角矩形工具】的运用。

练习题

1. 按照本章的案例讲解，进行字体特效制作练习，文本内容可以自拟。
2. 按照本章的案例讲解，进行图标质感制作练习，图形内容可以自拟。
3. 按照本章的案例讲解，进行3D效果图标制作练习，图形内容可以自拟。

第 6 章

主题式 UI 创作案例研究

- 6.1 民间工艺主题 UI 设计
- 6.2 怀旧主题 UI 设计
- 6.3 书卷文化主题 UI 设计
- 6.4 汉像画主题 UI 设计
- 6.5 六一儿童节主题 UI 设计
- 6.6 亲子阅读主题 UI 设计
- 6.7 保护小动物主题 UI 设计
- 6.8 快乐涂鸦主题 UI 设计

6.1 民间工艺主题 UI 设计

案例 1：| 一石砖 |

《一石砖》App UI 设计是以民间工艺为主题的设计，如图 6-1-1 所示。

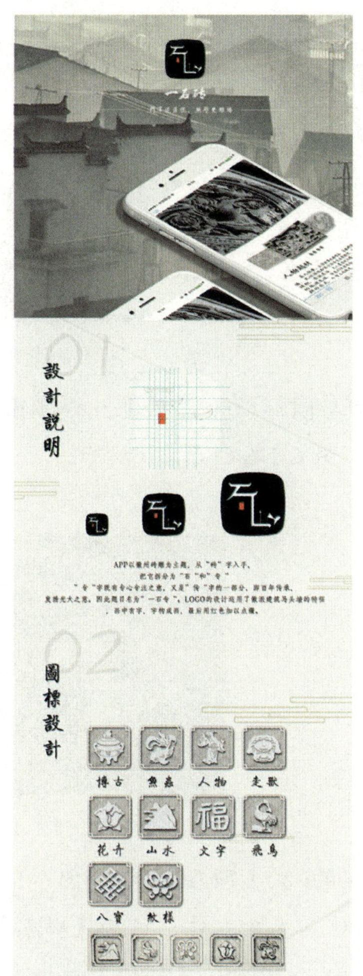

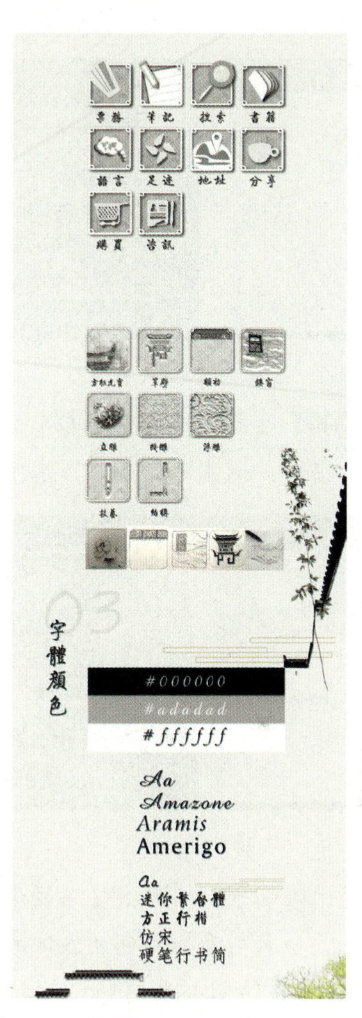

图 6-1-1　《一石砖》App UI 设计

制作步骤

STEP 01 打开 Illustrator 软件，使用【圆角矩形工具】绘制一个圆角矩形，设置【颜色】为 #cecfc3，效果如图 6-1-2 所示。

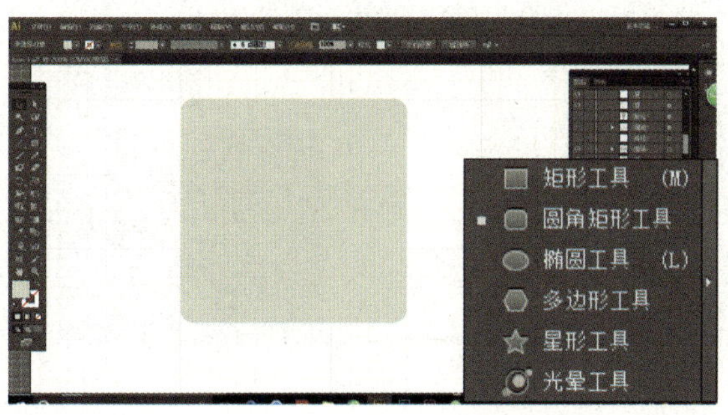

图 6-1-2　绘制圆角矩形

STEP 02 按 Shift 键，在圆角矩形下方绘制一个圆形，设置【颜色】为 #fefefe，如图 6-1-3 所示。

STEP 03 在【路径查找器】对话框中，选择形状模式中的【差集】模式，再选择【分割】模式，删除多余部分，得到一个标准的图标形状。并在适当的位置加上与圆角矩形颜色相匹配的投影，使其更加立体，如图 6-1-4 所示。

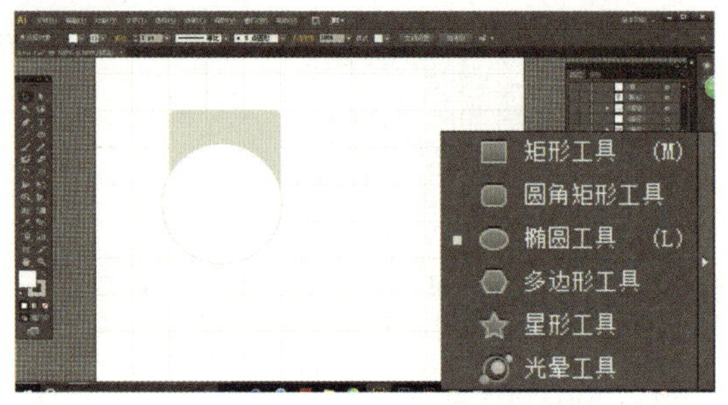

图 6-1-3　绘制一个圆形

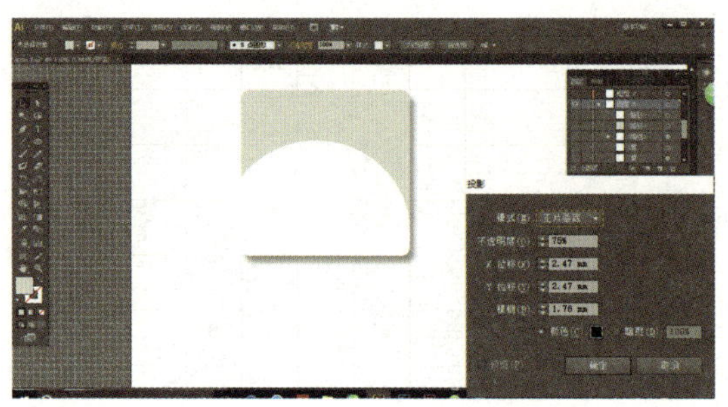

图 6-1-4　标准的图标形状

STEP 04 用【钢笔工具】绘制一个指针的形状，并将其与圆形结合。在适当的位置加上与坐标颜色相匹配的投影，使其更加立体，如图 6-1-5、图 6-1-6 所示。

图 6-1-5　绘制指针形状

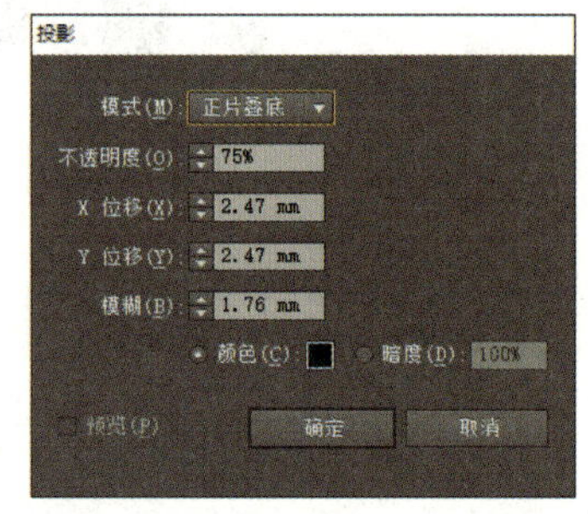

图 6-1-6　【投影】属性面板

STEP 05 在白色指针上绘制一个圆形，用【路径查找器】里的【减去顶层】制作如图 6-1-7 所示的效果，并在适当位置加上与坐标颜色相匹配的投影，使其更加立体，设置【颜色】为 #fefefe。

STEP 06 使用【钢笔工具】绘制山水图形，设置【颜色】为 #828282、【描边】为无，效果如图 6-1-8 所示。

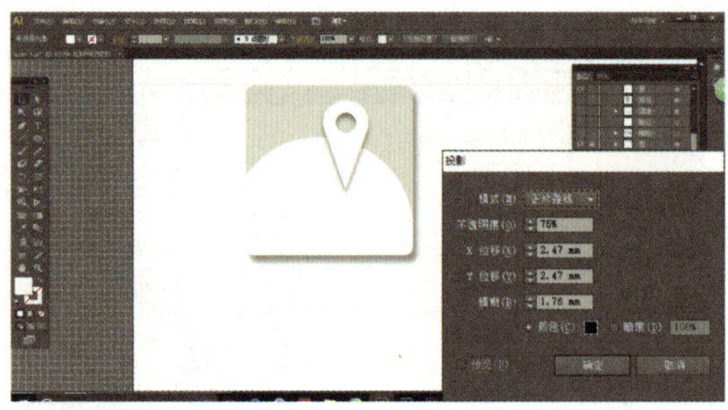

图 6-1-7　绘制圆形

图 6-1-8　绘制山水图形

STEP 07 将绘制完成的山水图形放在图标中合适的位置，效果如图 6-1-9 所示。

STEP 08 在图标的最外沿加上合适大小的圆角矩形外框，设置【颜色】为 #fefefe，效果如图 6-1-10 所示。

图 6-1-9　调整山水图形的位置

图 6-1-10　绘制圆角矩形外框

STEP 09 在白色圆角矩形外框的内角加入合适大小的圆形，设置【颜色】为 #fefefe，效果如图 6-1-11 所示。

STEP 10 将绘制完成的外框编组后，加上合适颜色的投影，使其更加立体，效果如图 6-1-12 所示。

图 6-1-11　绘制圆形

图 6-1-12　投影效果

STEP 11 使用【剪贴蒙版】将砖纹嵌入后面的灰色背景之中，以加强砖面的效果，一款带有砖纹效果的民间工艺主题的 UI 设计就完成了。图标最终效果如图 6-1-13 所示。

图 6-1-13　图标最终效果

案例 2：| 民艺 |

《民艺》App UI 设计是以民间工艺为主题的设计，其图标是运用一些古代大门上的门环神兽的形象制作而成的，如图 6-1-14 所示。

图 6-1-14　《民艺》App UI 图标设计

1. “发现”图标

“发现”图标的设计灵感来自灯泡，通常在动漫或视频中，常用灯泡表示有了新点子，所以“发现”图标所代表的新奇、惊讶等感觉由灯泡表示很合理。将灯泡外形做简化处理，简洁而不简单。“发现”图标由 Illustrator 软件制作而成。

制作步骤

STEP 01 如图 6-1-15 所示，首先绘制两个一大一小的圆形，设置【颜色】为 #57C2E2。

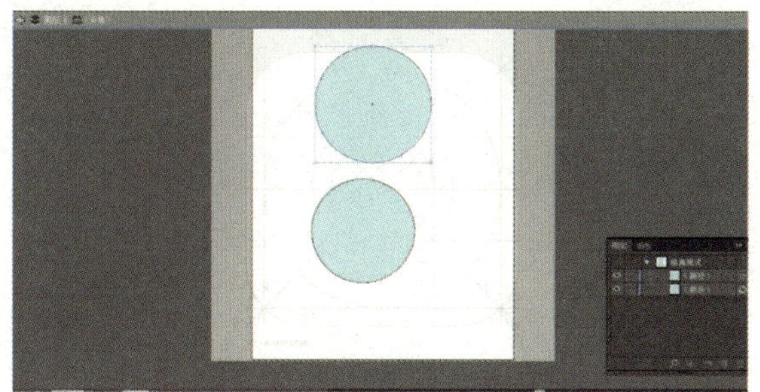
图 6-1-15　绘制两个圆形

STEP 02 将两个圆形同时选中，水平垂直居中对齐，这时两个圆形重合到一起（在对齐过程中，同时选中两个图形，想以哪个图形进行对齐，就按住 Alt 键并用鼠标单击哪个图形，该图形就会被一圈粗线显示出来，本例以大圆进行对齐），效果如图 6-1-16 所示。

STEP 03 同时选中两个圆，单击【路径查找器】中的【减去顶层】选项，留下外面的圆环，如图 6-1-17 所示。

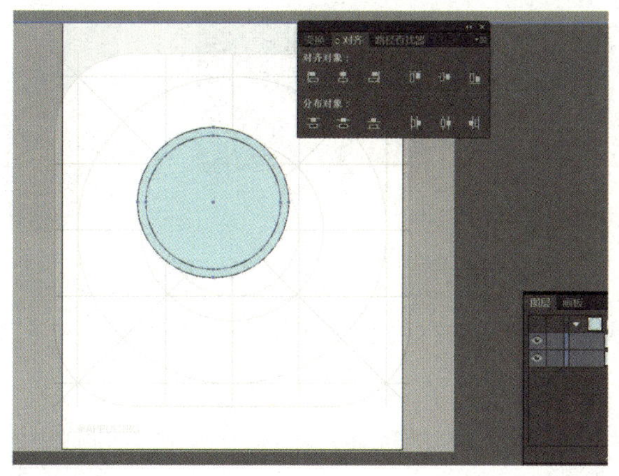
图 6-1-16　水平垂直居中对齐

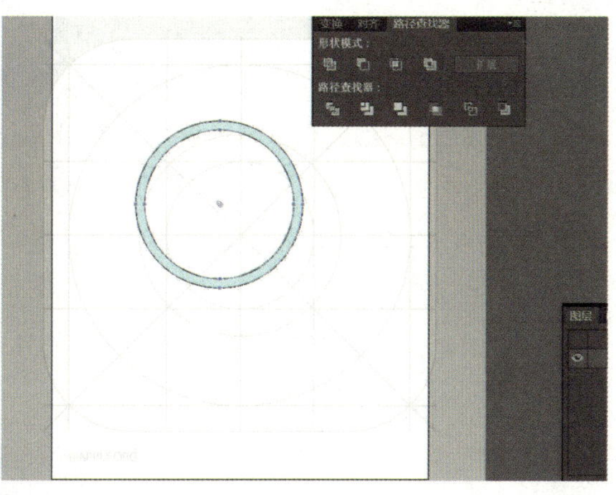
图 6-1-17　留下外面的圆环

STEP 04 在工具栏中选择【圆角矩形工具】，对齐圆环，在圆环下绘制两个大小相同的圆角矩形，效果如图 6-1-18 所示。

STEP 05 用【钢笔工具】从圆角矩形中点到圆环中心点画一条直线，并用【椭圆工具】在直线左侧绘制一个正圆，效果如图 6-1-19 所示。

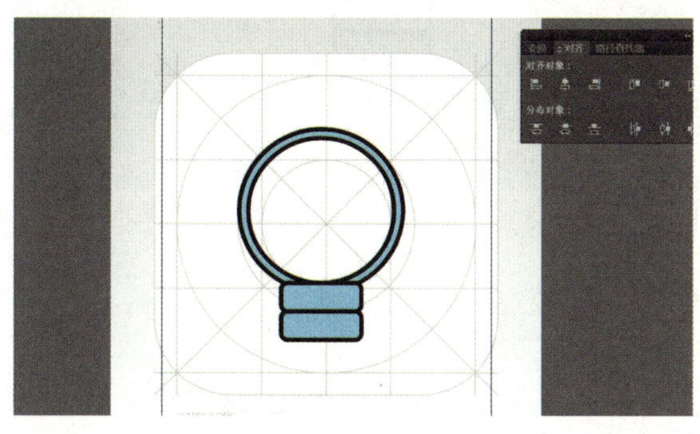
图 6-1-18　绘制两个圆角矩形

图 6-1-19　绘制直线和正圆

STEP 06 使用【剪刀工具】将圆形右下角剪出一个缺口，效果如图 6-1-20 所示。

STEP 07 使用【钢笔工具】画出短线，连接缺口的下端点，使形状像一把钥匙，效果如图 6-1-21 所示。

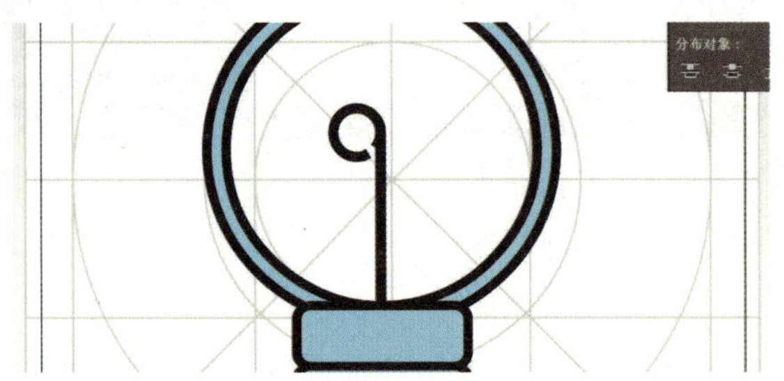

图 6-1-20　剪出缺口

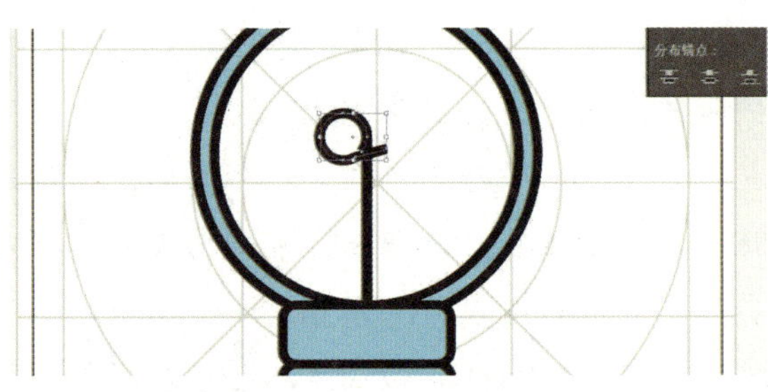

图 6-1-21　钥匙形状

STEP 08 现在用五条直线绘制灯泡发光的效果。用【钢笔工具】画出一条竖线，然后复制 4 条线并旋转。选中这条竖线，使用【旋转工具】，按住 Alt 键的同时，用鼠标把焦点移到线的最下方（中心），这时弹出【旋转】面板，将【角度】设置为 30 度，单击【复制】按钮，效果如图 6-1-22 所示。

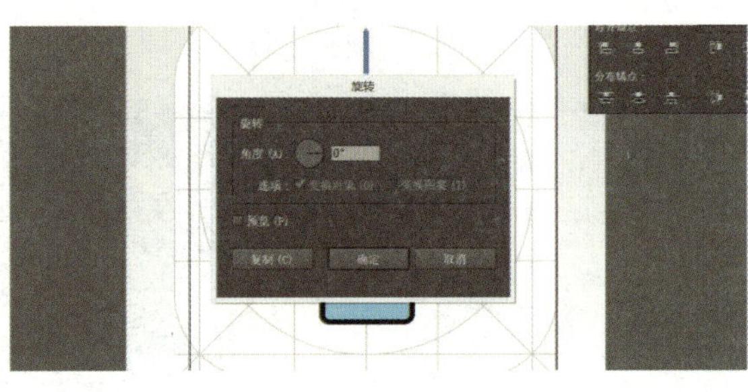

图 6-1-22　【旋转】面板

STEP 09 调整颜色，将圆环与圆角矩形的【填充】颜色设置为 #57C2E2，边框【颜色】设置为黑色。效果如图 6-1-23 和图 6-1-24 所示。

图 6-1-23　填充蓝色

图 6-1-24　外边框填充黑色

STEP 10 将背景网格删除，留下空白背景，保存为 PNG 格式，“发现”图标完成，最终效果如图 6-1-25 所示。

图 6-1-25　“发现”图标最终效果

2. “登录”图标

利用古代大门上的门环神兽的形象制作出一个“登录”图标，然后用端午节的五彩绳结的颜色进行填色。图标用 Illustrator 和 Photoshop 制作。

制作步骤

STEP 01 在 Illustrator 中新建一个文件，用【椭圆工具】绘制图标中基本元素，如眼睛、嘴等，效果如图 6-1-26 所示。

STEP 02 使用【钢笔工具】细致地绘制出神兽的五官、眉毛及胡子等元素，效果如图 6-1-27 所示。

STEP 03 进一步完善图标内容，效果如图 6-1-28 所示。

图 6-1-26　绘制基本元素

图 6-1-27　绘制五官等元素

图 6-1-28　精细绘制细节

STEP 04 绘制完成后，删除重叠不要的路径并调整轮廓，效果如图 6-1-29 所示。接下来就是上色，上色使用 Photoshop 软件。

STEP 05 打开 Photoshop 软件，使用【魔棒工具】对图标进行填色，利用【魔棒工具】选中想要填色的区域后，按 Shift 键，用鼠标继续套选相同颜色的区域，用【油漆桶】工具填色。【颜色】分别设置为 #ce0f14、#fdba00、#22523c、#171b47、#ffffff，效果如图 6-1-30 所示。

图 6-1-29　调整轮廓

图 6-1-30　填充颜色

STEP 06 同样使用【魔棒工具】和【油漆桶工具】对图标的外边框颜色进行调整，将【颜色】设置为 #c12634，效果如图 6-1-31 所示。

STEP 07 使用【钢笔工具】对图标稍做修改，为眉毛、胡子、眼睛等元素增加立体感，并将【颜色】设置为 #d7d4d6。图标就制作完成的最终效果如图 6-1-32 所示。

图 6-1-31　调整外边框颜色

图 6-1-32　制作完成的最终效果

6.2　怀旧主题 UI 设计

案例 3：｜老物件｜

《老物件》App UI 设计以怀旧为主题，图标是以老旧物品的形象制作而成，如图 6-2-1 所示。

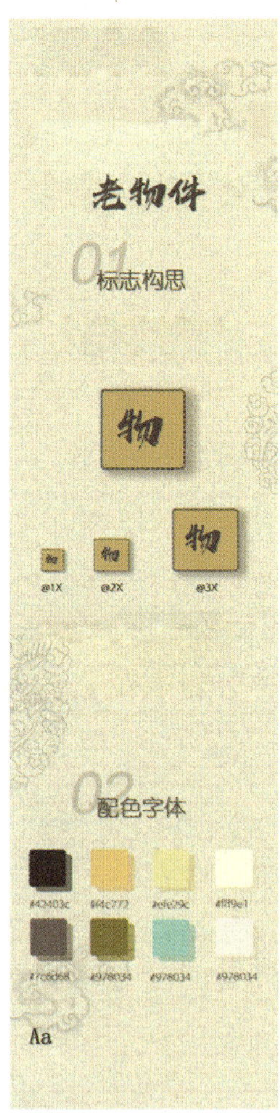

图 6-2-1　“老物件”App UI 设计

制作步骤

STEP 01 新建文件。新建画布尺寸为 10 厘米 ×10 厘米、【分辨率】为 300 像素/英寸，设置【颜色】模式为 RGB 颜色。新建一个 1024 像素 ×1024 像素、【圆角】为 180 像素的圆角矩形，效果如图 6-2-2 所示。

STEP 02 双击该图层，弹出【图层样式】对话框，勾选【图案叠加】，选择一张复古风格的图片，调节【缩放】为 72%，参数设置如图 6-2-3 所示。

图 6-2-2　绘制圆角矩形

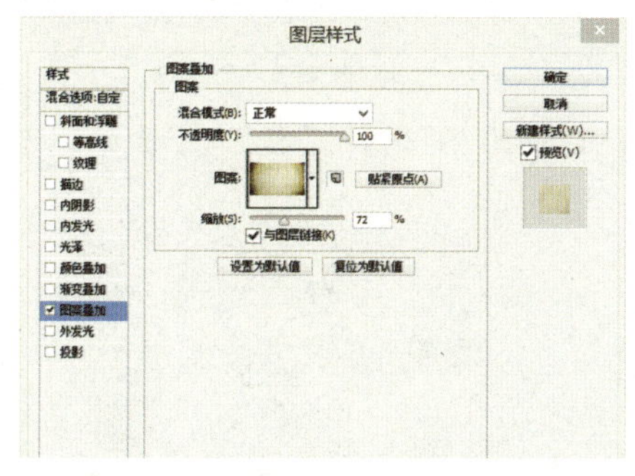

图 6-2-3　【图层样式】–【图案叠加】对话框

STEP 03 选择【椭圆工具】，绘制一个大小为 620 像素的圆盘，设置【填充】颜色为 #f9e59e，效果如图 6-2-4 所示。

STEP 04 制作怀表的金属边。按 Ctrl+J 组合键复制新建立的图层，将【填充】改为无，设置描边【颜色】为 #e7be18。双击该图层，弹出【图层样式】对话框，勾选【斜面和浮雕】，设置【样式】为内斜面、【方法】为平滑、【深度】为 300%，【大小】和【软化】分别设置为 30 像素、1 像素，设置【阴影模式】为正片叠底，设置【颜色】为 #5f2a18，参数设置如图 6-2-5 所示。继续在【图层样式】对话框中勾选【内发光】，设置【混合模式】为滤色、【不透明度】为 20%，如图 6-2-6 所示。继续在【图层样式】对话框中勾选【渐变叠加】，将【渐变】分别设置为 #d9b229 和 #7f6408，设置【样式】为线性、【角度】为 14 度，参数设置如图 6-2-7 所示。继续在【图层样式】对话框中勾选【投影】，设置【混合模式】为线性加深、【不透明度】为 50%，【距离】、【扩展】、【大小】分别设置为 1 像素、3%、10 像素，参数设置如图 6-2-8 所示，金属边效果如图 6-2-9 所示。

图 6-2-4　绘制圆盘

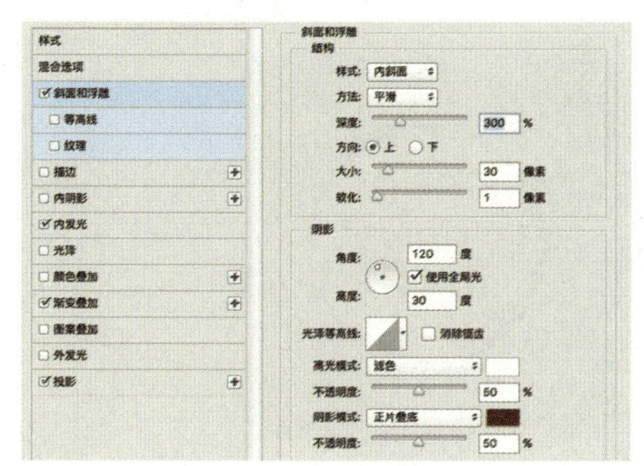

图 6-2-5　【图层样式】–【斜面和浮雕】对话框

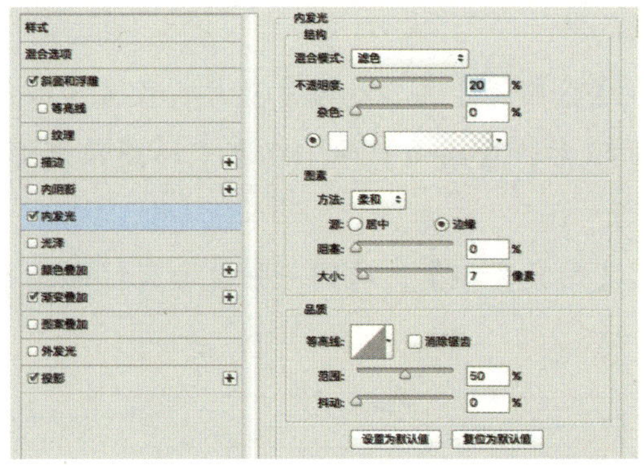

图 6-2-6 【图层样式】-【内发光】对话框

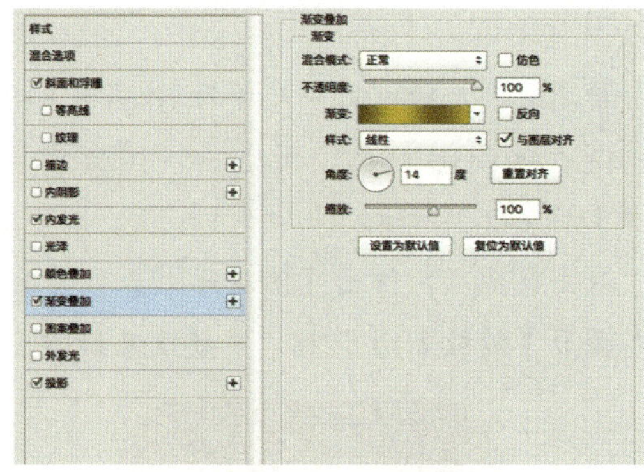

图 6-2-7 【图层样式】-【渐变叠加】对话框

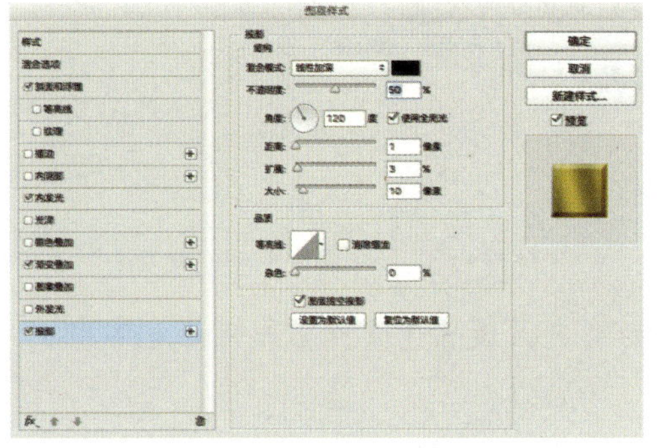

图 6-2-8 【图层样式】-【投影】对话框

图 6-2-9 金属边效果

STEP 05 绘制表盘。使用【椭圆工具】绘制一个半径为 495 像素的圆形，【填充】颜色为 #f4c871，效果如图 6-2-10 所示。

STEP 06 在之前制作的金属边内侧再绘制一个小金属边。使用【椭圆工具】绘制一个大小为 562 像素、【描边】大小为 7 像素的金属边。双击图层，弹出【图层样式】对话框，勾选【斜面和浮雕】，设置【样式】为内斜面、【方法】为平滑、【深度】为 251%、【大小】为 7 像素，如图 6-2-11 所示。在【图层样式】对话框中勾选【渐变叠加】，【渐变颜色】分别设置为 #9c7518、#574414、#836314，自行按需要调节，设置【样式】为线性，参数设置如图 6-2-12 所示，效果如图 6-2-13 所示。

图 6-2-10 绘制表盘

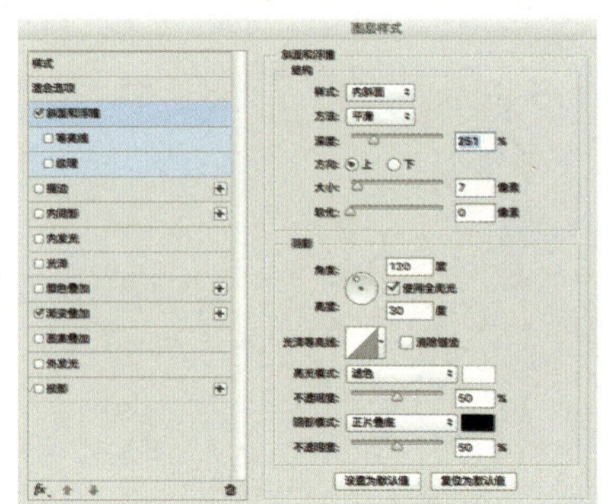

图 6-2-11 【图层样式】-【斜面和浮雕】对话框

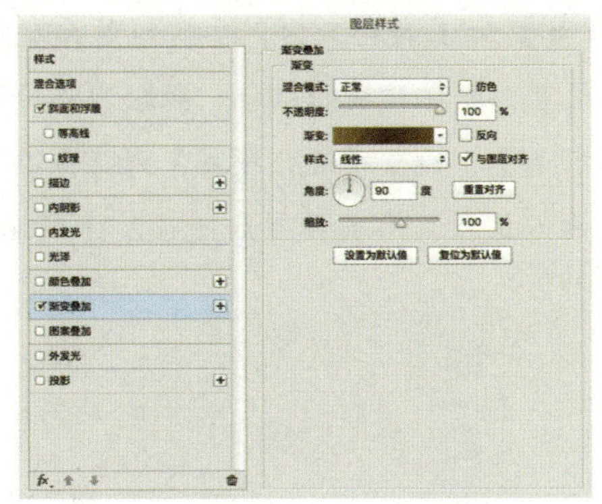

图 6-2-12　【图层样式】-【渐变叠加】对话框

图 6-2-13　小金属边的效果

STEP 07 绘制内表盘。使用【椭圆工具】绘制一个半径为 314 像素、【颜色】设置为 #7b6f5e 的圆形，如图 6-2-14 所示。

STEP 08 绘制表盘上的数字。选择一种字体，【填充】颜色为 #4b3809，输入数字 1 ～ 12，每一个数字都要新建一个图层，如图 6-2-15 所示，适当调节数字的位置。

图 6-2-14　绘制内表盘

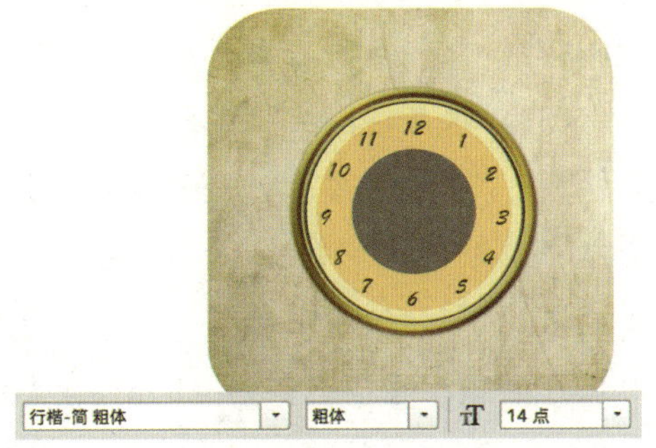

图 6-2-15　输入数字

STEP 09 绘制表盘上的长指针。使用【钢笔工具】绘制如图 6-2-16 所示的长指针，【填充】颜色为 #fdf9da，适当调节指针的位置，参数设置如图 6-2-17 所示。在长指针的后方再用【钢笔工具】绘制一个菱形，参数设置如图 6-2-18 所示，调节好位置。双击指针图层，弹出【图层样式】对话框，勾选【投影】，设置【混合模式】为正片叠底、【不透明度】为 40%、【颜色】为 #3a2c19、【距离】为 6 像素，参数设置如图 6-2-19 所示。

图 6-2-16　绘制指针

图 6-2-17　参数设置 1

图 6-2-18　参数设置 2

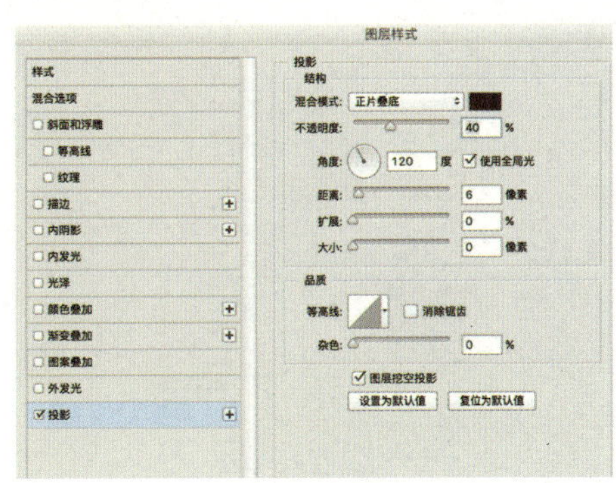

图 6-2-19　【图层样式】-【投影】对话框

STEP 10 绘制表盘上的短指针。首先分别使用【椭圆工具】和【钢笔工具】绘制如图 6-2-20 所示的 4 个形状，【填充】颜色为 #fdf9da；其次调节位置，以拼接成短指针；最后为指针添加【图层样式】，在弹出的【图层样式】对话框中勾选【投影】，设置【混合模式】为正片叠底、【不透明度】为 40%、【颜色】为 #3a2c19、【距离】为 6 像素，参数设置如图 6-2-21 所示。

图 6-2-20　绘制短指针

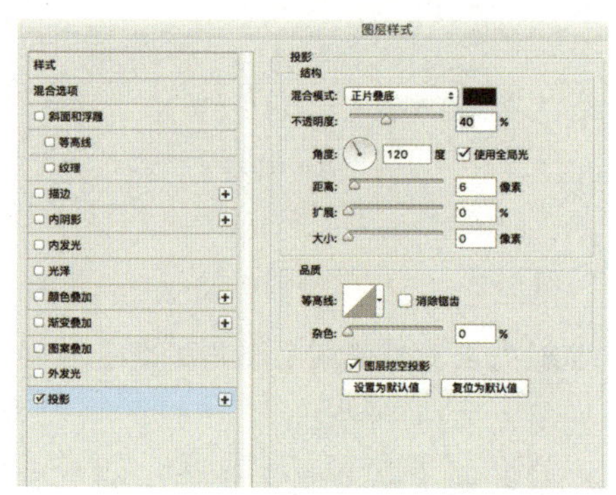

图 6-2-21　【图层样式】-【投影】对话框

STEP 11 绘制两个指针相交处的中心按扣。使用【椭圆工具】绘制一个半径为 32 像素的圆形，【填充】颜色为 #996c33。双击该图层，弹出【图层样式】对话框，勾选【斜面和浮雕】，设置【样式】为内斜面、【方法】为平滑、【深度】为 300%、【大小】和【软化】分别为 38 像素和 1 像素、【阴影模式】为正片叠底、【颜色】为 #5f2a18，参数设置如图 6-2-22 所示。在【图层样式】对话框勾选【内发光】，设置【混合模式】为滤色、【不透明度】为 20%，参数设置如图 6-2-23 所示。在【图层样式】对话框勾选【颜色叠加】，【颜色】设置为 #d58830，参数设置如图 6-2-24 所示。在【图层样式】对话框勾选【投影】，设置【混合模式】为线性加深，设置【颜色】为 #42392d、【不透明度】为 40%，【距离】、【扩展】、【大小】分别设置为 6 像素、3%、10 像素，参数设置如图 6-2-25 所示，中心按扣的效果如图 6-2-26 所示。

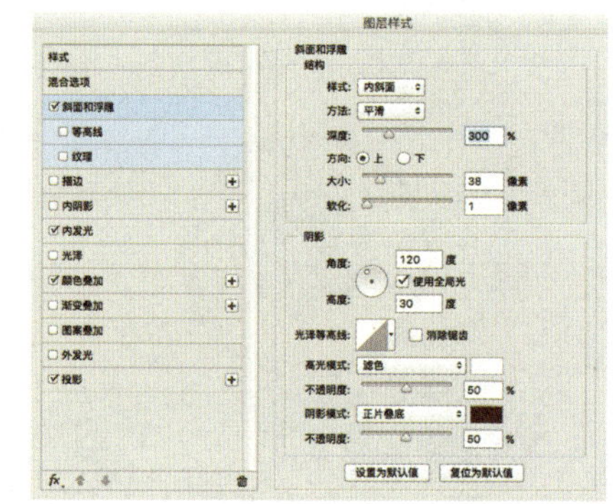

图 6-2-22　【图层样式】-【斜面和浮雕】对话框

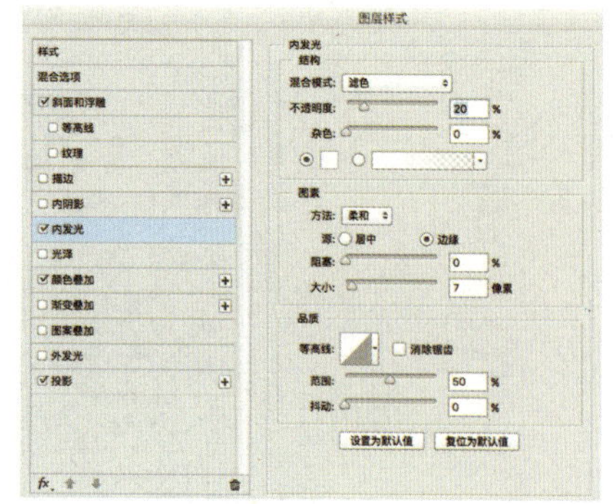

图 6-2-23　【图层样式】-【内发光】对话框

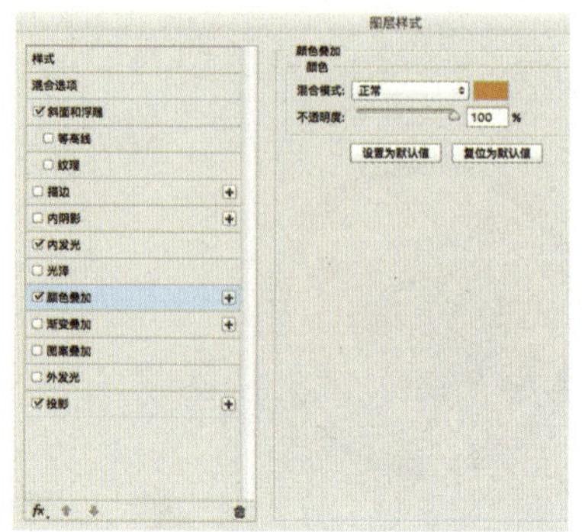

图 6-2-24　【图层样式】-【颜色叠加】对话框

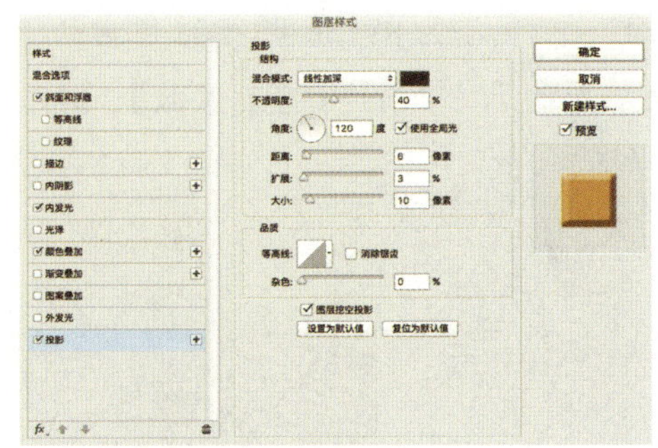

图 6-2-25　【图层样式】-【投影】对话框

图 6-2-26　中心按扣的效果

STEP 12 绘制怀表上端的连接卡扣。使用【圆角矩形工具】绘制一个 73 像素 ×45 像素、圆角为 30 像素的圆角矩形。在【图层样式】对话框中，勾选【斜面与浮雕】，设置【样式】为内斜面、【方法】为平滑、【深度】为 220%，【大小】和【软化】分别为 100 像素和 1 像素，设置【阴影模式】为正片叠底，【颜色】设置为 #5f2a18，参数设置如图 6-2-27 示，调节圆角矩形到如图 6-2-28 所示的位置。

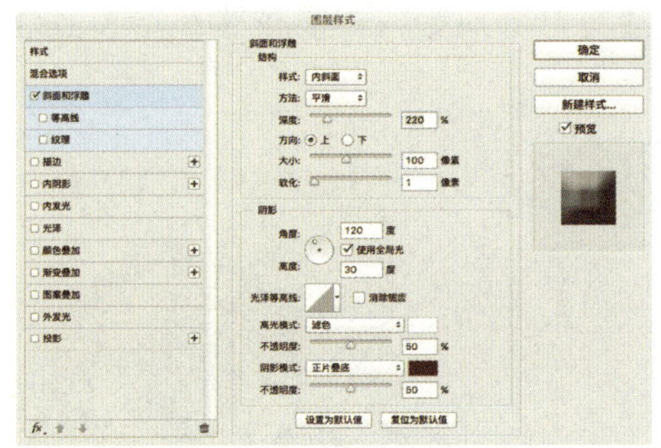

图 6-2-27　【图层样式】-【斜面与浮雕】对话框

图 6-2-28　怀表上端的连接卡扣

STEP 13 绘制怀表上方的圆环，使用【椭圆工具】绘制一个大小为 80 像素、【颜色】设置为 #fefadf 的圆环，调节位置，效果如图 6-2-29 所示。

STEP 14 绘制连接上方圆环与连接卡口相连的连接小环。使用【椭圆工具】绘制一个半径为 41 像素的圆形，【填充】颜色为 #f9e59e，适当调节位置，怀表的形状绘制完成，如图 6-2-30 所示。

图 6-2-29　绘制圆环

图 6-2-30　怀表的最终形状

STEP 15 为怀表图标添加阴影。使用【矩形工具】绘制一个大小为 891 像素 ×891 像素的正方形，【填充】颜色为 #7d6b67，将图层拖曳到大圆角矩形的上方，创建【剪贴蒙版】，制作阴影效果，参数设置如图 6-2-31 所示，效果如图 6-2-32 所示。

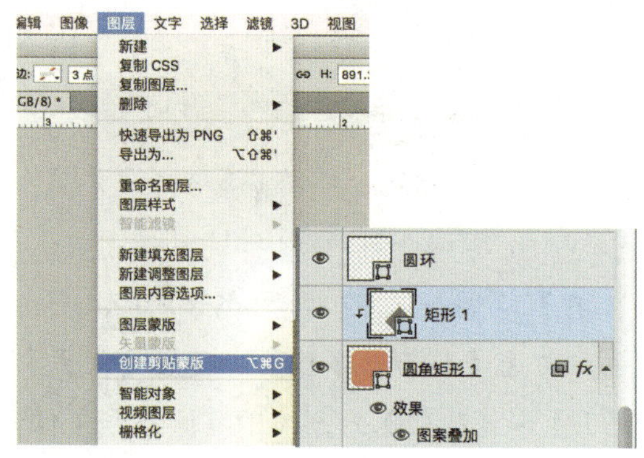

图 6-2-31 创建【剪贴蒙版】

图 6-2-32 怀表的阴影效果

STEP 16 使用【矩形工具】绘制一个大小为 736 像素 ×736 像素的正方形，【填充】颜色为 #7d6b67，将图层拖曳到大圆表盘图层的上方，创建【剪贴蒙版】，参数设置如图 6-2-33 所示，适当调节位置，效果如图 6-2-34 所示。

图 6-2-33 创建剪贴蒙版

图 6-2-34 剪贴蒙版效果

STEP 17 使用【矩形工具】绘制一个大小为 463 像素 ×463 像素正方形，【填充】颜色为 #7d6b67，将图层拖曳到中间表盘图层的上方，创建【剪贴蒙版】，参数设置如图 6-2-35 所示，适当调节位置，怀表图标的最终效果如图 6-2-36 所示。

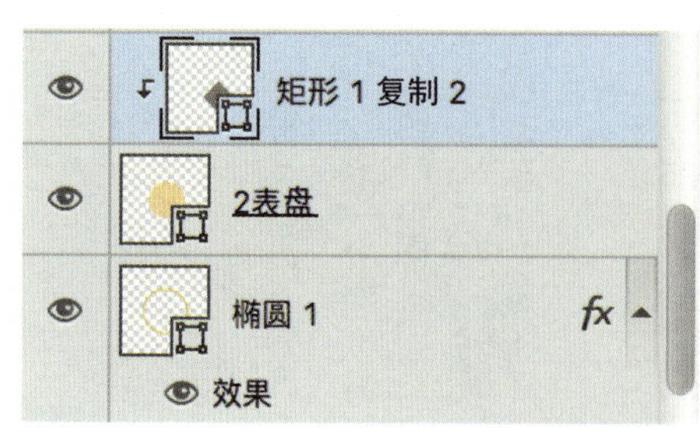

图 6-2-35 创建【剪贴蒙版】

图 6-2-36 怀表图标的最终效果

案例 4：| 时光 π |

《时光 π》App UI 设计以怀旧为主题，该设计运用一些复古饰品元素制作而成，如图 6-2-37 所示。

图 6-2-37　《时光 π》App UI 设计

制作步骤

STEP 01 绘制草图，效果如图 6-2-38 所示。

STEP 02 使用【网格工具】绘制底图，用圆、椭圆、长方形等基本图形绘制辅助线，如图 6-2-39 所示，在草图的基础上对图形进行调整、归纳，注意对称、对齐。

STEP 03 再次进行形状确认，个别特殊形状可在之前的大体线稿的基础上，用【钢笔工具】勾勒出相关细节，如图 6-2-40 所示。

STEP 04 平铺底色，并且统一调整边线粗细及其颜色，删除辅助线（以便上色），效果如图 6-2-41 所示。

图 6-2-38　绘制草图

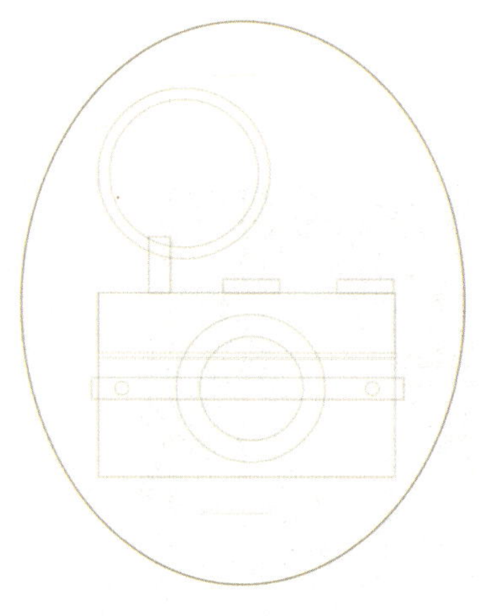

图 6-2-39　绘制辅助线

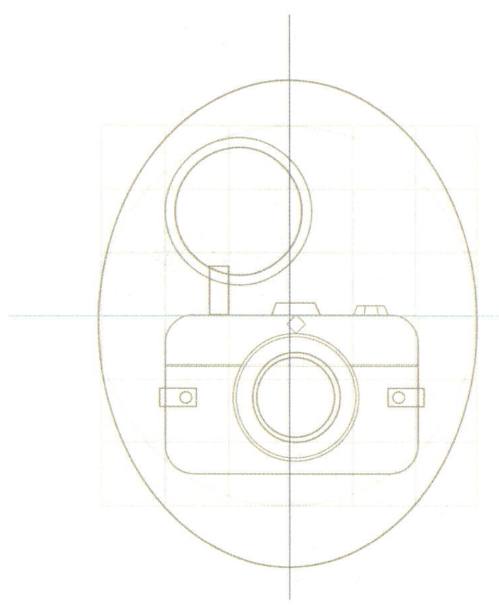

图 6-2-40　勾勒出细节

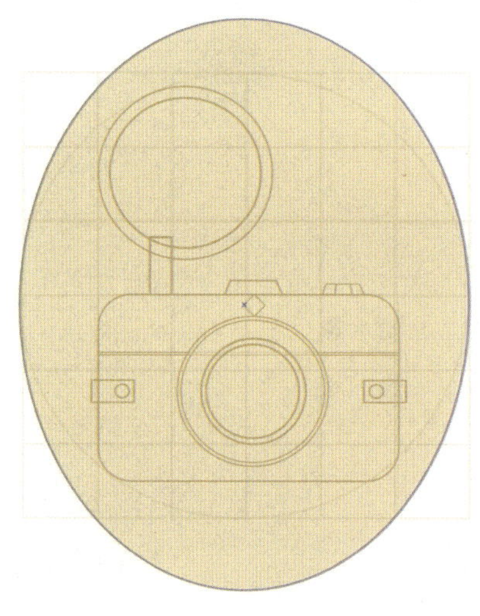

图 6-2-41　删除辅助线

STEP 05 填充相机轮廓、镜头、细节等大块颜色后加入局部颜色，效果如图 6-2-42～图 6-2-45 所示。

STEP 06 对整体塑造光影效果。可对相机上方细节做处理，通过调整透明度、添加渐变等形成多个图层的叠加，产生立体效果，效果如图 6-2-46 所示。

STEP 07 塑造光晕质感效果。利用多个图层进行叠加，制作出镜头的金属质感及玻璃光晕效果，如图 6-2-47 所示。

STEP 08 制作纹理效果，对闪光灯的细节部位添加更精细的塑料纹理质感效果，相机图标最终效果如图 6-2-48 所示。

图 6-2-42　主体颜色

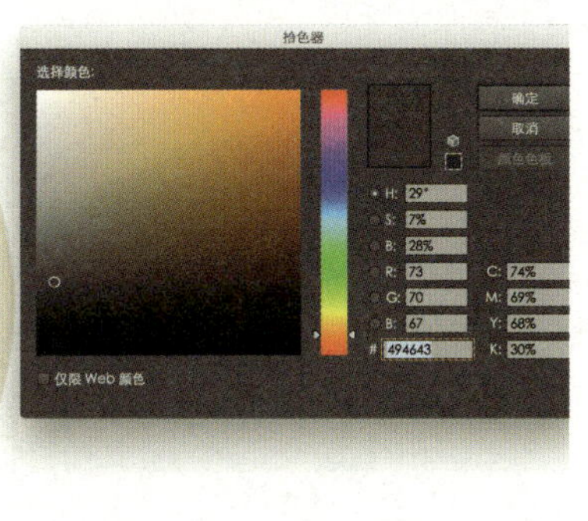

图 6-2-43　局部上色效果

图 6-2-44　机身上色效果

图 6-2-45　机身局部放大上色效果

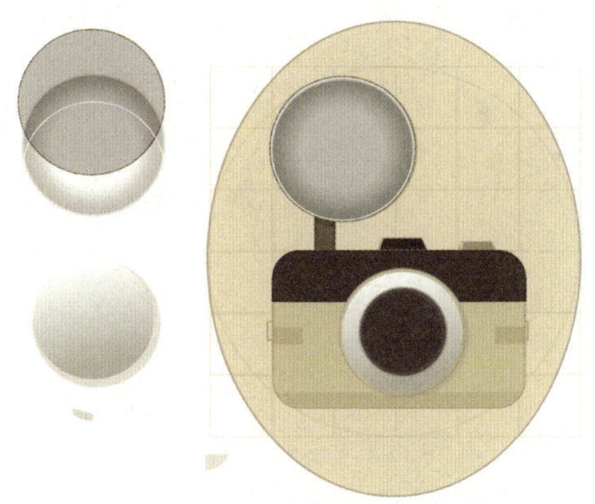

图 6-2-46　光影立体效果

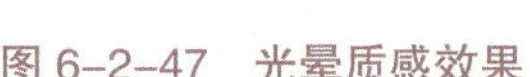

图 6-2-47　光晕质感效果

STEP 09 为图标添加细节。刻画局部，最终完成效果如图 6-2-49 所示。

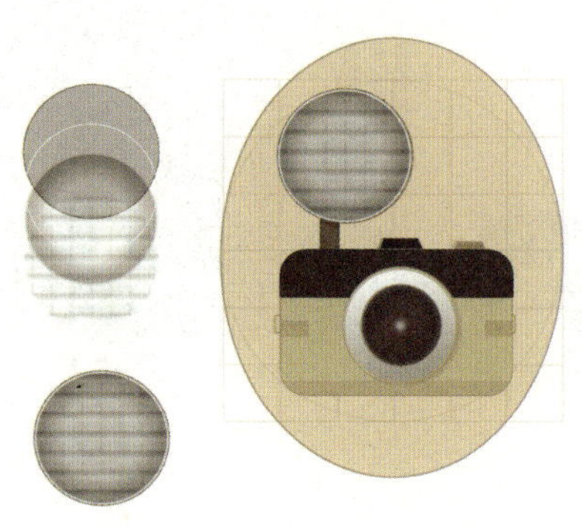

图 6-2-48　闪光灯塑料纹理质感效果

图 6-2-49　相机图标最终效果

6.3　书卷文化主题 UI 设计

案例 5：| 余音 |

《余音》App UI 设计以书卷文化为主题，如图 6-3-1、图 6-3-2 所示。

图 6-3-1　《余音》App UI 设计 1

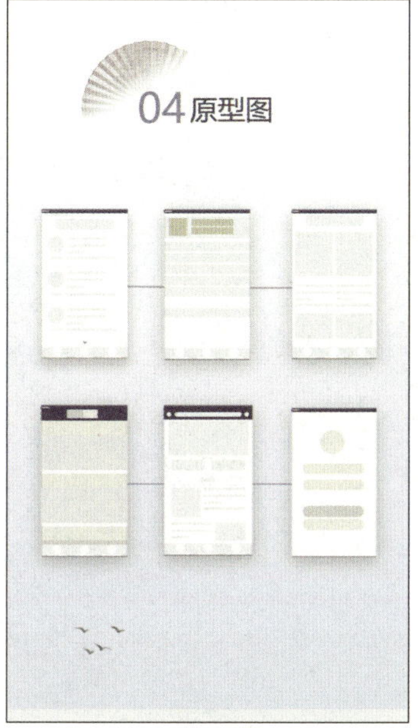

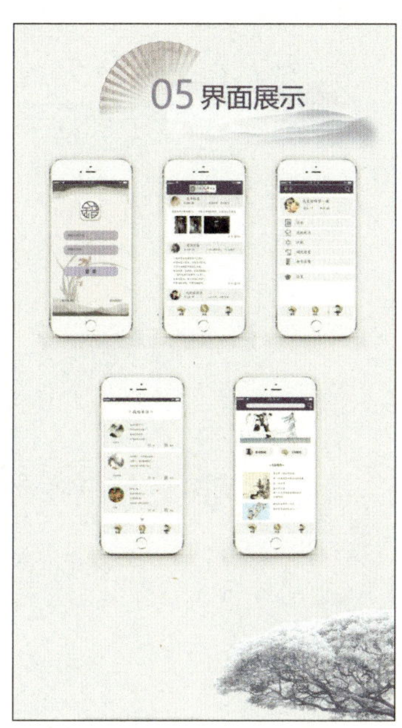

图 6-3-2 《余音》App UI 设计 2

制作步骤

这款图标设计分为风格图标和功能图标两种。下面对功能图标中的夜间模式图标进行制作。

STEP 01 打开 Illustrator 软件，新建文件（尺寸适中即可），进行图标原型的寻找和草图的绘制，效果如图 6-3-3 ～图 6-3-5 所示。

图 6-3-3 月亮图形素材

图 6-3-4 云彩图形素材

图 6-3-5 图标草图方案

STEP 02 绘制辅助线以方便图标的定位与绘制，效果如图 6-3-6 所示。

STEP 03 调整图标草图和辅助线的关系，进一步定位，效果如图 6-3-7 所示。

STEP 04 使用【椭圆工具】绘制若干个图形并切出吉瑞祥云图标的轮廓，调整【描边】颜色和粗细，效果如图 6-3-8 所示。

STEP 05 使用【弧形工具】绘制祥云的尾部，效果如图 6-3-9 所示。

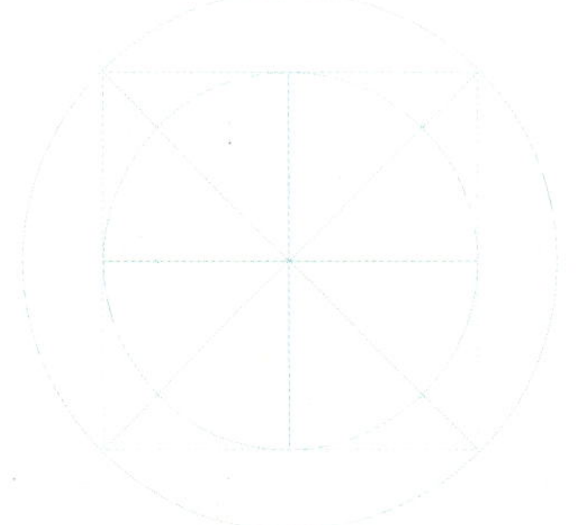

图 6-3-6　绘制辅助线

图 6-3-7　图标草图与辅助线定位

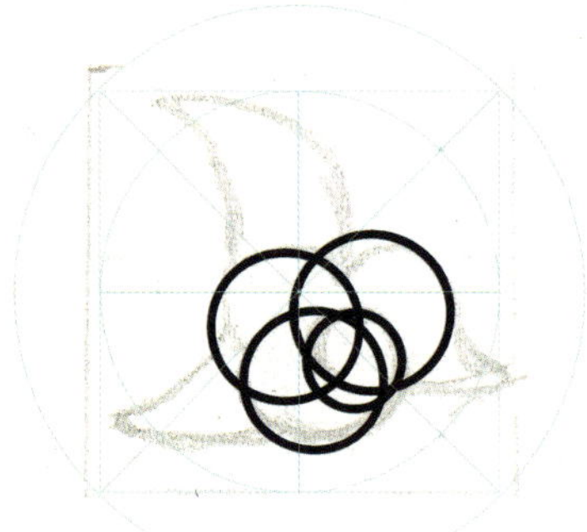

图 6-3-8　切出吉瑞祥云图标的轮廓

图 6-3-9　绘制祥云的尾部

STEP 06 使用【椭圆工具】绘制图标后面的月亮图形，效果如图 6-3-10 所示。

STEP 07 选中所有对象，进行扩展；在【路径查找器】中选择【分割】，并取消编组，效果如图 6-3-11 所示。

图 6-3-10　绘制月亮图形

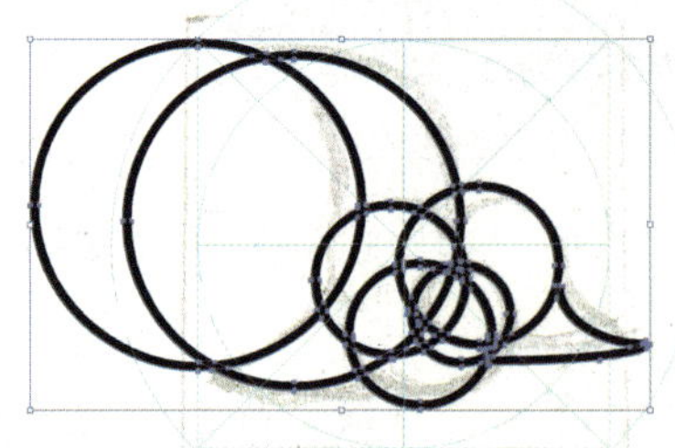

图 6-3-11　扩展对象

STEP 08 使用【选择工具】删除不再需要的线条，保留需要的线条，效果如图 6-3-12 所示。

STEP 09 将制作完成的图标导入 Photoshop 中，把提前准备好的外边框与图标放在一起，调整位置，进行填充和线条粗细的修改，效果如图 6-3-13 所示。

STEP 10 为外边框做内部颜色填充，效果如图 6-3-14 所示。

图 6-3-12　删除多余线条

图 6-3-13　修改图标

图 6-3-14　外边框内部的颜色填充

STEP 11 用提前找好的背景素材填充外边框，调整透明度，效果如图 6-3-15 ～图 6-3-17 所示。

图 6-3-15　背景素材

图 6-3-16　填充外边框

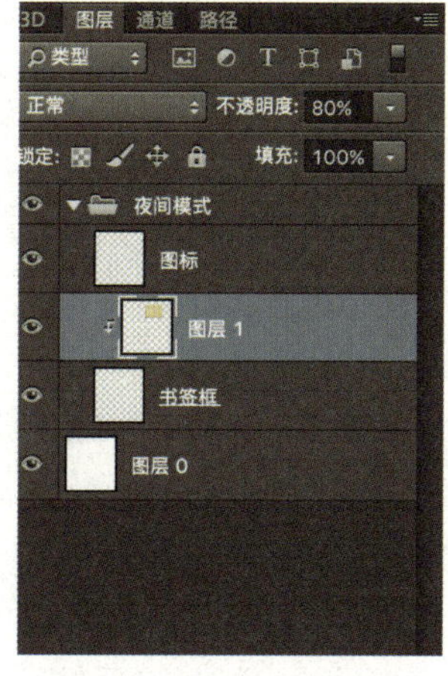

图 6-3-17　调整透明度

STEP 12 修改图标颜色，设置【图层】面板（如图 6-3-18 所示）中的【颜色叠加】选项，效果如图 6-3-19 所示。

STEP 13 整体调整。在【图层样式】对话框中勾选【斜面和浮雕】，参数设置如图 6-3-20 所示。

STEP 14 夜间模式图标完成，最终效果如图 6-3-21 所示。

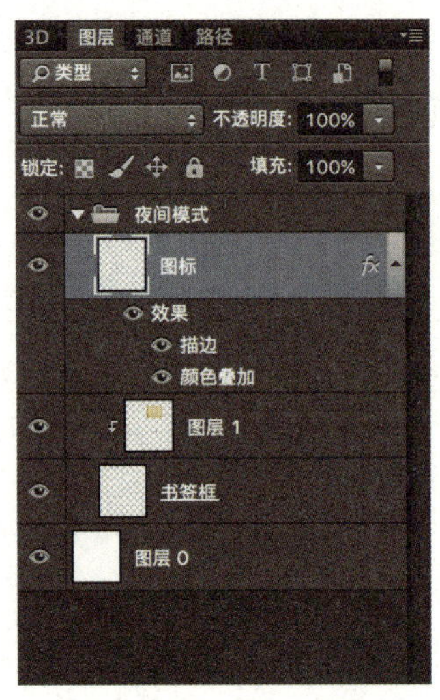

图 6-3-18 【图层】面板中的【颜色叠加】选项

图 6-3-19 设置【颜色叠加】后的效果

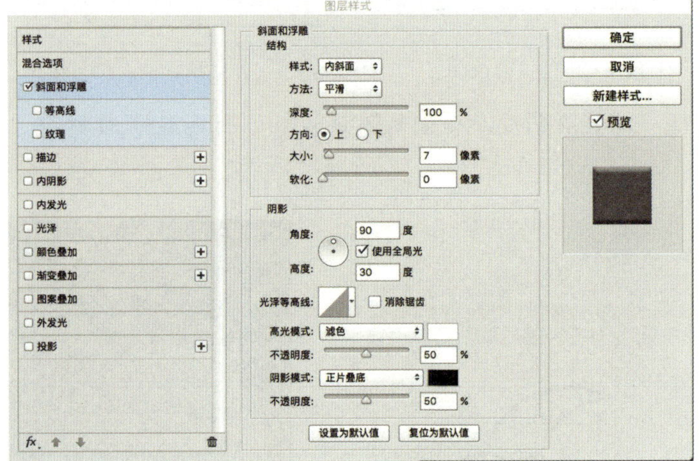

图 6-3-20 【图层样式】-【斜面和浮雕】对话框

图 6-3-21 夜间模式图标

6.4 汉像画主题 UI 设计

案例 6：| 汉像画 |

《汉像画》App UI 设计以汉像画为主题，如图 6-4-1 所示。

制作步骤

STEP 01 按 Ctrl+N 组合键创建画布，设置【分辨率】为 300 像素/英寸，设置【颜色模式】为 RGB 颜色，参数设置如图 6-4-2 所示。

STEP 02 选择“文件”菜单的“置入嵌入对象”命令，弹出新窗口，在窗口中打开案例 6 的素材文件包，将“马车”jpg 文件置入画布中，按回车键，将此图层删格化处理，如图 6-4-3 所示。

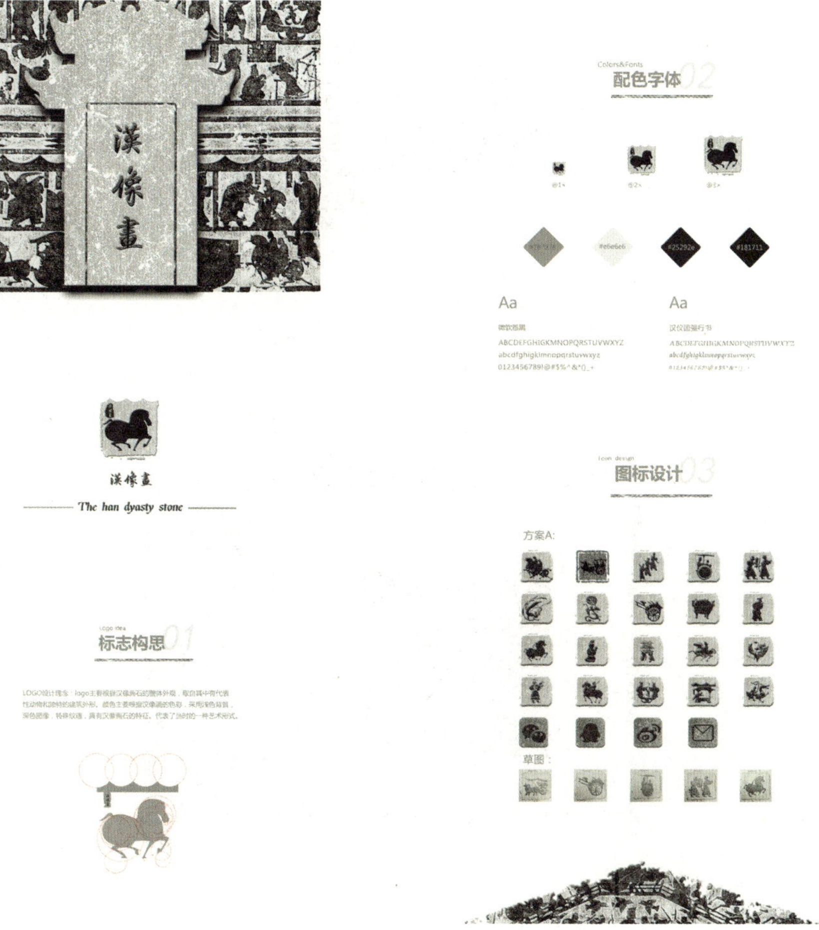

图 6-4-1　《汉像画》App 图标设计

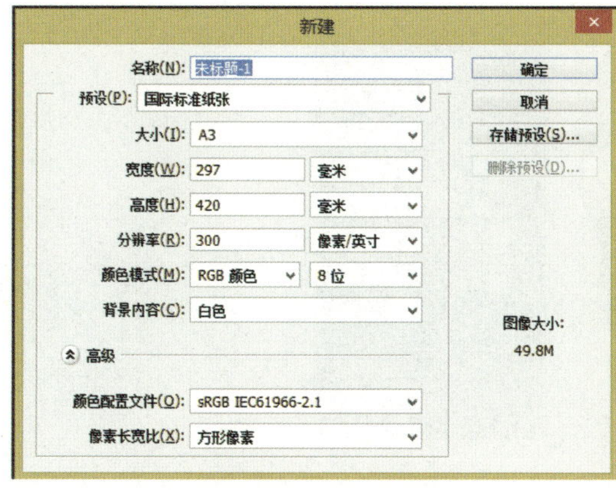

图 6-4-2　参数设置

图 6-4-3　置入素材

STEP 03 使用【魔棒工具】，选中“马车”图案深色区域，将“马车”图案变为选区，执行反选命令，按 delete 键删除白色区域，效果如图 6-4-4 所示。

图 6-4-4　转为选区并删除白色区域

STEP 04 打开素材文件包，置入“深色石头纹理”文件，将此纹理图层删格化变为普通图层，将此图层放于“马车”图层上方，并将“马车”完全覆盖，效果如图 6-4-5 所示。

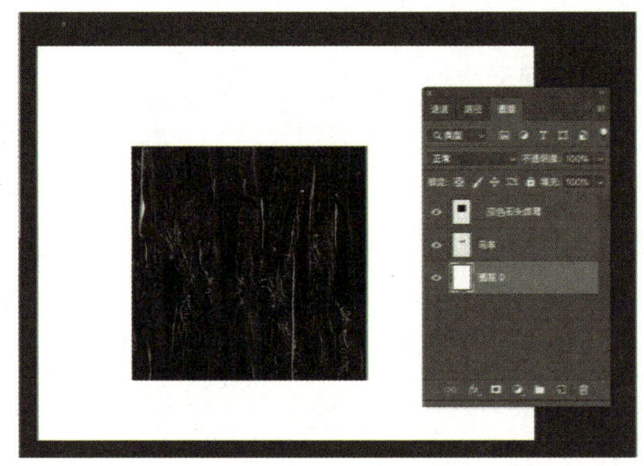

图 6-4-5　覆盖效果

STEP 05 选中“深色石头纹理”图层，按住Ctrl键的同时在图层中间单击鼠标右键，创建【剪切蒙版】，效果如图 6-4-6 所示。

图 6-4-6　剪切蒙版效果

STEP 06 选中“马车”图层，在【图层样式】对话框中勾选【斜面和浮雕】，设置【样式】为内斜面，参数设置如图 6-4-7 所示。

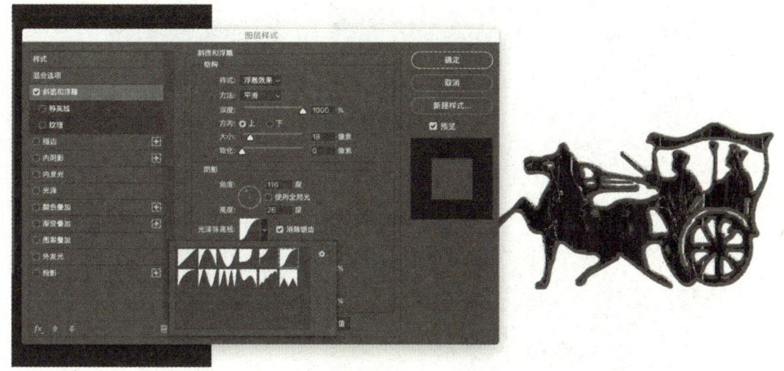

图 6-4-7　【图层样式】-【斜面和浮雕】对话框

STEP 07 打开素材文件包，置入“朱砂印”素材，将此图层删格化变为普通图层。将“朱砂印”图层至于“马车”图层下方，效果如图 6-4-8 所示。

图 6-4-8　置入“朱砂印”素材

STEP 08 选中“朱砂印”图层，双击此图层，弹出【图层样式】对话框，勾选【斜面和浮雕】，设置【样式】为外斜面，参数设置如图 6-4-9 所示。

图 6-4-9　【图层样式】-【斜面和浮雕】对话框

STEP 09 打开素材文件包，置入“浅色石头纹理”素材，将此纹理图层删格化变为普通图层。将此图层拖曳至“朱砂印”图层上方，并完全覆盖“朱砂印”图案，效果图如图 6-4-10 所示。

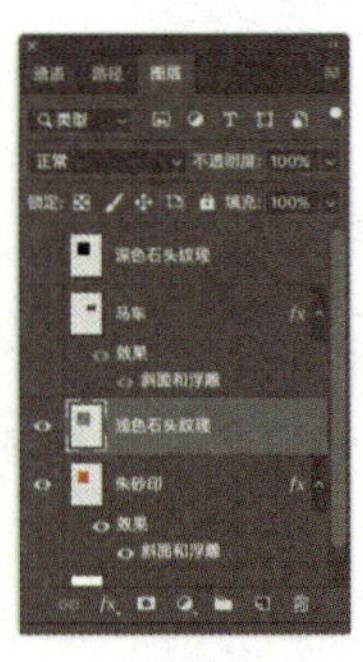

图 6-4-10　用“浅色石头纹理”覆盖“朱砂印”图案

STEP 10 单击“浅色石头纹理”图层，按住Ctrl键的同时在该图层中间单击鼠标右键，创建剪切蒙版，效果如图 6-4-11 所示。

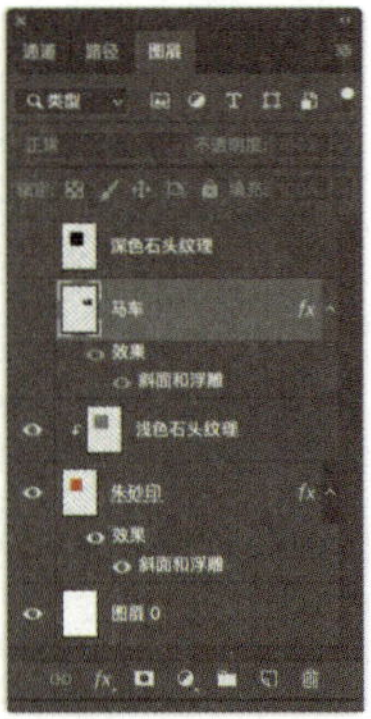

图 6-4-11　创建【剪切蒙版】

STEP 11 打开“马车”图层显示，将制作完成的“马车”图案移到浅色石头纹理背景之中，并调整至适当大小，效果如图 6-4-12 所示。

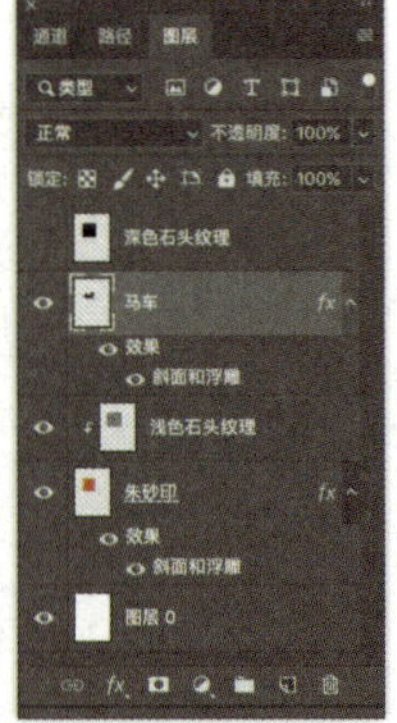

图 6-4-12　“马车图案”移动到浅色石头纹理背景之中

STEP 12 将“浅色石头纹理”图层的【混合模式】设置为溶解，并将透明度降低，图标的最终效果如图 6-4-13 所示。

图 6-4-13　《汉像画》App 图标的最终效果

6.5　六一儿童节主题 UI 设计

案例 7：|童说童画|

《童说童画》App UI 设计以六一儿童节主题，如图 6-5-1 所示。

制作步骤

STEP 01 将【颜色】设置为 fde5be。选择【椭圆工具】，按住 Shift 键，利用鼠标拖曳光标绘制一个正圆，如图 6-5-2 所示。单击【快速选择工具】选择圆，单击鼠标右键，在弹出的快捷菜单中选择【描边】选项，在【描边】属性面板中将【颜色】设置为黑色，如图 6-5-3 所示。

STEP 02 使用【钢笔工具】画出手指形状，新建图层，在【编辑】菜单中选择【描边】选项，弹出【描边路径】对话框，选择【工具】为画笔，单击【确定】按钮。单击【删除路径】，效果如图 6-5-4、图 6-5-5 所示。

STEP 03 使用【钢笔工具】画出三角形，新建图层，在【编辑】菜单中选择【描边】选项，弹出【描边路径】对话框（如图 6-5-6 所示），选择【工具】为画笔，单击【确定】按钮。同理画出圆形，并描边。效果如图 6-5-7 所示。

STEP 04 单击【画笔工具】，画出话筒的纹路，同理画出铅笔头的折线，效果如图 6-5-8 所示。

STEP 05 新建图层，将铅笔和话筒的颜色分别设置为 fd7232 和 fdbf3a，单击【画笔工具】进行涂绘。注意，将新建图层置于黑色描边图层之下，效果如图 6-5-9 所示。

STEP 06 新建图层，选择【椭圆工具】绘制一个椭圆，按 Ctrl+T 组合键对椭圆图形进行【自由变换】操作，旋转椭圆的角度，并移动到合适的位置，效果如图 6-5-10 所示。

STEP 07 按 Ctrl+T 组合键，对路径进行【自由变换】操作，进行【描边路径】操作。将 3 个椭圆放于 3 个图层中，如图 6-5-11 和图 6-5-12 所示。

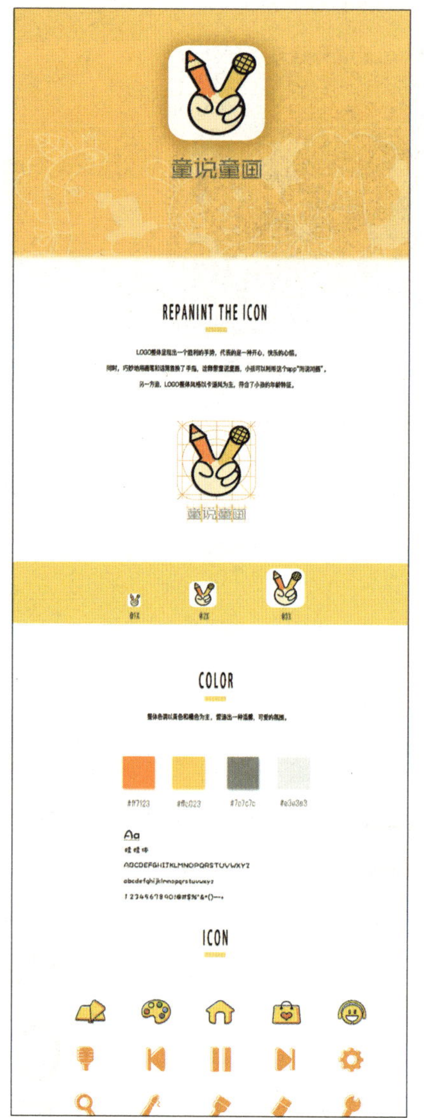

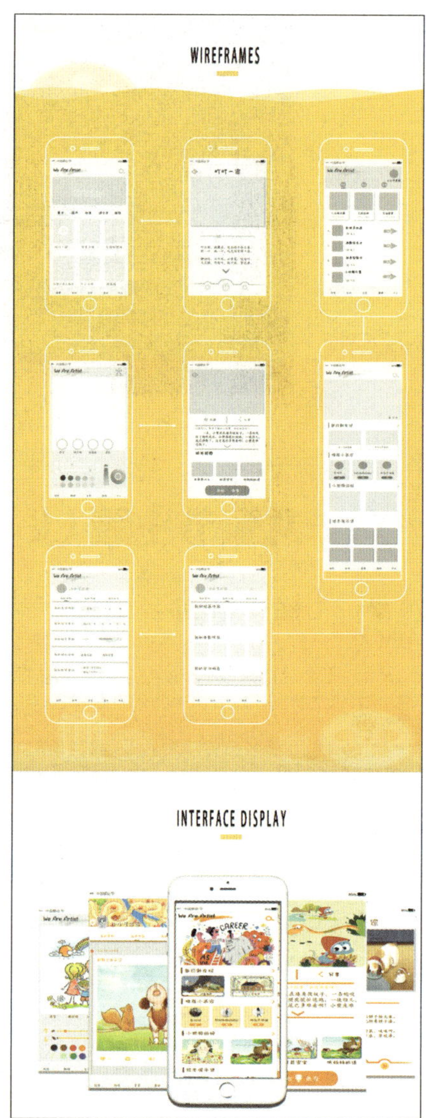

图 6-5-1 《童说童画》App UI 设计

图 6-5-2 绘制正圆

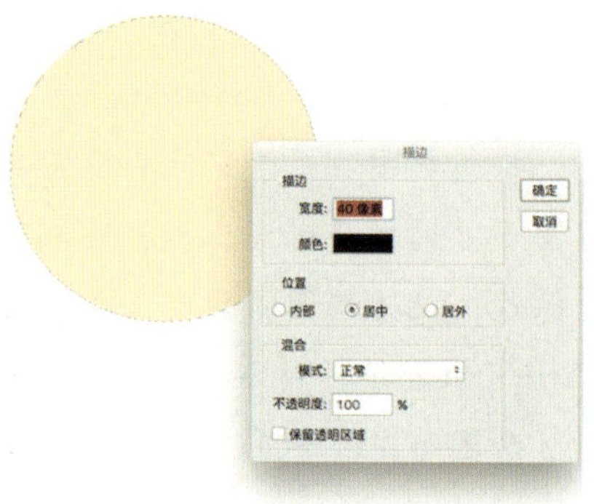

图 6-5-3 【描边】属性面板

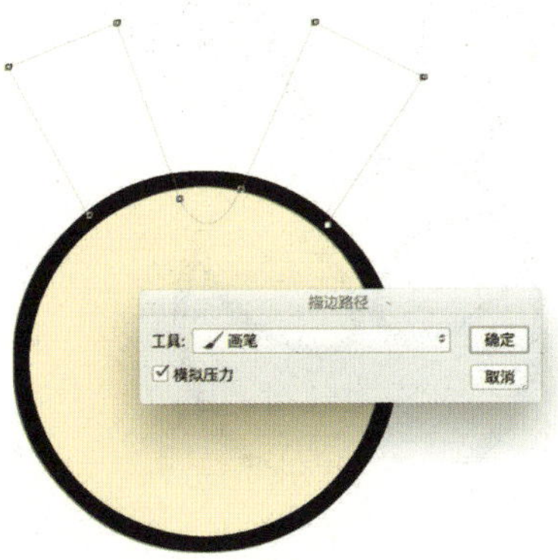

图 6-5-4　【描边路径】对话框

图 6-5-5　删除描边

图 6-5-6　【描边路径】对话框

图 6-5-7　三角形与圆形

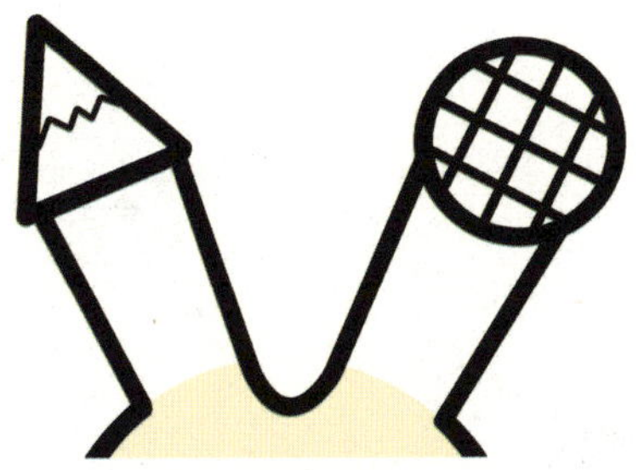

图 6-5-8　画出纹路与折线

图 6-5-9　填充颜色

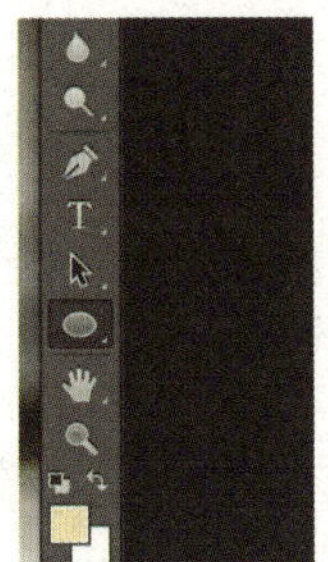

图 6-5-10　绘制椭圆图形

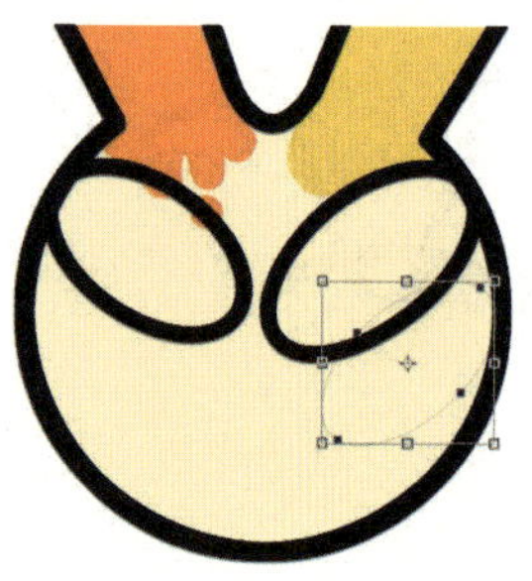

图 6-5-11 【自由变换】操作

图 6-5-12 【描边路径】对话框

STEP 08 单击【删除路径】，删除界面中的所有路径，效果如图 6-5-13 所示。

STEP 09 在相应的图层中，用【橡皮擦工具】将多余的线和面擦掉，效果如图 6-5-14 所示。

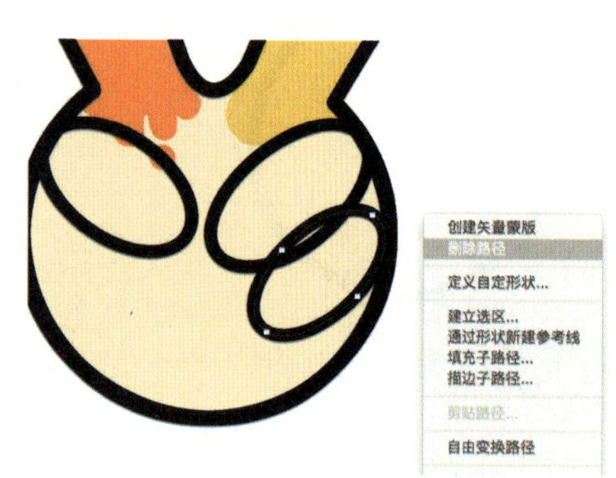

图 6-5-13 删除路径

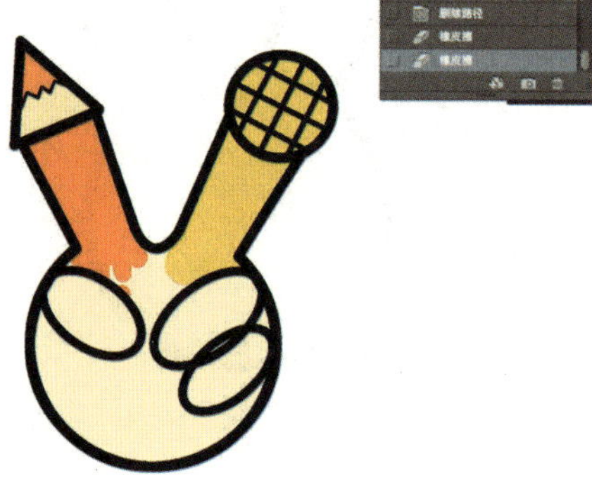

图 6-5-14 擦掉多余线与面

STEP 10 完成“童说童画”App 的图标，最终效果如图 6-5-15 所示。

图 6-5-15 《童说童画》App 图标最终效果

案例 8：｜糖友记｜

《糖友记》App UI 设计以六一儿童节为主题，主要运用 Illustrator 软件完成，《糖友记》App UI 设计的最终效果展示图如图 6-5-16 所示。

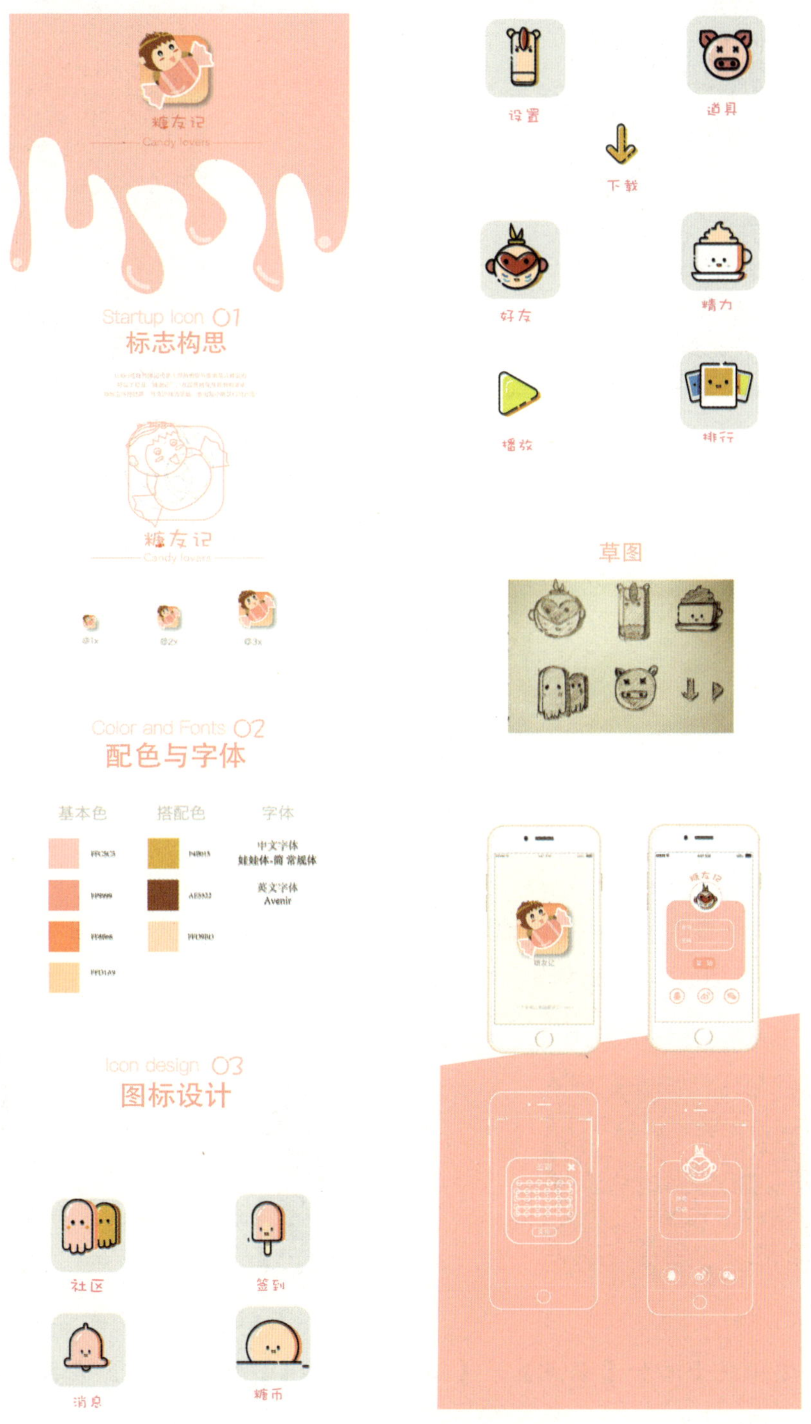

图 6-5-16　《糖友记》App UI 设计

制作步骤

STEP 01 打开 Illustrator 软件，新建文档，文档尺寸的长与宽均设置为 750 像素，如图 6-5-17 所示。

图 6-5-17　新建文档

STEP 02 画一个以＂白龙马＂为原型的图标，对照画好的图标草稿，使用【圆角矩形工具】、【圆形工具】和【矩形工具】画出马脸的基本轮廓，效果如图 6-5-18 所示。

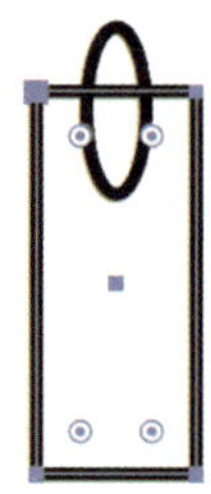

图 6-5-18　马脸的基本轮廓

STEP 03 使用【形状生成器工具】画出马脸的结构，【形状生成器工具】如图 6-5-19 所示，马脸的结构如图 6-5-20，马脸轮廓图如图 6-5-21 所示。

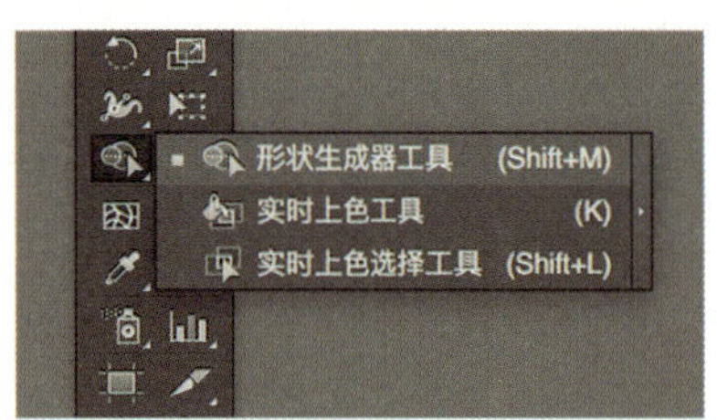

图 6-5-19　工具箱中的【形状生成器工具】

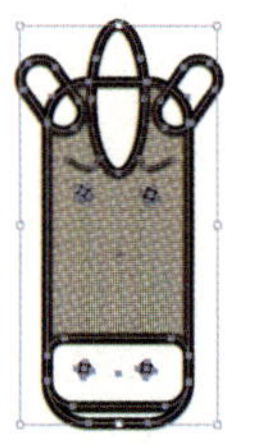

图 6-5-20　马脸的结构

图 6-5-21　马脸轮廓图

STEP 04 在马脸的边缘线上添加【锚点】，【添加锚点工具】如图 6-5-22 所示，添加的锚点如图 6-5-23 所示。

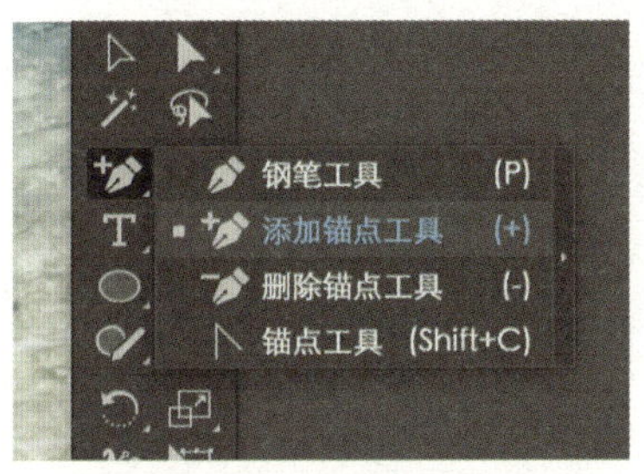

图 6-5-22　【添加锚点工具】

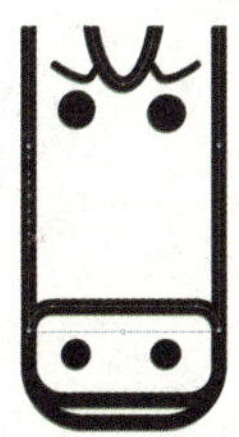

图 6-5-23　添加锚点

STEP 05 使用【直接选择工具】，删除添加的【锚点】，如图 6-5-24 所示，并将【描边】改为圆头连接，参数设置如图 6-5-25 所示。

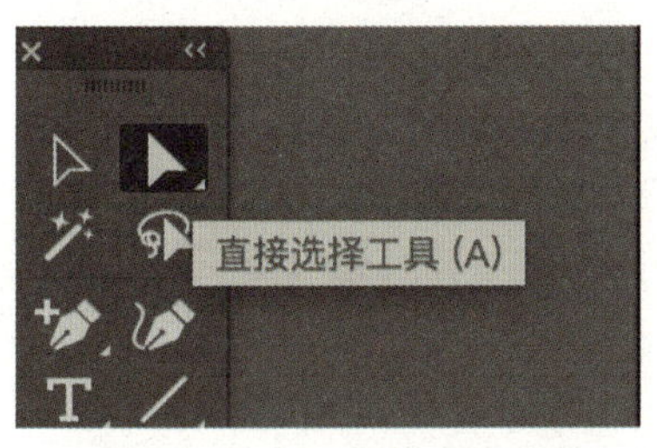

图 6-5-24　【直接选择工具】

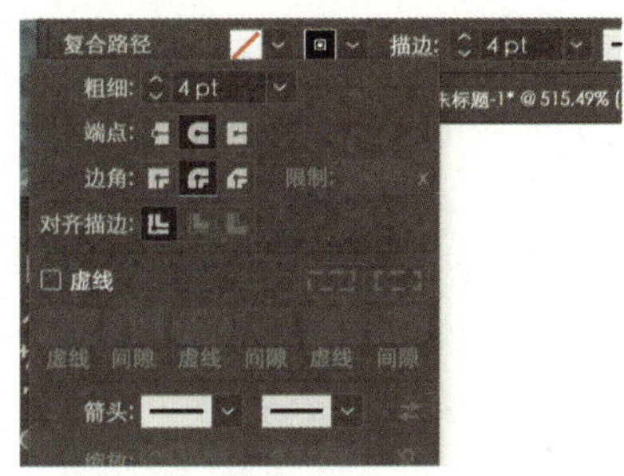

图 6-5-25　参数设置

STEP 06 为填充马脸颜色，可以自由选择颜色，注意颜色不能在原来的基础上添加，需要与描边隔开一点距离后再添加阴影，这样一个 MBE 风格的图标就完成了，效果如图 6-5-28 ～图 6-5-30 所示。

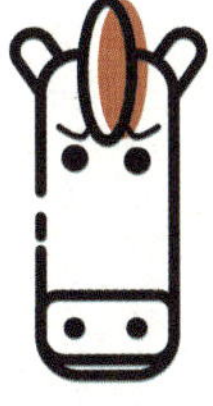

图 6-5-26　开始填充颜色

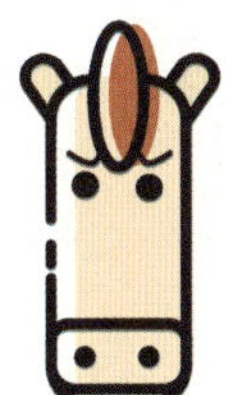

图 6-5-27　初步填充颜色

图 6-5-28　颜色填充最终效果

6.6　亲子阅读主题 UI 设计

案例 9：| Light · House |

《Light · House》App UI 设计，以亲子阅读为主题，主要运用 Illustrator 软件完成，如图 6-6-1 所示为此设计的最终效果图。

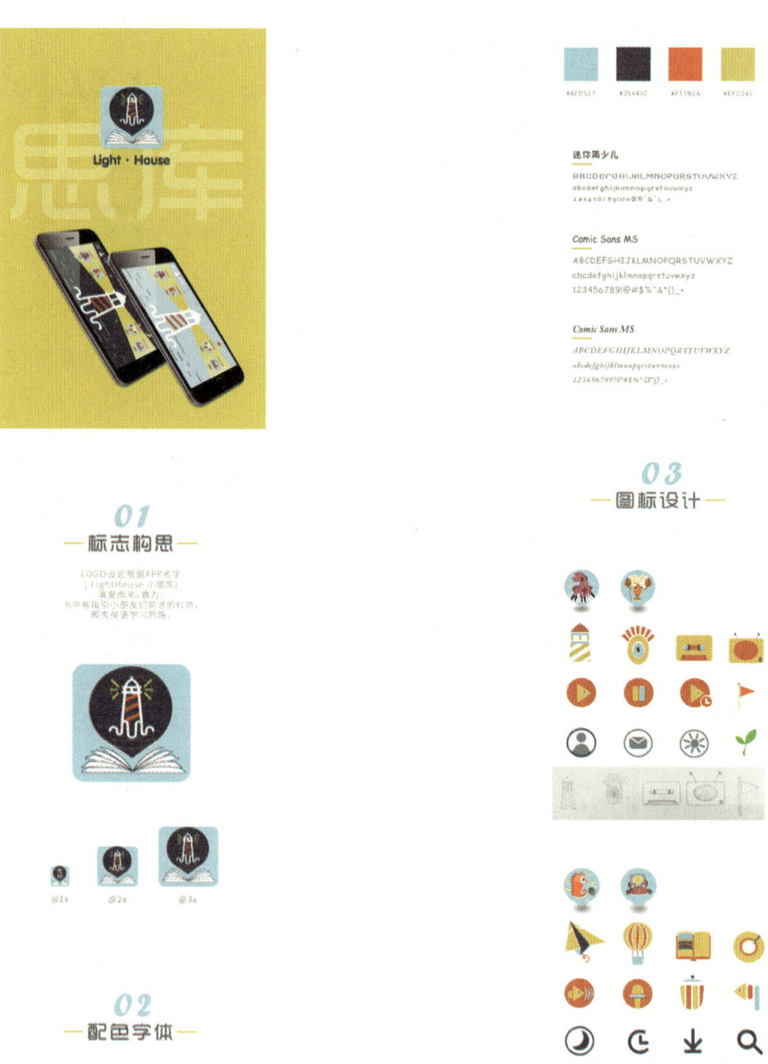

图 6-6-1 《Light.House》App 图标设计

图 6-6-2 将草图导入 AI 软件

制作步骤

STEP 01 在白纸上画出清晰干净的龙虾图标草图并拍照，将照片导入 Illustrator 软件，锁定草图图层，效果如图 6-6-2 所示。

STEP 02 使用手绘板或工具栏中的【铅笔工具】绘制出龙虾钳子的外形。使用【铅笔工具】是因为要营造出一种手绘的卡通形像的感觉，以避免画面死板。填色参数设置如图 6-6-3 所示，钳子外形效果如图 6-6-4 所示。

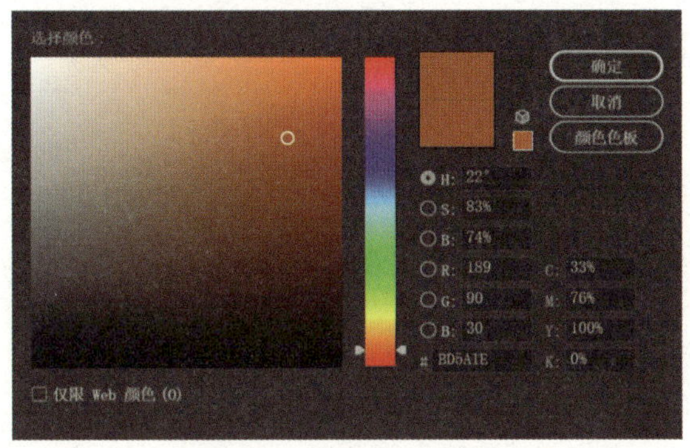

图 6-6-3　填色参数设置

图 6-6-4　钳子外形

STEP 03 用同样的方法绘制出整个钳子。填充浅色颜色，参数设置如图 6-6-5 所示，钳子完整造型效果如图 6-6-6 所示。

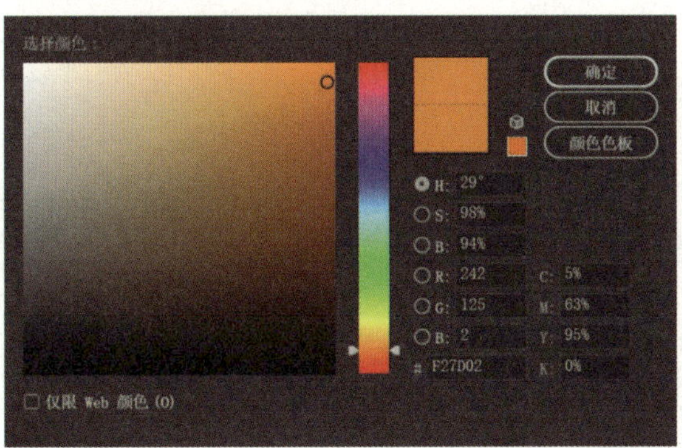

图 6-6-5　参数设置

图 6-6-6　钳子完整造型

STEP 04 将钳子编组，然后选中，单击工具箱中的【镜像工具】，在弹出的【镜像】对话框中选择【垂直】，单击【复制】按钮。然后按 Shift 键，用鼠标水平平移钳子图形，参数设置如图 6-6-7 所示，一对钳子的效果如图 6-6-8 所示。

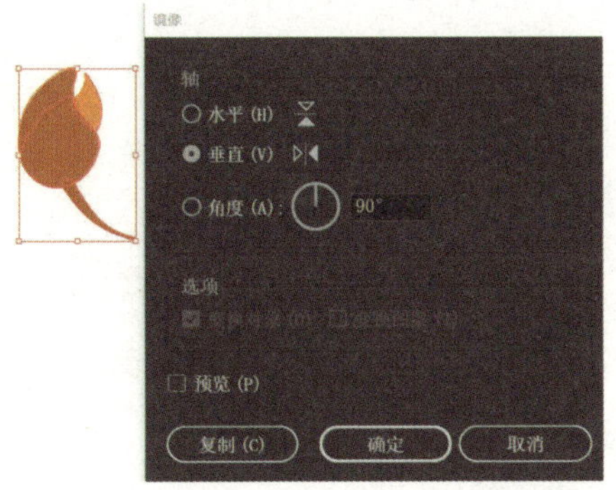

图 6-6-7　参数设置

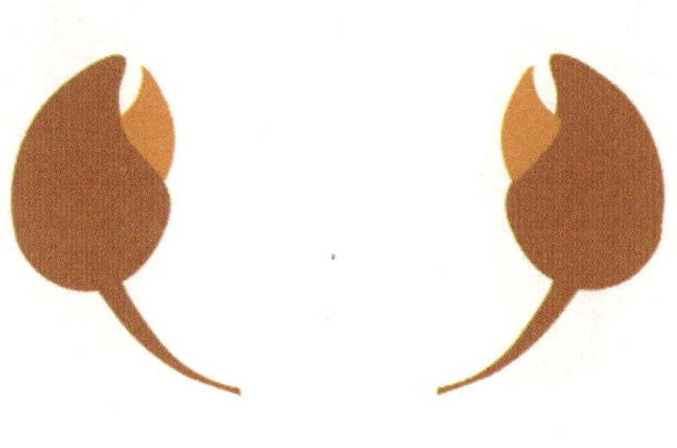

图 6-6-8　一对钳子的效果

STEP 05 绘制龙虾的头部，龙虾头部造型效果如图 6-6-9 所示。为了更好地完成龙虾的眼睛部分，可以将头部先隐藏起来（单击图层面板中的眼睛图标）。

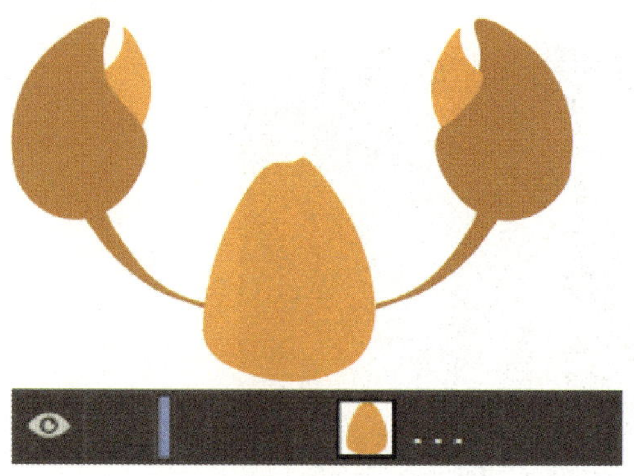

图 6-6-9　龙虾头部造型

STEP 06 隐藏头部后用【铅笔工具】绘制龙虾的眼睛。首先绘制最下面的橘色底色，然后绘制眼白，接着绘制眼珠，最后绘制白色高光，【拾色器】面板中的参数设置如图 6-6-10 所示，龙虾眼睛的绘制效果如图 6-6-11 所示。

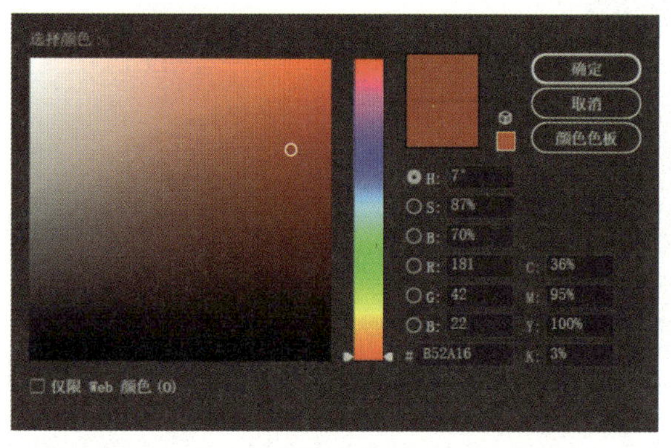

图 6-6-10　【拾色器】面板中的参数设置

图 6-6-11　绘制龙虾眼睛

STEP 07 使隐藏的身体图层可见，用【铅笔工具】绘制身子和尾巴部分，注意叠加关系，调节图层，效果如图 6-6-12～图 6-6-14 所示。

图 6-6-12　局部身体形状

图 6-6-13　身体形状

图 6-6-14　尾部形状

STEP 08 使用【画笔工具】绘制胡须，参数设置如图 6-6-15 所示。然后选中胡须图形，单击工具箱中的【镜像工具】，弹出【镜像】对话框，参数设置如图 6-6-15，按住 Shift 键，用鼠标进行直线平移，将复制的胡须图形移动到另一边，效果如图 6-6-16、图 6-6-17 所示。

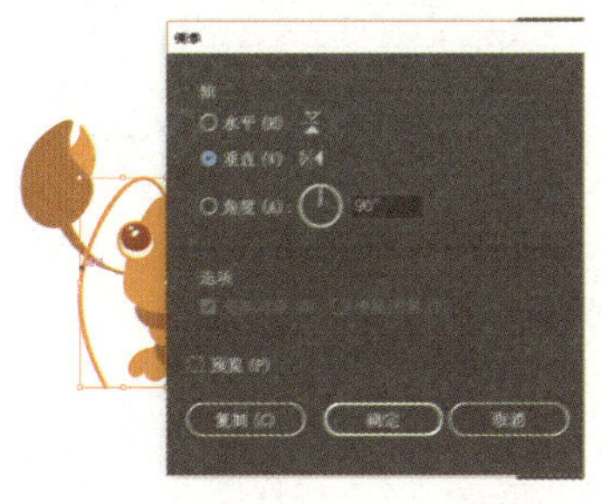
图 6-6-15　参数设置

图 6-6-16　左侧胡须效果

图 6-6-17　添加右侧胡须后的效果

STEP 09 用【铅笔工具】绘制白色书本，注意图层顺序，书放置在两个钳子的中间，如图 6-6-18 所示。

STEP 10 用【画笔工具】描边在书本上画出曲线（示意为文字）。使用【渐变填充】设置颜色，参数设置如图 6-6-19 所示。

图 6-6-18　绘制白色书本

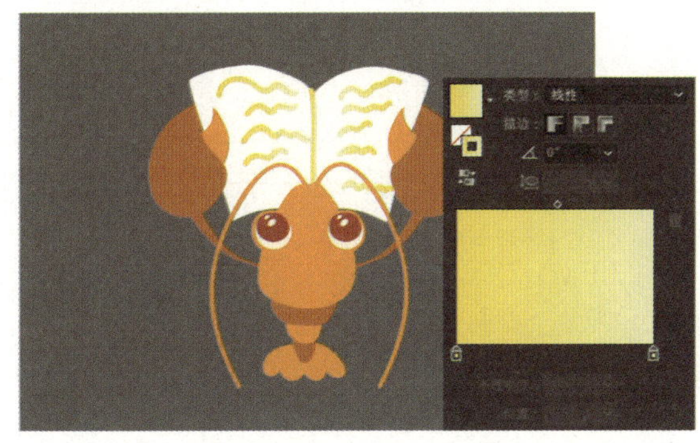
图 6-6-19　参数设置

STEP 11 把绘制好的龙虾绘本图标放在统一的蓝底上，绘本图标制作完成，最终效果如图 6-6-20 所示。

图 6-6-20　龙虾图标最终效果

案例 10： | 檬阅 |

《檬阅》App UI 设计，以亲子阅读为主题，主要运用 Photoshop 软件完成，如图 6-6-21 所示为此设计的最终效果展示图。

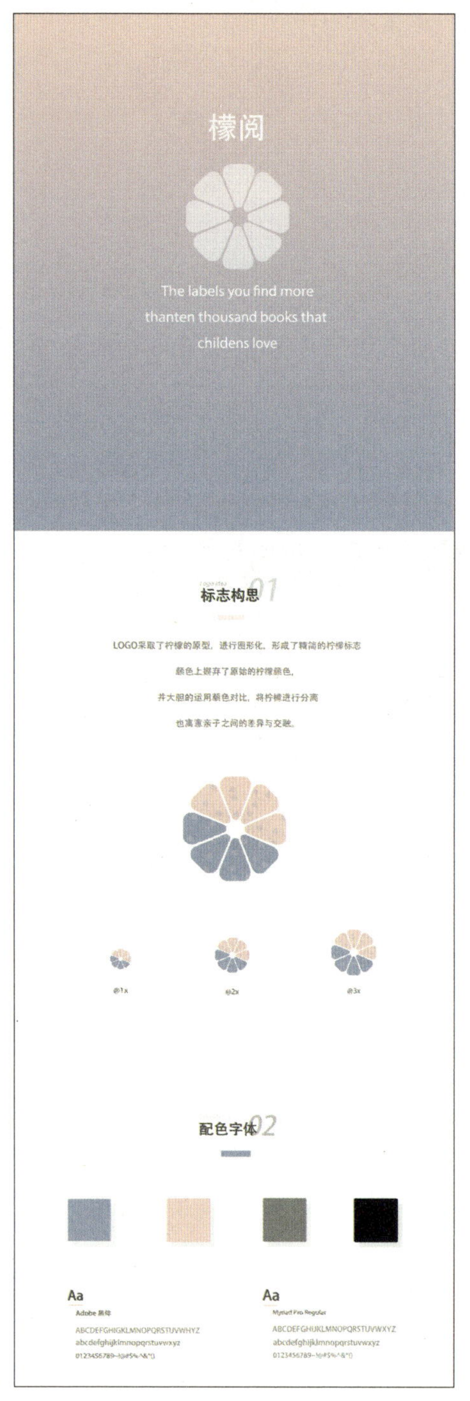

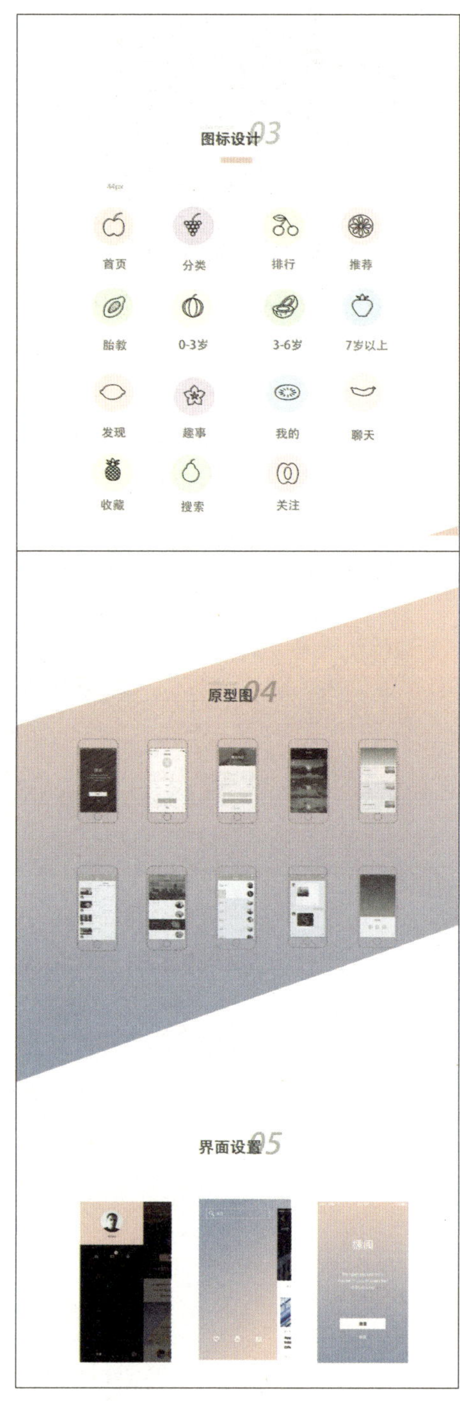

图 6-6-21 《檬阅》App UI 设计

制作步骤

STEP 01 新建文件。新建画布尺寸为 10 厘米 ×10 厘米、【分辨率】为 300 像素/英寸，参数设置如图 6-6-22 所示。

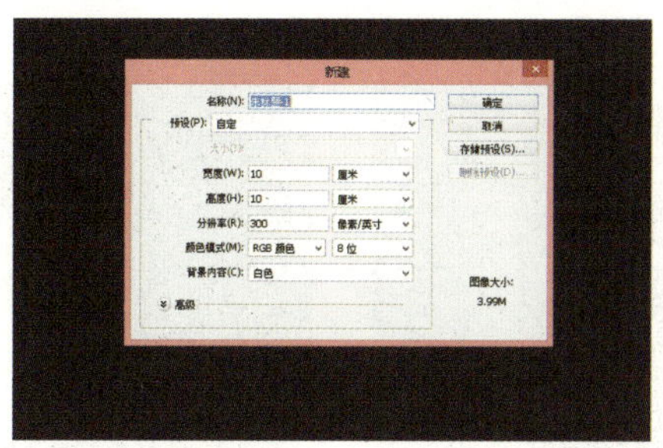

图 6-6-22　参数设置

STEP 02 选择草图置入文件，如图 6-6-23 所示。

STEP 03 裁剪相应的手绘图标，如图 6-6-24 所示。

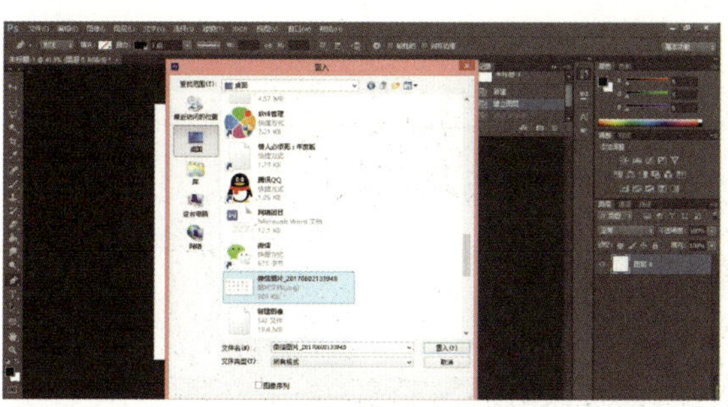

图 6-6-23　置入草图

图 6-6-24　裁剪手绘图标

STEP 04 将裁剪好的图标图层进行栅格化处理，如图 6-6-25 所示。

STEP 05 单击【图像】-【调整】-【色阶】选项，进行明度调节，如图 6-6-26 所示。

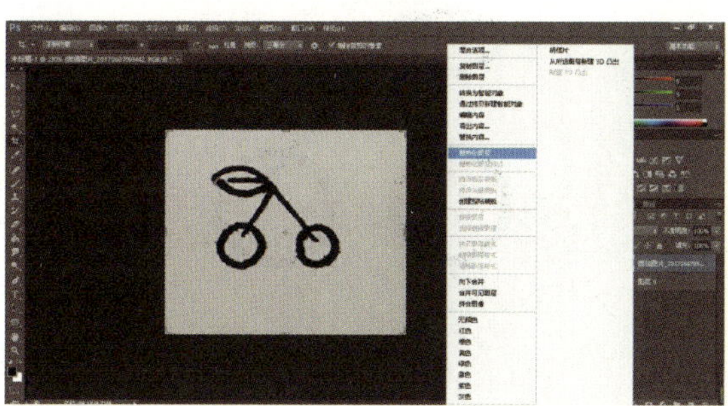

图 6-6-25　栅格化图层

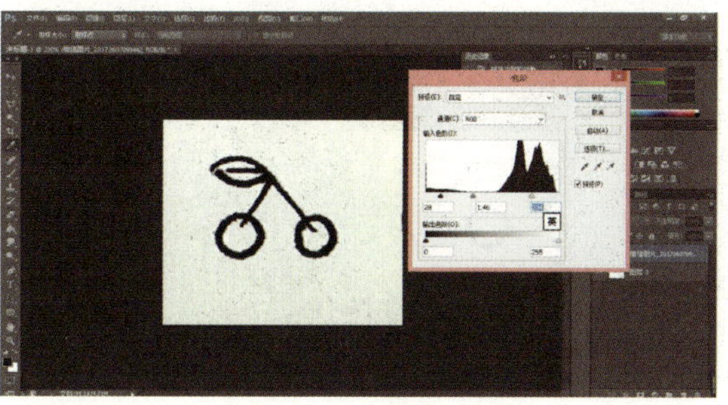

图 6-6-26　调节明度

STEP 06 将图标图层放在图层 1 的下面，把图层 1 的透明度值降低，如图 6-6-27 所示。

STEP 07 单击【钢笔工具】，进行【描边】操作，设置【描边】值为 1 像素、【填充】为无，描边效果如图 6-6-28 所示。

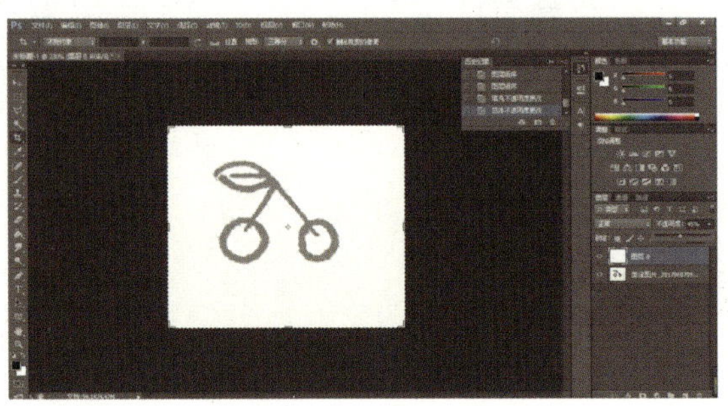

图 6-6-27　降低透明度数值

图 6-6-28　描边效果

STEP 08 选择【椭圆工具】，描边两个椭圆。设置【描边】值为 1 像素，效果如图 6-6-29 所示。

STEP 09 新建图层，再次使用【椭圆工具】绘制图标背景，设置【填充】颜色为粉色、【描边】为无，效果如图 6-6-30 所示。

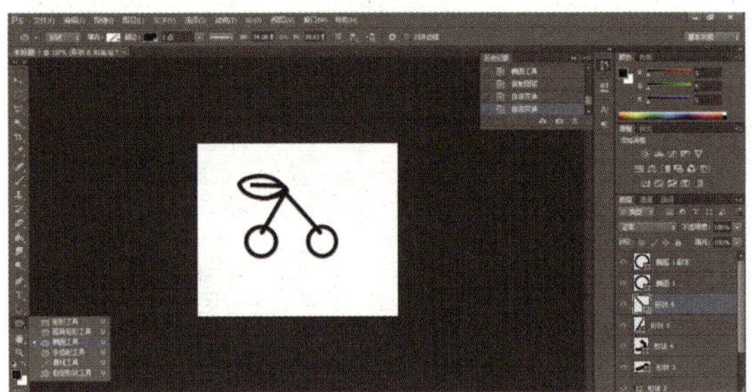

图 6-6-29　绘制两个椭圆

图 6-6-30　绘制图标背景

STEP 10 将图层不透明度值降低到合适的程度，将背景图层剪裁为正方形，效果如图 6-6-31 所示。图标制作完成的最终效果如图 6-6-32 所示。

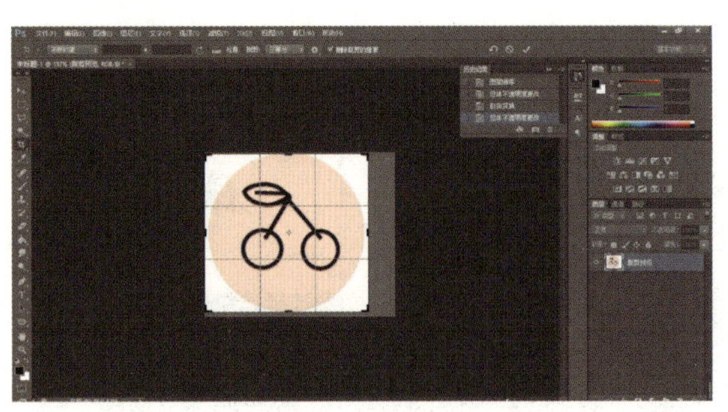

图 6-6-31　剪裁为正方形

图 6-6-32　图标最终完成效果

6.7 保护小动物主题 UI 设计

案例 11：| Pet-life |

《Pet-life》App UI 设计，以保护小动物为主题，主要运用 Illustrator 软件完成，如图 6-7-1 所示为此设计的最终效果展示图。

图 6-7-1　《Pet-life》App UI 设计

制作步骤

STEP 01 新建一个画布，设置【尺寸】为 120 毫米 ×120 毫米，效果如图 6-7-2 所示。

STEP 02 新建一个矩形，设置【尺寸】为 120 毫米 ×120 毫米（同画布大小），设置【填充】颜色为 #c876c1，效果如图 6-7-3 所示。

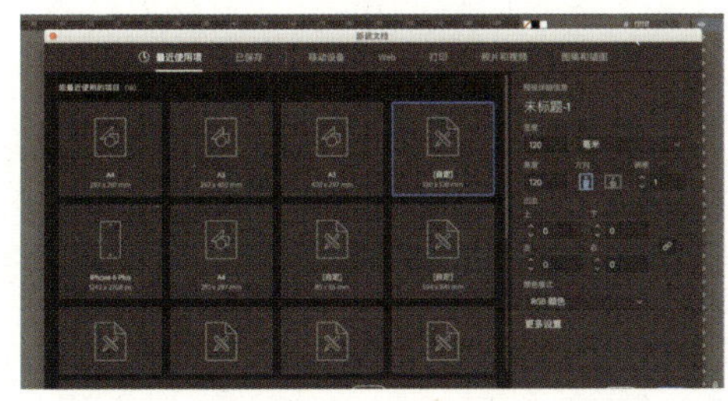

图 6-7-2　新建画布

图 6-7-3　绘制矩形

STEP 03 锁定新建好的图层，单击前方的锁头即可，锁定后就不能移动了。在上面新建一个正方形，拖动边角的原点将正方形变为圆角矩形，将【颜色】设置为 #ebb9ed，效果如图 6-7-4 所示。

STEP 04 按 Alt 键，用鼠标拖出一个相同的矩形，将圆角改为方角，使用【钢笔工具】删除一个描点，此时矩形变为三角形，将三角形拖动到合适位置，通过【路经查找器】合并为一个图形，完成小屋的制作，如图 6-7-5 所示。

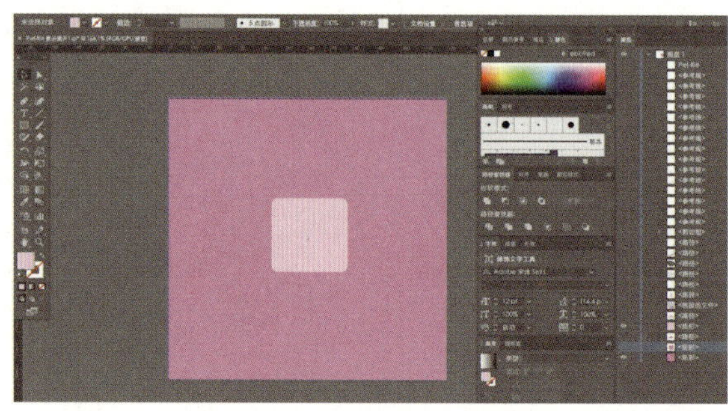

图 6-7-4　绘制圆角矩形

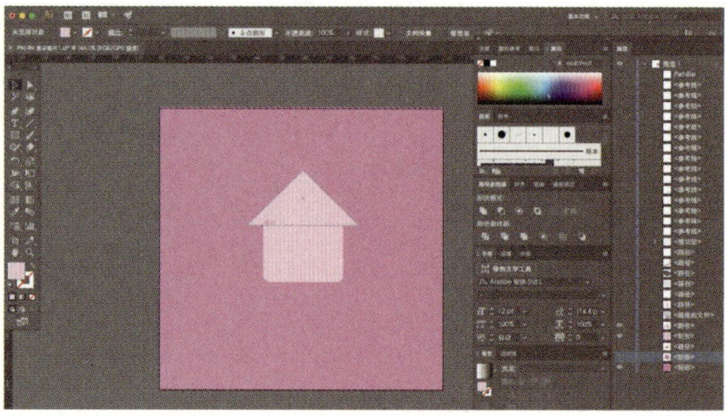

图 6-7-5　完成小屋的制作

STEP 05 按 Alt 键复制一份备份，更改【颜色】为 #ba6cb6。调整图层顺序，将新建的颜色较深的房屋图层作为底层。选中较深的房屋图层，再单击【滤镜】-【模糊】-【高斯模糊】选项，设置【模糊】数值为 27.1，完成图标投影制作，如图 6-7-6 所示。

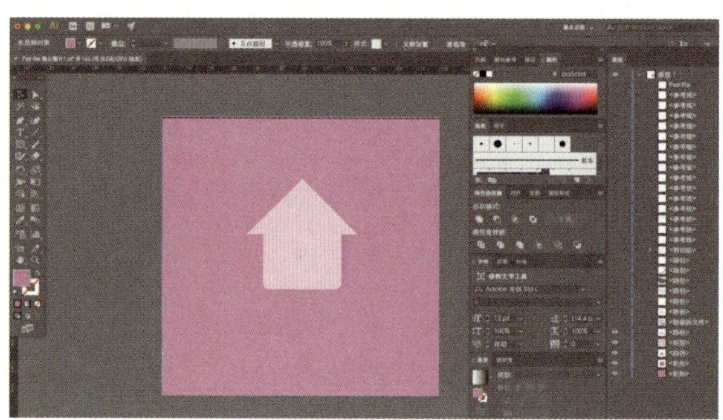

图 6-7-6　绘制投影

STEP 06 锁定屋子的图层和屋子的投影图层，使用【钢笔工具】绘制出狗的形状，效果如图 6-7-7 所示。

STEP 07 按 Alt 键，将小狗的形状复制一个图层，将【颜色】设置为 #c98fd1。将复制的形状放在白色小狗的形状的后方，单击【效果】-【模糊】-【高斯模糊】选项，设置【模糊】数值为 27.1，完成小狗的投影的制作，如图 6-7-8 所示。

图 6-7-7　绘制小狗

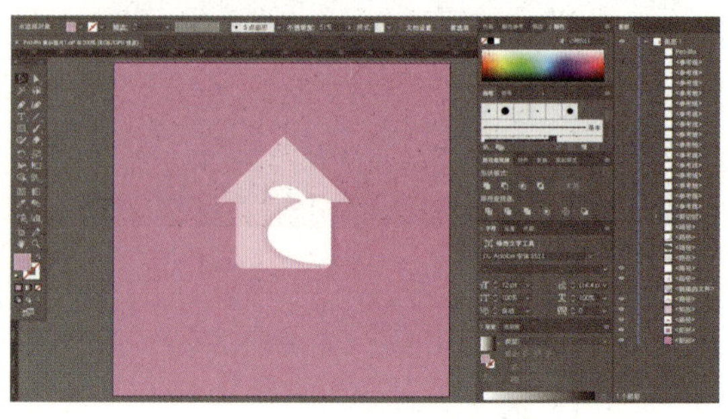

图 6-7-8　绘制小狗投影

STEP 08 锁定小狗的形状和投影，在新的图层中使用【钢笔工具】绘制出小狗的鼻子，将【颜色】设置为 #595757，如图 6-7-9 所示。

STEP 09 按住 Alt 键复制一个鼻子，将【颜色】设置为 #dcdddd，调整图层顺序，完成小狗鼻子的投影绘制，如图 6-7-10 所示。

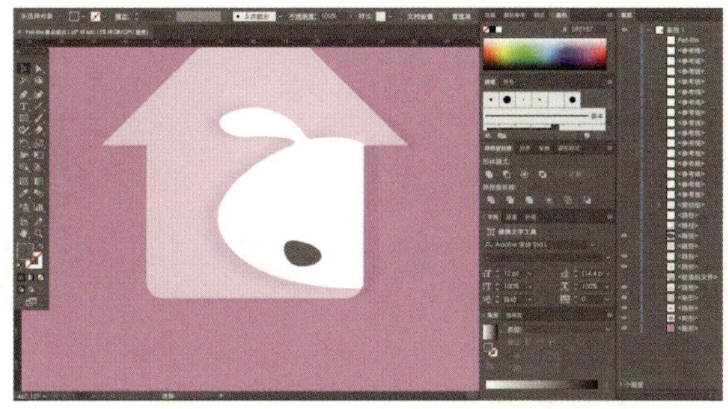

图 6-7-9　绘制小狗的鼻子

图 6-7-10　绘制小狗鼻子的投影

STEP 10 锁定这两个图层，在新的图层中用【钢笔工具】绘制出小狗鼻子的暗部，将【颜色】设置为 #3e3a39，如图 6-7-11 所示。

图 6-7-11　绘制小狗鼻子的暗部

STEP 11 在恰当的位置使用【钢笔工具】绘制出小狗鼻子的高光，将【填充】颜色设置为白色，完成小狗鼻子高光的制作，如图 6-7-12 所示。

STEP 12 调整为 100% 大小，整体调整一下，输入文字“Pet-life”，将【颜色】设置为白色，将字体设置为“Tekton Pro”，图标最终效果如图 6-7-13 所示。

图 6-7-12　绘制小狗鼻子的高光

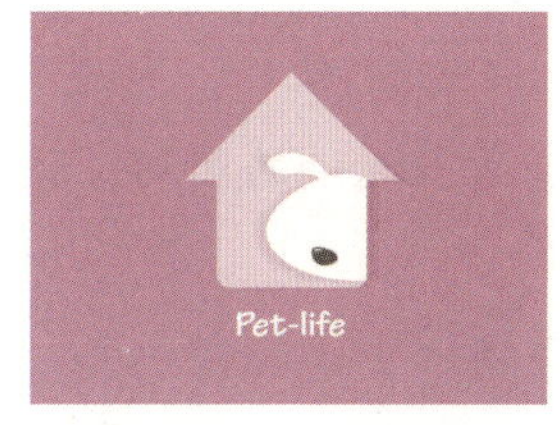

图 6-7-13　图标最终效果

案例 12：| 爱宠 |

《爱宠》App UI设计以保护小动物为主题，主要运用Illustrator软件完成，如图6-7-14所示为此设计的最终效果图。

图 6-7-14 《爱宠》App UI 设计

制作步骤

STEP 01 打开 Illustrator 软件，新建文件，【命名】为“图标制作步骤”。单击【圆形工具】，绘制一个适当大小的圆形，设置【颜色】为 #88C5CC、【描边】为无，效果如图 6-7-15 所示。

STEP 02 绘制一个同样大小的圆形和一个矩形，将两个图形叠放在一起，单击【路径查找器】进行交集（如图 6-7-16），将交集后的图形的【颜色】设置为 #242424，将合并后的图形作为该图标的背影。效果如图 6-7-17 所示。

图 6-7-15　绘制的圆形

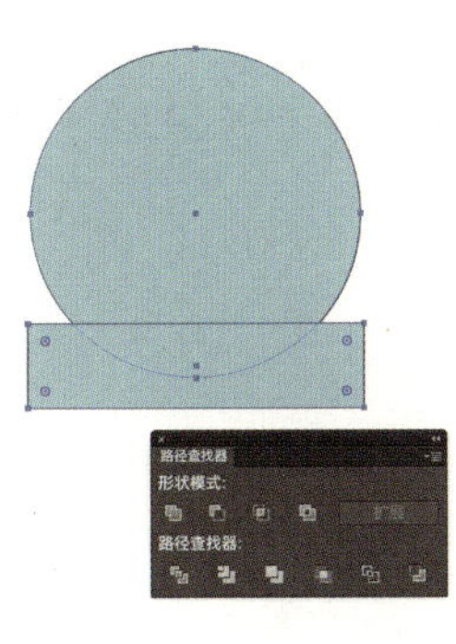

图 6-7-16　交集图形

图 6-7-17　交集后的图形效果

STEP 03 使用【矩形工具】绘制 3 个长方形，【颜色】分别设置为 #E6E6E6、#F5F5F5、#E6E6E6，并将它们按如图 6-7-18 所示的排列方式进行放置。

STEP 04 使用【矩形工具】绘制 17 个小长方形，【颜色】设置为 #C2E2F2，其中 14 个添加灰色描边，【颜色】设置为 #A4BECC。依次添加到上一步做好的 3 个长方形中以作为窗户和门，效果如图 6-7-19 所示。

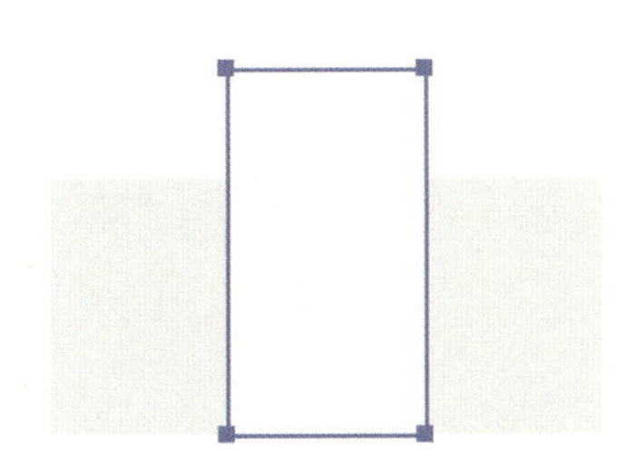

图 6-7-18　绘制长方形

图 6-7-19　绘制窗户和门

STEP 05 使用【圆角矩形工具】绘制出两组长度相同的 6 个房顶，【颜色】设置为 #E78244。将它们依次放到上一步做好的图形中，并置于顶层，效果如图 6-7-20 所示。

STEP 06 使用【矩形工具】做出房暗部的阴影的感觉，【颜色】分别设置为 #BFBFBF、#E6E6E6，并放在做好的房子顶端，且放在房顶图层之上，效果如图 6-7-21 所示。

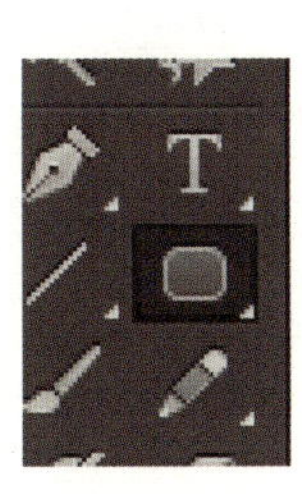

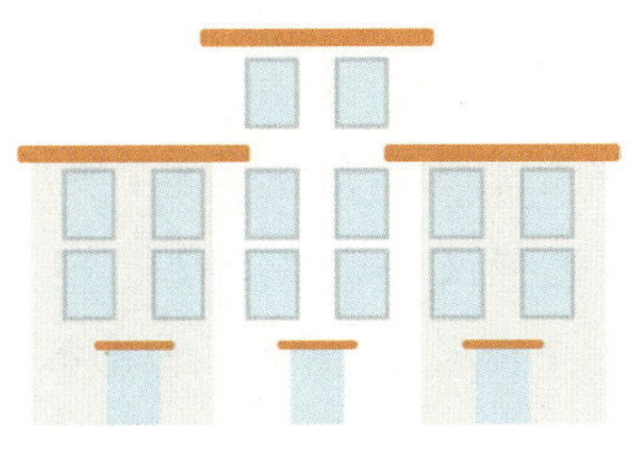

图 6-7-20　绘制的房顶

图 6-7-21　楼顶阴影效果

STEP 07 将做好的房子放在圆形背景中，效果如图 6-7-22 所示。

STEP 08 运用【剪贴蒙版工具】，将大楼图形与背景图形进行剪贴，最终效果如图 6-7-23 所示。

图 6-7-22　绘制圆形背景

图 6-7-23　剪贴蒙版效果

6.8　快乐涂鸦主题 UI 设计

案例 13：｜乐涂｜

《乐涂》App UI 设计以快乐涂鸦为主题，主要运用 Illustrator 软件完成，如图 6-8-1 所示为此设计的最终效果展示图。

制作步骤

STEP 01 根据自己的想象画一幅机器人草图，将草稿图导入 Illustrator 软件，开始做图，使用【钢笔工具】沿草图勾边画出机器人外形的闭合路径，将【填色】和【颜色】设置为无，将【描边】设置为白色，单击【透明度】使数值降至 30%，绘制轮廓效果如图 6-8-2 所示。

STEP 02 使用工具栏【钢笔工具】沿草图勾边画出图标轮廓闭合路径，用【直接选择工具】调整图形至合适的位置，将【填充】颜色设置为 #6dbbf4，将【描边】设置为白色，效果如图 6-8-3 所示。

STEP 03 绘制一个眼睛大小的圆，复制这个圆。将左边的眼睛的【描边】设为黑色，【填充】颜色设置为 #FB3B02；右边的眼睛的【描边】设置为黑色，【填充】设置为白色，再绘制一小圆形，设置【填充】为黑、【描边】为无，以作为黑眼珠如图 6-8-4 所示。

STEP 04 选中步骤 1 画的图形，将透明度值调至 100%。选择【画笔工具】，将【描边】颜色设置为 #CCFFFF，参数设置如图 6-8-5 所示。单击【画笔】选项，选择第二个笔触，效果如图 6-8-6 所示。

图 6-8-1　《乐涂》App UI 设计

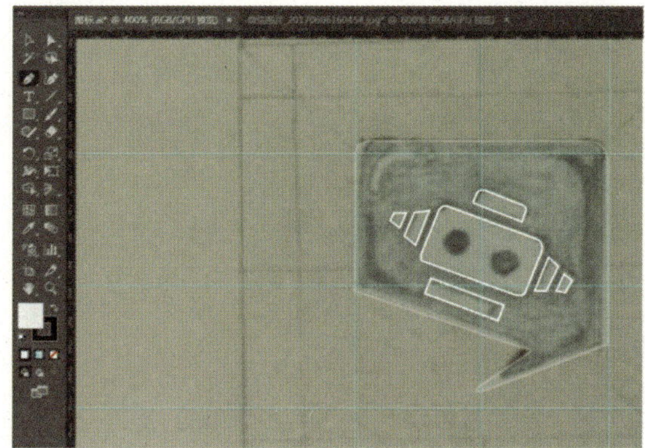

图 6-8-2　绘制轮廓

图 6-8-3　填充颜色

图 6-8-4　绘制眼睛

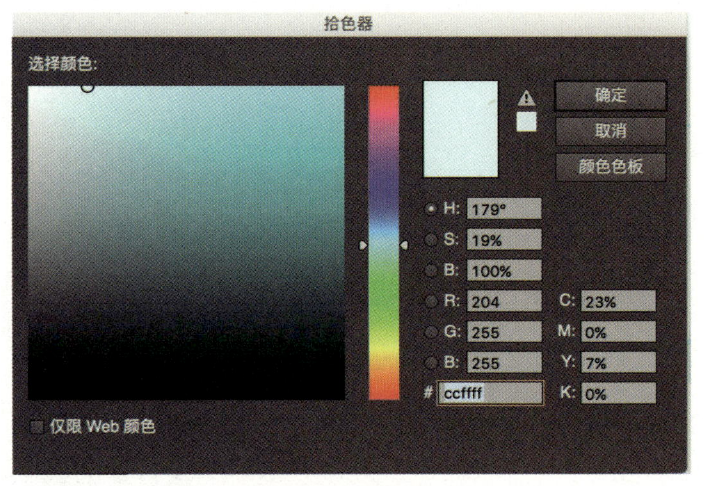

图 6-8-5　参数设置

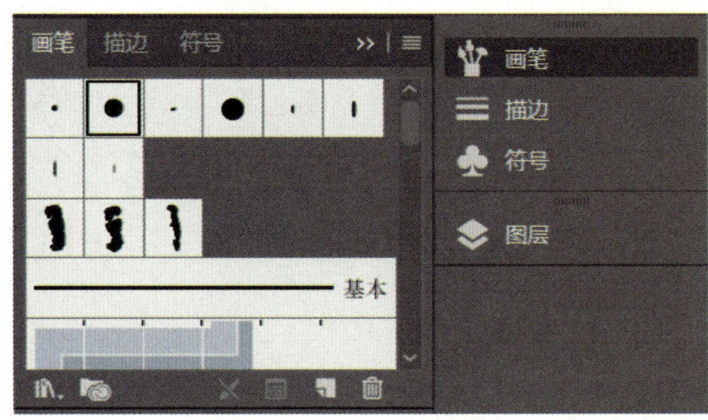

图 6-8-6　选择画笔

STEP 05 在步骤 1 的图形中接近边框的位置上涂抹几笔，再将【颜色】调整至白色以绘制出高光，效果如图 6-8-7 所示。

STEP 06 选择【形状生成器工具】，绘制一个图形，单击鼠标右键，在下拉菜单中选择【置于底层】选项，将【填充】设置为无，设置【描边】颜色为 #6dbbf4，调整圆形大小至合适位置，图标制作完成后的效果如图 6-8-8 所示。

图 6-8-7　绘制高光

图 6-8-8　制作完成后的图标

案例 14：萌叽

《萌叽》App UI 设计以快乐涂鸦为主题，主要运用 Illustrator 软件完成，如图 6-8-19 所示为此设计的最终效果展示图。

图 6-8-9　《萌叽》App UI 设计

制作步骤

STEP 01 新建一个 297 像素 ×410 像素的画布，使用【圆角矩形工具】绘制一个圆角矩形;【填充】和【描边】的颜色分别设置为粉色、#f4bac2，效果如图 6-8-10 所示。

STEP 02 使用【圆角矩形工具】绘制一个圆角矩形，设置【颜色】为 #FCF490，效果如图 6-8-11 所示。

图 6-8-10　新建画布

STEP 03 利用【圆角工具】使4个角的圆角更加明显，效果如图6-8-12所示。

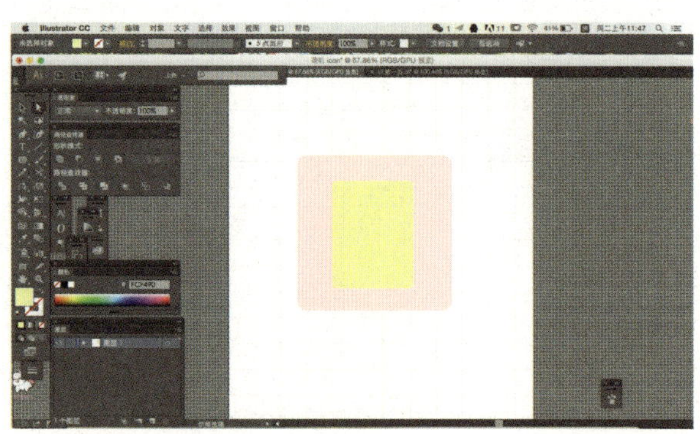

图6-8-11　绘制圆角矩形

图6-8-12　圆角矩形效果

STEP 04 复制一个圆角矩形，设置【描边】颜色为#936A0F，使用【剪刀工具】剪碎圆角矩形，效果如图6-8-13所示。

STEP 05 在圆角矩形中绘制一条直线，使用【路径查找器】将矩形分开，再将圆角矩形中左边的图形设置【填充】颜色为#6B3917，如图6-8-14所示。

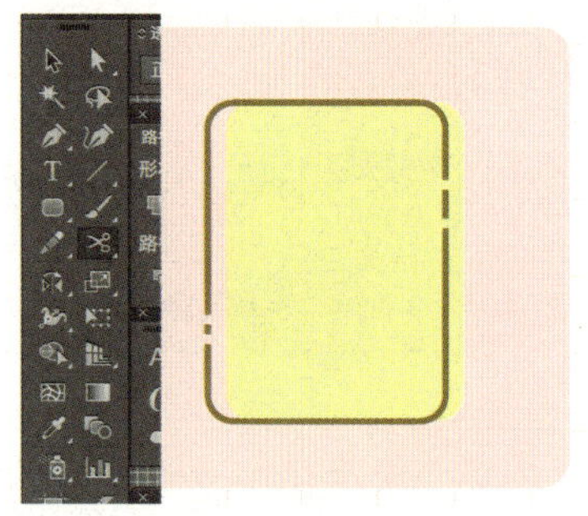

图6-8-13　剪碎圆角矩形效果

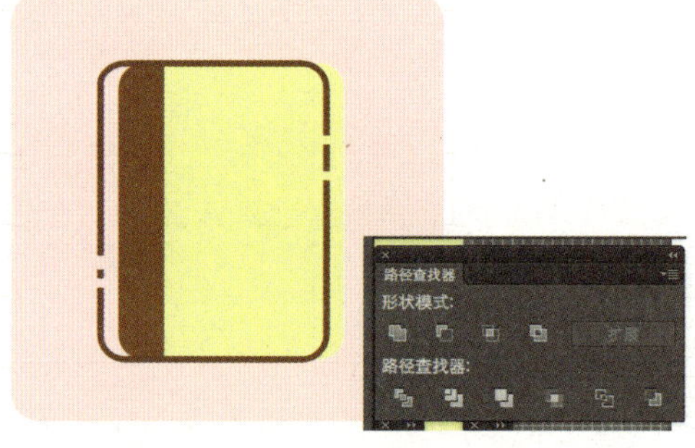

图6-8-14　绘制一条直线

STEP 06 复制、粘贴两次底部黄色圆角矩形，将下层的圆角矩形的【填充】颜色设置为#E0B54B，以作为阴影部分，如图6-8-15所示。

STEP 07 使用【圆角矩形】绘制两个扣子，如图6-8-16所示。

图6-8-15　填充颜色

图6-8-16　绘制扣子

STEP 08 利用【钢笔工具】绘制小猫的轮廓（注意对称性），如图 6-8-17 所示。

STEP 09 绘制小猫的耳朵，使其和底部大的形状一致。然后【填充】颜色为 #F79FB4。绘制耳朵阴影部分，并【填充】颜色为 #DD8EA5，效果如图 6-8-18 所示。

STEP 10 用【矩形工具】绘制小猫的眼睛，此处可以配合 Shift 键使形状为正圆，再用【钢笔工具】绘制右眼的上部分，然后通过复制、粘贴使其上下对称，效果如图 6-8-19 所示。

图 6-8-17　绘制小猫轮廓

图 6-8-18　绘制小猫耳朵

图 6-8-19　绘制小猫眼睛

STEP 11 利用【钢笔工具】和【圆角矩形工具】绘制小猫的嘴巴并设置【填充】颜色为 #F99787，如图 6-8-20 所示。

STEP 12 利用【圆形工具】绘制出眼睛里的反光形状并设置【填充】颜色为 #FFFFFF，如图 6-8-21 所示。

图 6-8-20　绘制小猫嘴巴

图 6-8-21　绘制眼睛里的反光

STEP 13 利用【椭圆工具】绘制出左侧眉毛的形状，然后通过【变换】-【对称】操作，绘制出右眉，并移动至相应位置，如图 6-8-22 所示。

STEP 14 利用【椭圆工具】绘制出小猫的左侧脸蛋并设置【填充】颜色为 #f7bfcf，然后通过【变换】-【对称】操作，绘制出右侧脸蛋，如图 6-8-23 所示。

STEP 15 利用【字体工具】输入英文“BOOK”，字体设置【填充】颜色为 #f79fb4，然后用【直线工具】绘制两条直线，【填充】颜色为 #fcf490，使之与整体图标色彩平衡，如图 6-8-24 所示。

STEP 16 进行调整后整个图标就制作完成了，最终效果如图 6-8-25 所示。

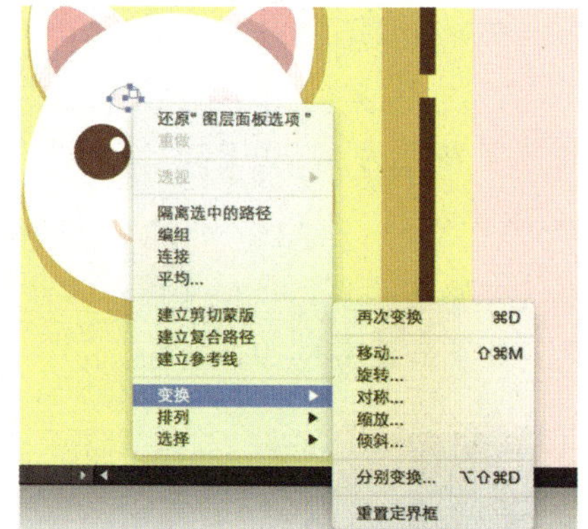

图 6-8-22　绘制眉毛

图 6-8-23　绘制脸蛋

图 6-8-24　输入英文“BOOK”

图 6-8-25　最终效果

练习题

根据主题总体方向，以感兴趣的具体内容作为主题的主要内容与元素。通过提炼与重构的方式，对界面与图标进行视觉设计，设计时注意形式美法则与可用性原则。

1. 民间工艺主题UI设计与制作。
2. 怀旧主题UI设计与制作。
3. 传统文化主题UI设计与制作。
4. 儿童主题UI设计与制作。
5. 环保主题UI设计与制作。

第7章

优秀作品展示

- 作品一　《木活字》
- 作品二　《北京楼燕儿》
- 作品三　《龙龙带你识九城》
- 作品四　《千年活字 VR 虚拟体验馆设计》
- 作品五　《收集年味》

作品 1 《木活字》

创作者：唐香怡　许慧杰　白天宇　郝　杰　赵燕歌

《木活字》是一款以中国传统印刷文化为题材的 App 应用设计。此作品获得了“第五届全国大学生数字媒体科技作品及创意大赛”一等奖。这款应用的分栏图标设计和界面设计都显示出古老文明中的情致与智慧，特别是启动图标设计中以“木”字为视觉核心元素，字形采用反向设计，突出木活字印刷工艺特点，字体中的少量阴影效果加强了启动图标的立体感与空间感。字体和圆角边框采用木纹质感视觉效果，凸显了古代“木活字”的材质特征。如图 7-1 和图 7-2 所示。

图 7-1　《木活字》App 的图标设计

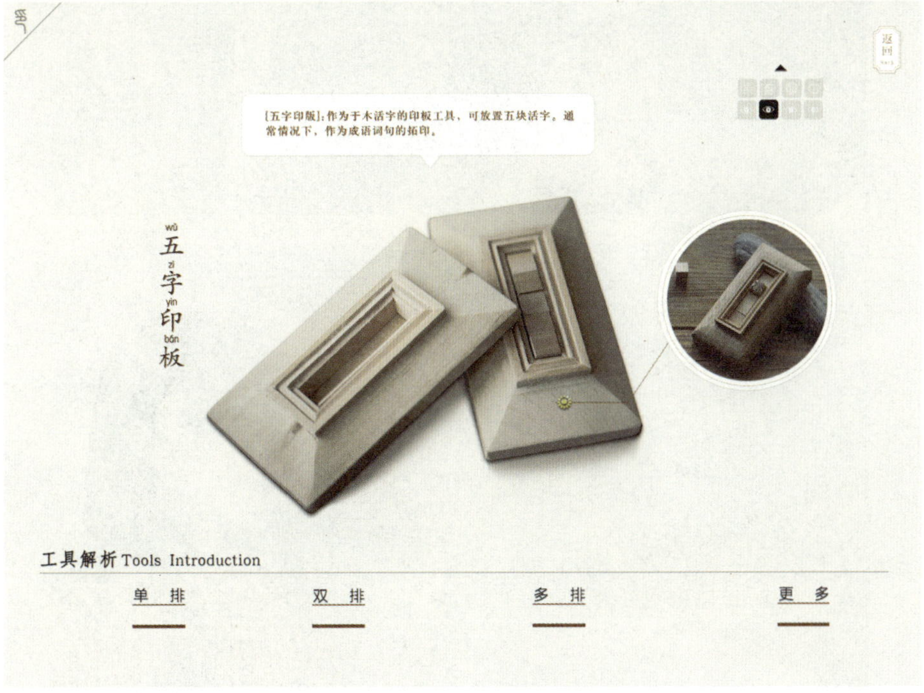

图 7-2　《木活字》App 的界面设计

作品 2 《北京楼燕儿》

创作者：林文轩　毕　玉

《北京楼燕儿》是一款以北京楼燕活态文化为题材的交互绘本设计。本作品荣获“2020 年北京市高校大学生数字媒体设计大赛”一等奖。本作品以科普和故事相结合的形式，让孩子们对楼燕儿有进一步的了解，从图画故事到交互游戏，慢慢渗透“保护楼燕儿”的观点，让孩子们能够从小树立保护环境、保护楼燕儿的意识。本作品绘制了大量精美插图，从叙事到交互，以图像、影像、声音、动画等多媒体元素突出主题。整个作品的 UI 设计，造型生动、色彩和谐，并按照镜头美学进行整体设计。《北京楼燕儿》交互绘本界面设计，如图 7-3 所示。

图 7-3　《北京楼燕儿》交互绘本界面设计

作品 3 《龙龙带你识九城》

创作者：李可心　陈紫玉　张　磊　宋新淼

《龙龙带你识九城》是一款研究北京古城建筑文化的儿童科普类 App 应用。该作品介绍了 9 个城门的具体结构、城门标志、城门的功能、城门的今夕对比、城门周围的市井风俗以及与城门有关的神话故事。通过平面图片文字介绍、二维动画展示和 AR 三维立体展示相结合的方式，引发儿童的兴趣，让他们在游戏互动中了解老北京内九城的方方面面。《龙龙带你识九城》App 设计如图 7-4 所示。

图 7-4　《龙龙带你识九城》App 的界面设计

作品 4 《千年活字 VR 虚拟体验馆设计》

创作者：车东明　黄丽芳　王　璇

本作品利用现有的虚拟现实技术，将木活字印刷术进行数字化展示、传播，于是便选定使用虚拟现实来促进木活字印刷术的传播和传承。本作品荣获“2019 年北京市高校大学生数字媒体设计大赛”一等奖。本作品通过虚拟现实技术的运用将木活字印刷术真实且清晰有趣地展示在用户面前。《千年活字 VR 虚拟检验馆设计》虚拟场景如图 7-5 所示。

图 7-5　《千年活字 VR 虚拟检验馆设计》虚拟场景

作品 5 《收集年味》

创作者：陈翔君　刘旭迪　杨仕宜　冯　缘

《收集年味》是一款面向青少年人群的多媒体作品，该作品共分四大模块：年兽、集年俗、集年愿、集生肖。各具特色的模块展示了年的由来、春节风俗、春节祝愿、十二生肖趣味故事等。《收集年味》作品了采用了新年氛围下的古风手绘场景，以红色的主视觉与春节氛围动效相结合，使用户更加能体会到身临其境的感觉。作品采用大景观地图探索形式，让用户沉浸在春节文化视觉欣赏的同时，又能自主操作观看春节百态、获得春节文化知识、唤起人们记忆深处的春节年味。《收集年味》多媒体作品主界面设计如图 7-6 和图 7-7 所示。

图 7-6 《收集年味》多媒体作品主界面设计

图 7–7 《收集年味》多媒体作品界面设计